MISCELLANEA ACADEMICA BEROLINENSIA

I

MISCELLANEA
ACADEMICA BEROLINENSIA

GESAMMELTE ABHANDLUNGEN

ZUR FEIER DES 250JÄHRIGEN BESTEHENS

DER DEUTSCHEN AKADEMIE DER WISSENSCHAFTEN

ZU BERLIN

I

1950

AKADEMIE-VERLAG BERLIN

Erschienen im Akademie-Verlag GmbH., Berlin NW 7, Schiffbauerdamm 19

Lizenz-Nr. 156 · 100/4/50

Dieses Werk wurde als Gemeinschaftsarbeit folgender Leipziger Betriebe hergestellt:

Satz und Druck der Offizin Haag-Drugulin VEB und Buchdruckwerkstätte Gutenberg,

Lichtdruck C. G. Röder, Einband H. Sperling

Bestell- und Verlagsnummer: 5048/I

INHALT

Berichtigungen zu Band I

VOGT	S. 43, Z. 16/17: „konvektiven" statt „konvenktiven"
	S. 53 Anm. 1, Z. 3 v. u.: „Z. f. Astrophysik 24" statt „Z. f. Astrophysik 2"
SEELIGER	S. 60, Z. 6 v. u.: „S. 57 Anm. 1" statt „S. 41 Anm. 1"
NORDMANN	S. 215, Z. 14 v. u.: „einem Zuge und" statt „einem Zuge mit"
	S. 225, Z. 9 v. u.: „Endziel" statt „Lenkziel"
	S. 235, Z. 11 v. u.: „Zugtrennungen" statt „Zugbremsungen"

PRAEFATUS EST IOANNES STROUX

Godofredus Guilielmus Leibnitius, ut ipse nomen Gottfried Wilhelm Leibniz latine vertere solitus est, conditor fuit et vere pater Academiae Germanicae Berolinensis, cuius opera et consilio ante hos ducentos quinquaginta annos a. d. V Idus Iulias (cui undecimus Julius respondet) in luminis oras exorta est.

Genius ille ab hoc initio huius Academiae venerabilis et pro divo cultus, cui sacra anniversaria in Academiae fastis Kalendis Iuliis quotannis dedicantur, etiam in huius anni saeculari sollemnitate pro sestertii saeculi felicitate celebranda ubique praesens habetur.

Leibnitii auctoritate et praeceptis veri investigandi munus et communis utilitatis augendae officium Academiis et Societatibus tribuitur. Itaque socii Academiae Germanicae Berolinensis, qui vivi Academiam in alteram partem tertii saeculi transeuntem vident et adventum novorum temporum ut laetantes huius transitus aequales sentiunt, documenta quaedam laborum et studiorum collegerunt, ut specimina offerant qua inquirendi ratione ad doctrinae augmenta et incrementa utilium scientiarum pervenire tendant satis superque contenti, si voluntatem et studium veri cognoscendi profiteri et adprobare licet. Quoniam unicuique qui operis particeps esse voluit, electio libera dabatur, qua de re disserere vellet, multiplex collectio composita est, quam in tria volumina dividere aptum videbatur. Rursus ad Leibnitii exemplar tum respeximus cum collectioni huic variarum dissertationum nominis inscriptio danda erat. Leibnitius enim anno MDCCX, decimo demum post Academiam conditam multis molestiis et obstaculis superatis volumen primum dissertationum ab sociis Societatis Berolinensis et paucis alienis exhibitarum in publicum emisit, quam collectionem „*Miscellanea Berolinensia* ad incrementum scientiarum ex scriptis Societati Regiae

Scientiarum exhibitis edita" appellavit. Huius libri qui prodromus est omnium inde ab hoc tempore ab Societate vel Academia emissorum librorum memoriam renovare ad pietatis officia pertinere videbatur. Materiam autem sic digessimus, ut volumen primum quaestiones naturales et mathematicas complectatur, voluminis secundi pars prior philosophiam historiam linguas, pars posterior philologiam archaeologiam theologiam Orientalia.

Leibnitius Miscellanea prima eo consilio emisit, ut societatis nondum adultae et satis infirmae vires augeret eiusque 'scopum', ut dixit, rectius explicaret. Quale et quantum auxilium Societates vel Academiae rebus publicis populis humanitati ferre possint, elato animo et velut vates instinctus promittit, retardatum id esse non negat: „Credibile est, si inde a quadraginta et quod excurrit annis, aut ex quo scientiarum causa in Societates coitur, eo ardore perrectum fuisset quo coeptum est, jam tum magnos inde fructus percepturos fuisse homines. Sed in bella versae sunt curae gentium, ut se mutuo infelices facerent. Alta pace fruimur, in qua inter caeteras populorum felicitates etiam scientiae florere solent."

Quae hisce voluminibus 'Miscellanea' altera Academia Berolinensis aetate interim ad ducentos quinquaginta annos provecta saeculari repetitione edit, ea non habent, cur cum Leibnitio ab altae pacis laudibus initium faciant. Utinam in pacatum iam orbem terrarum exire possent! Venturi tamen saeculi fata statum rerum humanarum, ut auguramur, in melius aevum traducent.

HELMUT HASSE

DIE EINHEITENGRUPPE IN EINEM TOTAL-REELLEN NICHT-ZYKLISCHEN KUBISCHEN ZAHLKÖRPER UND IM ZUGEHÖRIGEN BIKUBISCHEN NORMALKÖRPER[1]

---

1. Die zu betrachtenden Körper. Sei K ein total-reeller nicht-zyklischer kubischer Zahlkörper und B der zugehörige bikubische Normalkörper. Die Galoisgruppe $\mathfrak{G}$ von B ist die Diedergruppe mit den erzeugenden Relationen

$$S^3 = 1, \quad T^2 = 1, \quad TS = S^2 T.$$

Zu den durch $T, TS = S^2T, TS^2 = ST$ erzeugten drei konjugierten Untergruppen der Ordnung 2 von $\mathfrak{G}$ gehören die drei konjugierten kubischen Teilkörper $\mathsf{K}, \mathsf{K}^S, \mathsf{K}^{S^2}$ von B. Zu dem durch S erzeugten Normalteiler der Ordnung 3 von $\mathfrak{G}$ gehört ein quadratischer Teilkörper Ω von B. Ist d die Diskriminante von Ω, also

$$\Omega = \mathsf{P}(\sqrt{d}),$$

so hat die Diskriminante von K die Form

$$D = df^2$$

mit ganzrationalem f, und B ist Klassenkörper über Ω zu einer Ringklassengruppe vom Führer f und Index 3. Es ist

$$\mathsf{B} = \mathsf{K}\Omega = \mathsf{K}(\sqrt{d}).$$

Daß K total-reell sein soll, bedeutet $d > 0$, also daß Ω reell ist.

2. Die Einheitengruppen. Um die Gruppe der Einheiten H_0 von K zu beschreiben, betrachten wir die sie enthaltende Gruppe der Einheiten H^* von B. Die H_0 sind unter den H^* durch die Beziehung $\mathsf{H}^{*1-T} = 1$ gekennzeichnet. Man kann diese Kennzeichnung auch durch die schwächere $\mathsf{H}^{*1-T} = \pm 1$ ersetzen. Gäbe es nämlich eine nicht zu K gehörige Einheit H^* von B mit $\mathsf{H}^{*1-T} = -1$, so hätte man $\mathsf{B} = \mathsf{K}(\sqrt{\mathsf{H}_0})$ mit einer Einheit $\mathsf{H}_0 = \mathsf{H}^{*2}$ von K und daher $d \mathrel{\overline{\overline{\scriptstyle 2}}} \mathsf{H}_0$ in K, also (durch Normbildung) $d \mathrel{\overline{\overline{\scriptstyle 2}}} \pm 1$ in P, und dann wegen $d > 0$ sogar $d \mathrel{\overline{\overline{\scriptstyle 2}}} 1$ in P, also $\Omega = \mathsf{P}$, so daß entgegen der Voraussetzung K zyklisch wäre.

[1] Eine vorläufige Mitteilung über die Ergebnisse dieser Arbeit erschien unter dem gleichen Titel im Archiv der Mathematik 1 (1948), 42–46. – Der Leser möge jene vorläufige Mitteilung als Einleitung zu den Ausführungen dieser Arbeit heranziehen. Siehe auch die dortigen Literaturangaben.

Zur Vereinfachung von Ausdrucksweise und Bezeichnung verabreden wir, daß Gleichungen zwischen Einheiten, Festlegungen von Einheiten und Eindeutigkeitsaussagen über Einheiten im folgenden durchweg im Sinne der Gleichheit bis aufs Vorzeichen (Betragsgleichheit) verstanden werden sollen. Nach dem oben Gezeigten sind dann die H_0 unter den H^* auch in diesem Sinne durch die Beziehung $\mathsf{H}^{*1-T}=1$ gekennzeichnet.

3. Geometrische Darstellung der bikubischen Einheiten. Relativeinheiten. Die Einheiten H^* von B werden in bekannter Weise umkehrbar eindeutig durch Punkte im sechsdimensionalen Logarithmenraum L von B repräsentiert; dieser besteht aus den Punkten mit den Koordinaten $\log|\mathsf{A}^P|$, wo A die Elemente der aus B durch Erweiterung vom rationalen Koeffizientenkörper P auf den reellen Zahlkörper entstehenden galoisschen Algebra[1] vom Range 6 mit der Gruppe $\mathfrak{G}$ sind und P die Automorphismen aus $\mathfrak{G}$ durchläuft, so daß A^P die Konjugierten von A sind (auf die es nur dem Betrage nach ankommt). Die Einheiten H^* liegen sämtlich in der fünfdimensionalen Hyperebene E^* aus L, gegeben durch die Beziehung

$$\log|N(\mathsf{A})| = \sum_P \log|\mathsf{A}^P| = \sum_{\nu \bmod 3} \log|\mathsf{A}^{S^\nu}| + \sum_{\nu \bmod 3} \log|\mathsf{A}^{S^\nu T}| = 0.$$

Sie bilden ein echtes Parallelgitter in dieser Hyperebene.

In der Einheitengruppe H^* von B heben wir die Untergruppe derjenigen Einheiten H hervor, deren Relativnorm $N_\Omega(\mathsf{H})=1$ ist; wir nennen diese H die *Relativeinheiten* von B/Ω. Sie liegen in der vierdimensionalen Hyperebene E aus L, gegeben durch die Beziehung

$$\log|N_\Omega(\mathsf{A})| = \sum_{\nu \bmod 3} \log|\mathsf{A}^{S^\nu}| = 0$$

nebst der Folgebeziehung

$$\log|N_\Omega(\mathsf{A})^T| = \sum_{\nu \bmod 3} \log|\mathsf{A}^{S^\nu T}| = 0,$$

und sie bilden ein echtes Parallelgitter in dieser Hyperebene.

Es können folgende beiden Fälle eintreten:

a) Für jede Einheit H^* von B ist $N_\Omega(\mathsf{H}^*) = \eta^3$ Kubus einer Einheit η von Ω. Dann ist

$$\mathsf{H}^* = \eta\mathsf{H} \text{ mit } \eta \text{ in } \Omega,\quad N_\Omega(\mathsf{H}) = 1$$

eine eindeutige Komponentenzerlegung. Die Einheitengruppe H^* von B ist

[1] Zu diesem Begriff siehe meine Arbeit: Existenz und Mannigfaltigkeit abelscher Algebren mit vorgegebener Galoisgruppe über einem Teilkörper des Grundkörpers, Teil I (insbesondere § 1), Math. Nachr. 1 (1948), 40–61.

also in diesem Falle das direkte Produkt aus der Einheitengruppe η von Ω und der Relativeinheitengruppe H von B/Ω. Da die Vektoren

$$(\log|\alpha|,\quad \log|\alpha|,\quad \log|\alpha|,\quad \log|\alpha^T|,\quad \log|\alpha^T|,\quad \log|\alpha^T|)$$

der Zahlen α von Ω auf der Hyperebene E senkrecht stehen, ist das Gitter der H^* orthogonal aus dem Gitter der η und dem Gitter der H zusammengesetzt.

b) Es gibt eine Einheit E^* von B, deren Relativnorm $N_\Omega(\mathsf{E}^*) = \varepsilon$ die Grundeinheit von Ω ist. Dann besitzt jede Einheit H^* von B eine eindeutige Darstellung

$$\mathsf{H}^* = \eta\,\mathsf{H}\,\mathsf{E}^{*\delta} \text{ mit } \eta \text{ in } \Omega, \quad N_\Omega(\mathsf{H}) = 1, \quad \delta = 0,\ \pm 1,$$

und zwar bestimmen sich η und δ aus $N_\Omega(\mathsf{H}^*) = \varepsilon^{3n+\delta}$, $\varepsilon^n = \eta$. Die Einheitengruppe H^* von B ist also in diesem Falle Obergruppe vom Index 3 des direkten Produkts $\eta\,\mathsf{H}$. Das Gitter der H^* entsteht demgemäß aus der orthogonalen Zusammensetzung der Gitter η und H, indem in den einzelnen Maschen noch je zwei bestimmte Dreiteilungspunkte eingefügt werden, deren relative Lage sich aus der Beziehung

$$\mathsf{E}^{*3} = \varepsilon\mathsf{H}$$

ergibt; darin ist der erste Faktor die Grundeinheit ε von Ω und der zweite Faktor jedenfalls eine Relativeinheit $\mathsf{H} \neq 1$ von B/Ω, da $\mathsf{B} = \Omega(\sqrt[3]{\varepsilon})$ wegen $d > 0$ (also $d \neq -3$) unmöglich ist; genauere Bestimmung von H siehe unten in *14*.

Nach dem Vorstehenden genügt es, weiterhin die Relativeinheitengruppe H von B/Ω zu untersuchen.

4. Das dem Relativeinheitengitter zugeordnete reguläre $\mathfrak{J}$-Rechtsideal. Der Logarithmenraum L und die Hyperebenen E^*, E darin, sowie auch die in ihnen liegenden Einheitengitter H^*, H gehen bei Anwendung der Automorphismen P aus $\mathfrak{G}$ in sich über. Algebraisch kann man das folgendermaßen ausdrücken.

Zunächst sind L und E^*, E Darstellungsmoduln für die Gruppe $\mathfrak{G}$. Wählt man in L eine Normalbasis (bestehend aus den Konjugiertenvektoren zu den $\log|\Theta^P|$ für geeignetes Θ aus B), so erkennt man, daß L die reguläre Darstellung von $\mathfrak{G}$ liefert. Diese zerfällt bekanntlich in die identische Darstellung (ersten Grades)

$$S \to 1, \quad T \to 1$$

mit dem zugehörigen Zentrumsidempotent $\frac{1}{6}\sum_P P = \frac{1}{2}(e + e')$, wo

$$e = \tfrac{1}{3}\sum_{\nu \bmod 3} S^\nu, \qquad e' = eT = \tfrac{1}{3}\sum_{\nu \bmod 3} S^\nu T,$$

ferner die alternierende Darstellung (ersten Grades)

$$S \to 1, \quad T \to -1$$

mit dem zugehörigen Zentrumsidempotent $\frac{1}{6}\sum_{P} \psi(P)\,P = \frac{1}{2}(e - e')$,

wo ψ der quadratische Charakter von $\mathfrak{G}$ nach dem durch S erzeugten Normalteiler ist, und schließlich zweimal die irreduzible Darstellung zweiten Grades

$$S \to \begin{pmatrix} \varrho & 0 \\ 0 & \varrho^{-1} \end{pmatrix}, \quad T \to \begin{pmatrix} 0 & 1 \\ 1 & 0 \end{pmatrix}$$

mit dem zugehörigen Zentrumsidempotent $\frac{1}{3}\sum_{P} \chi(P)\,P = 1 - e$, wo ϱ eine primitive dritte Einheitswurzel und χ der irreduzible Charakter zweiten Grades von $\mathfrak{G}$ ist.

Spaltet man von L den Modul $L \cdot \frac{1}{2}(e + e')$ vom Rang 1 ab (repräsentiert durch die Zahlen $\log \sqrt[6]{|N(\mathsf{A})|}$), so ist der verbleibende komplementäre direkte Summand gerade E^*; dieser liefert also die nach Abspaltung der identischen aus der regulären Darstellung verbleibende Darstellung fünften Grades. Spaltet man weiter von E^* den Modul $L \cdot \frac{1}{2}(e - e') = E^* \cdot \frac{1}{2}(e - e')$ vom Rang 1 ab (repräsentiert durch die Zahlen $\log \sqrt[6]{|N_{\Omega}(\mathsf{A})^{1-T}|}$), so ist der verbleibende komplementäre direkte Summand gerade E; dieser liefert also die nach weiterer Abspaltung der alternierenden Darstellung verbleibende Darstellung vierten Grades, die sich aus zweimal der irreduziblen Darstellung zweiten Grades zusammensetzt. Es ist das die reguläre Darstellung des zerfallenden quadratischen hyperkomplexen Systems $\mathfrak{S}$ mit den erzeugenden Relationen

$$1 + S + S^2 = 0, \quad T^2 = 1, \quad TS = S^2 T,$$

die durch die Substitution

$$u = 1 + 2S = S - S^2, \qquad v = T$$

in die Normalform der erzeugenden Relationen

$$u^2 = -3, \quad v^2 = 1, \quad vu = -uv$$

einer verallgemeinerten Quaternionenalgebra übergehen. Daher ist E selbst als Darstellungsmodul isomorph zu der als $\mathfrak{S}$-Rechtsmodul betrachteten Erweiterung $\overline{\mathfrak{S}}$ des Systems $\mathfrak{S}$ auf den reellen Zahlkörper $\overline{\mathsf{P}}$ statt des rationalen P Koeffizientenkörpers. Dem Relativeinheitengitter H in E entspricht dabei ein reguläres $\mathfrak{J}$-Rechtsideal $\mathfrak{E}$ in $\mathfrak{S}$, wo $\mathfrak{J}$ die Ordnung der ganzzahligen Linearkombinationen aus der Basis $1, S, T, ST$ von $\mathfrak{S}$ ist. Das volle Einheitengitter H^* in E^* entsteht dann daraus in der schon beschriebenen Weise; auf die hiernach ohne weiteres ersichtliche idealtheoretische Deutung dieses letzteren Sachverhalts brauchen wir nicht einzugehen.

5. Die Hauptordnungen zu $\mathfrak{J}$. Die Ordnung $\mathfrak{J}$ ist keine Hauptordnung von $\mathfrak{S}$; es gibt vielmehr genau zwei Hauptordnungen $\mathfrak{O}^{\sigma}(\sigma = \pm 1)$ von $\mathfrak{S}$, die $\mathfrak{J}$ enthalten, und $\mathfrak{J}$ hat in jeder den Index 3.

Zum Beweis dieser Behauptungen gehen wir davon aus, daß die Hauptordnungen $\mathfrak{O}$ des zerfallenden hyperkomplexen Systems $\mathfrak{S}$ den rationalen Darstellungen von $\mathfrak{S}$ als volles Matrizensystem entsprechen, indem bei jeder solchen Darstellung die ganzzahligen Matrizen eine Hauptordnung bilden. Alle diese Darstellungen entstehen aus einer von ihnen Δ durch Transformation mit regulären, ohne Einschränkung primitiven Matrizen M in der Form $M^{-1}\Delta M$. Zwei solche Matrizen liefern genau dann dieselbe Hauptordnung, wenn sie durch rechtsseitige Multiplikation mit einer unimodularen Matrix zusammenhängen. Daher kann man M auf das bekannte Repräsentantensystem

$$M = \begin{pmatrix} a & b \\ 0 & d \end{pmatrix} \qquad \begin{pmatrix} a,\, b,\, d \ \textit{ganz, teilerfremd} \\ a > 0,\, d > 0,\, 0 \leqq b < a \end{pmatrix}$$

beschränken. Ist $\mathfrak{O}$ eine $\mathfrak{J}$ enthaltende Hauptordnung, so liefert die zugehörige Darstellung Δ ganzzahlige Matrizen für die Elemente aus $\mathfrak{G}$, und umgekehrt. Transformiert man mit einem Repräsentanten M, so ist also $\mathfrak{J}$ dann und nur dann auch in $M^{-1}\mathfrak{O}M$ enthalten, wenn auch $M^{-1}\Delta M$ ganzzahlige Matrizen für die Elemente aus $\mathfrak{G}$ liefert.

Nun ist

$$S \to \begin{pmatrix} 0 & 1 \\ -1 & -1 \end{pmatrix}, \qquad T \to \begin{pmatrix} 0 & 1 \\ 1 & 0 \end{pmatrix}$$

eine ganzzahlige Matrizendarstellung Δ von $\mathfrak{G}$, und zwar handelt es sich dabei um die irreduzible Darstellung zweiten Grades, so daß Δ in der Tat ein volles Matrizensystem für $\mathfrak{S}$ liefert. Transformation mit einem Repräsentanten M liefert die Darstellung

$$S \to \begin{pmatrix} \frac{b}{d} & \frac{b^2 + bd + d^2}{ad} \\ -\frac{a}{d} & -\frac{b}{d} - 1 \end{pmatrix}, \qquad T \to \begin{pmatrix} -\frac{b}{d} & \frac{-b^2 + d^2}{ad} \\ \frac{a}{d} & \frac{b}{d} \end{pmatrix}.$$

Damit diese wieder ganzzahlig ist, muß zunächst $d|a$, $d|b$ sein, also wegen der Primitivität $d=1$. Ferner muß dann $a|b^2 + b + 1$ und $a|b^2 - 1$ sein. Wegen $(b-1)(b^2-1) - (b-2)(b^2+b+1) = 3$ folgt daraus $a|3$, und also, wenn man den uninteressanten Fall $a = 1$ (M unimodular) beiseite läßt, $a = 3$, $b = 1$.

Nur $M = \begin{pmatrix} 3 & 1 \\ 0 & 1 \end{pmatrix}$ liefert demnach eine nicht unimodular-äquivalente ganzzahlige Darstellung Δ' von $\mathfrak{G}$ und damit eine von $\mathfrak{O}$ verschiedene $\mathfrak{J}$ enthaltende Hauptordnung $\mathfrak{O}'$ von $\mathfrak{S}$. Ersetzt man noch den Repräsentanten M durch die unimodular-äquivalente Matrix $M\begin{pmatrix} 1 & 1 \\ -2 & -1 \end{pmatrix} = \begin{pmatrix} 1 & 2 \\ -2 & -1 \end{pmatrix}$, so erhält man für Δ' die Gestalt

$$S \to \begin{pmatrix} 0 & 1 \\ -1 & -1 \end{pmatrix}, \qquad T \to \begin{pmatrix} 0 & -1 \\ -1 & 0 \end{pmatrix}.$$

Die den beiden ganzzahligen Matrizendarstellungen Δ^σ ($\sigma = \pm 1$), nämlich

$$S \to \begin{pmatrix} 0 & 1 \\ -1 & -1 \end{pmatrix}, \qquad \sigma T \to \begin{pmatrix} 0 & 1 \\ 1 & 0 \end{pmatrix}$$

entsprechenden beiden $\mathfrak{J}$ enthaltenden Hauptordnungen $\mathfrak{O}^\sigma$ von $\mathfrak{S}$ sind somit die einzigen solchen. Wegen der Nichtäquivalenz von Δ^+ und Δ^- bei unimodularer Transformation sind $\mathfrak{O}^+$ und $\mathfrak{O}^-$ verschieden. Da schließlich die Berechnung der zu Δ^σ gehörigen Matrizeneinheiten auf das Gleichungssystem

$$\begin{array}{rcl} e_{11} + e_{22} & & = 1 \\ & e_{12} + e_{21} & = \sigma T \\ -\, e_{22} & +\, e_{12} - e_{21} & = S \\ e_{11} - e_{22} & -\, e_{21} & = \sigma\, S T \end{array}$$

des Determinantenbetrags 3 führt, hat $\mathfrak{J}$ in $\mathfrak{O}^\sigma$ den Index 3. Damit sind die obigen Behauptungen bewiesen.

6. Explizite Darstellung der Hauptordnungen zu $\mathfrak{J}$. Um zu einer expliziten Darstellung von $\mathfrak{O}^\sigma$ zu gelangen – sowie überhaupt für die folgenden Untersuchungen – bezeichnen wir die Elemente des zum Körper der dritten Einheitswurzeln isomorphen quadratischen Teilkörpers $\Sigma = \mathrm{P}(S)$ von $\mathfrak{S}$ mit kleinen griechischen Buchstaben und verstehen speziell sinngemäß

$$\sqrt{-3} = S - S^2 = 1 + 2S.$$

Die Elemente von $\mathfrak{S}$ sind dann in eindeutiger Basisdarstellung durch

$$X = \xi_1 + \xi_2 T$$

gegeben. Das Konjugierte und die reduzierte Norm von X in $\mathfrak{S}$ sind

$$\overline{X} = \bar{\xi}_1 - T\bar{\xi}_2, \quad \mathrm{n}(X) = X\overline{X} = \overline{X}X = N(\xi_1) - N(\xi_2),$$

wo allgemein $\bar{\xi}$ das Konjugierte und $N(\xi) = \xi\bar{\xi}$ die Norm von ξ in Σ bezeichnet. Es gilt allgemein

$$T\xi = \bar{\xi}T$$

und daher

$$X\sqrt{-3} = \sqrt{-3}\,X' \quad \text{mit } X' = \xi_1 - \xi_2 T.$$

Dann und nur dann gehört X zu $\mathfrak{J}$, wenn ξ_1, ξ_2 ganz sind. Wegen der letzten beiden Beziehungen erzeugt $\sqrt{-3}$ ein zweiseitiges $\mathfrak{J}$-Hauptideal, dessen Restklassenring wegen $\xi \equiv \bar{\xi}$ mod. $\sqrt{-3}$ kommutativ ist. Die beiden Elemente $1 + \sigma T$ sind komplementäre Nullteiler in $\mathfrak{J}$.

Den aus diesen beiden Elementen gebildeten, nicht zu $\mathfrak{J}$ gehörigen beiden Elementen

$$Q^\sigma = \frac{1}{\sqrt{-3}}(1 + \sigma T) = (1 - \sigma T)\frac{1}{\sqrt{-3}}$$

entspricht bei den (mit dem entsprechenden $\sigma = \pm 1$ gebildeten) beiden Darstellungen Δ^σ die ganzzahlige Matrix

$$Q^\sigma \to -\frac{1}{3}\cdot\left[\begin{pmatrix} 0 & 1 \\ -1 & -1 \end{pmatrix} - \begin{pmatrix} -1 & -1 \\ 1 & 0 \end{pmatrix}\right]\begin{pmatrix} 1 & 1 \\ 1 & 1 \end{pmatrix} = -\frac{1}{3}\begin{pmatrix} 1 & 2 \\ -2 & -1 \end{pmatrix}\begin{pmatrix} 1 & 1 \\ 1 & 1 \end{pmatrix} =$$
$$= \begin{pmatrix} -1 & -1 \\ 1 & 1 \end{pmatrix}.$$

Daher gehört Q^σ zu $\mathfrak{O}^\sigma$, und es ist

$$\mathfrak{O}^\sigma = \mathfrak{J}(Q^\sigma),$$

letzteres unter Beachtung von $[\mathfrak{O}^\sigma : \mathfrak{J}] = 3$. Dementsprechend setzt sich $\mathfrak{O}^\sigma$ aus den drei Restklassen $\mathfrak{J}$, $\mathfrak{J} + Q^\sigma$, $\mathfrak{J} - Q^\sigma$ zusammen. Hieraus erkennt man, daß die Elemente Y aus $\mathfrak{O}^\sigma$ bei der Basisdarstellung

$$Y = \frac{1}{\sqrt{-3}}(\eta_1 + \eta_2 T)$$

dadurch gekennzeichnet sind, daß η_1, η_2 ganz sind und der Kongruenz $\eta_1 \equiv \sigma\,\eta_2$ mod. $\sqrt{-3}$ genügen.

7. *Die regulären $\mathfrak{J}$-Rechtsideale.* Dem Relativeinheitengitter H von B/Ω entspricht, wie oben festgestellt, ein reguläres $\mathfrak{J}$-Rechtsideal $\mathfrak{E}$ von $\mathfrak{S}$. Während bekanntlich für eine Hauptordnung $\mathfrak{O}$ von $\mathfrak{S}$ jedes reguläre $\mathfrak{O}$-Rechtsideal ein Hauptideal von $\mathfrak{O}$ ist, erzeugt durch ein reguläres Element aus $\mathfrak{S}$, braucht dies für die Ordnung $\mathfrak{J}$ nicht der Fall zu sein; wie wir sehen werden, gibt es in der Tat reguläre $\mathfrak{J}$-Rechtsideale von $\mathfrak{S}$, die keine Hauptideale von $\mathfrak{J}$ sind.

Sei $\mathfrak{A}$ irgendein reguläres $\mathfrak{J}$-Rechtsideal von $\mathfrak{S}$. Durchläuft

$$A = \alpha_1 + \alpha_2 T$$

die Elemente aus $\mathfrak{A}$, so durchlaufen α_1, α_2 Ideale $\mathfrak{a}_1$, $\mathfrak{a}_2$ von Σ in bezug auf die Hauptordnung Γ aller ganzen Elemente von Σ. Wegen

$$AT = \alpha_2 + \alpha_1 T$$

ist $\mathfrak{a}_1 = \mathfrak{a}_2$. Dies durch $\mathfrak{A}$ eindeutig bestimmte Γ-Ideal $\mathfrak{d} = \mathfrak{a}_1 = \mathfrak{a}_2$ von Σ heißt der *Linksteiler* von $\mathfrak{A}$. Ist $\mathfrak{d} = 1$, so heißt $\mathfrak{A}$ *primitiv*. Da jedes Γ-Ideal von Σ Hauptideal ist, hat man $\mathfrak{d} \cong \delta$ mit $\delta \neq 0$ aus Σ, und damit die Aufspaltung

$$\mathfrak{A} = \delta \mathfrak{A}_0$$

mit primitivem $\mathfrak{A}_0$. Dabei liegt δ bis auf die Auswahl unter Assoziierten fest, und dementsprechend der primitive Bestandteil $\mathfrak{A}_0$ bis auf einen sechsten Einheitswurzelfaktor aus Σ. Umgekehrt erhält man in dieser Form für beliebiges primitives $\mathfrak{A}_0$ und beliebiges $\delta \neq 0$ aus Σ ein $\mathfrak{J}$-Rechtsideal $\mathfrak{A}$ von $\mathfrak{S}$ vom Linksteiler $\mathfrak{d} \cong \delta$. Hiernach genügt es, die Untersuchung auf primitive $\mathfrak{J}$-Rechtsideale $\mathfrak{A}$ von $\mathfrak{S}$ zu beschränken.

Die zu Σ gehörigen Elemente aus $\mathfrak{A}$, also die $A = \alpha_1$ mit $\alpha_2 = 0$, durchlaufen ebenfalls ein Γ-Ideal $\mathfrak{n} \cong \nu$ von Σ. Das zu $\mathfrak{A}$ gehörige Element $\nu \neq 0$ aus Σ, das bis auf Assoziierte eindeutig festliegt, heiße das Σ-*Basiselement* von $\mathfrak{A}$. Wenn $\mathfrak{A}$ primitiv ist, ist ν ganz, und es gibt ferner in $\mathfrak{A}$ ein Element der Form $W = \omega + T$ mit ganzem ω aus Σ, wobei ω mod. ν eindeutig festliegt. Die so bestimmten Elemente ν, W aus $\mathfrak{A}$ bilden ersichtlich eine Basis von $\mathfrak{A}$ als Γ-Rechtsmodul, d. h. die Elemente von $\mathfrak{A}$ sind in eindeutiger Basisdarstellung durch

$$A = \nu\alpha + W\alpha' = (\nu\alpha + \omega\alpha') + \bar{\alpha}' T$$

mit ganzen α, α' aus Σ gegeben. Sind umgekehrt ein ganzes $\nu \neq 0$ und eine ganze Restklasse ω mod. ν aus Σ vorgegeben, so erhält man in dieser Form dann und nur dann ein primitives $\mathfrak{J}$-Rechtsideal $\mathfrak{A}$ von $\mathfrak{S}$, wenn

(1.) $\bar{\nu} \cong \nu$, also bei passender (eindeutiger) Normierung $\nu = n$ oder $n\sqrt{-3}$ mit natürlichem n, und

(2.) $N(\omega) \equiv 1$ mod. ν

ist. Notwendig und hinreichend ist nämlich, daß die Rechtsmultiplikation mit T nicht aus dem Γ-Rechtsmodul $\mathfrak{A} = [\nu, W]$ hinausführt. Nun ist eine Beziehung

$$\nu T = \nu\alpha + W\alpha' = (\nu\alpha + \omega\alpha') + \bar{\alpha}' T$$

gleichbedeutend mit

$$\nu\alpha + \omega\alpha' = 0, \quad \bar{\alpha}' = \nu,$$

also mit

$$\omega\bar{\nu} \equiv 0 \text{ mod. } \nu.$$

Ferner ist eine Beziehung

$$WT = \nu\alpha + W\alpha' = (\nu\alpha + \omega\alpha') + \bar{\alpha}' T$$

wegen

$$WT = 1 + \omega T$$

gleichbedeutend mit

$$\nu\alpha + \omega\alpha' = 1, \quad \bar{\alpha}' = \omega,$$

also mit

$$N(\omega) \equiv 1 \text{ mod. } \nu.$$

Wegen der letzteren Bedingung verschärft sich die erstere zu $\bar{\nu} \equiv 0$ mod. ν, also $\bar{\nu} \cong \nu$. Somit ergeben sich in der Tat (1.), (2.) als notwendige und hinreichende Bedingungen.

8. Einbettung in die Maximalordnungen. Es sei weiter $\mathfrak{A}$ ein primitives $\mathfrak{J}$-Rechtsideal. Der Einbettung von $\mathfrak{J}$ in die beiden Hauptordnungen $\mathfrak{O}^\sigma = \mathfrak{J}(Q^\sigma)$ entsprechen die beiden Erweiterungsideale

$$\mathfrak{A}\mathfrak{O}^\sigma = \mathfrak{A} + \mathfrak{A}Q^\sigma,$$

von denen feststeht, daß sie Hauptideale sind. Wir untersuchen, wie sich das Ausgangsideal aus ihnen herleitet.

Die Elemente von $\mathfrak{A}\mathfrak{O}^\sigma$ entstehen aus den Elementen

$$A = \nu\alpha + W\alpha' = (\nu\alpha + \omega\alpha') + \bar{\alpha}' T$$

von $\mathfrak{A}$, indem man diese rechts mit der Erzeugenden $Q^\sigma = \frac{1}{\sqrt{-3}}(1 + \sigma T)$ von $\mathfrak{O}^\sigma$ multipliziert und beliebige Elemente von $\mathfrak{A}$ hinzufügt. Es ist nach leichter Rechnung

$$AQ^\sigma = \frac{\nu\alpha + \omega\alpha' - \sigma\bar{\alpha}'}{\sqrt{-3}}(1 + \sigma T) = (\nu\xi + W\xi')\frac{1}{\sqrt{-3}}$$

mit

$$\xi = \alpha + \sigma\frac{\bar{\nu}}{\nu}\omega\bar{\alpha} + \sigma\frac{N(\omega) - 1}{\nu}\bar{\alpha}' \quad \left(\text{wo } \frac{\bar{\nu}}{\nu} = \pm 1 \text{ je nachdem } \nu = n \text{ oder } n\sqrt{-3}\right),$$

$$\xi' = \alpha' - \sigma\bar{\omega}\bar{\alpha}' - \sigma\bar{\nu}\bar{\alpha}.$$

Die Hinzufügung von beliebigen Elementen

$$A_0 = \nu\alpha_0 + W\alpha_0'$$

aus $\mathfrak{A}$ bedeutet ersichtlich einfach, daß die (voneinander abhängigen) Elemente ξ, ξ' durch beliebige Elemente $\alpha^*, \alpha^{*\prime}$ aus ihren Restklassen mod. $\sqrt{-3}$ ersetzt werden. Daher besteht das Erweiterungsideal $\mathfrak{A}\mathfrak{O}^\sigma$ genau aus den Elementen

$$A^* = (\nu\alpha^* + W\alpha^{*\prime})\frac{1}{\sqrt{-3}}$$

mit ganzen α^*, $\alpha^{*\prime}$, die den Kongruenzen

$$\alpha^* \equiv (1 \pm \sigma\omega)\alpha + \sigma \frac{N(\omega)-1}{\nu} \alpha' \quad \text{mod. } \sqrt{-3} \text{ (je nachdem } \nu = n \text{ oder } n\sqrt{-3}),$$

$$\alpha^{*\prime} \equiv \quad -\sigma\nu\alpha \quad + \quad (1-\sigma\omega)\alpha' \quad \text{mod. } \sqrt{-3}$$

mit ganzen α, α' genügen. Je nachdem die Matrix $\begin{pmatrix} 1 \pm \sigma\omega & \sigma \frac{N(\omega)-1}{\nu} \\ -\sigma\nu & 1-\sigma\omega \end{pmatrix}$ mod. $\sqrt{-3}$ den Rang 0,1 oder 2 hat, bestehen zwischen α^*, $\alpha^{*\prime}$ zwei, eine oder keine linearen Abhängigkeiten mod. $\sqrt{-3}$.

Um einfache Verhältnisse zu bekommen, legen wir die Hauptordnung $\mathfrak{O}^\sigma$ wie folgt fest:

Für $\nu \equiv 0$ mod. $\sqrt{-3}$, wo notwendig $\omega \equiv \pm 1$ mod. $\sqrt{-3}$ ist, sei $\sigma \equiv \omega$ mod. $\sqrt{-3}$.

Für $\nu \not\equiv 0$ mod. $\sqrt{-3}$, was nur im Falle $\nu = n$ vorkommen kann, sei σ beliebig. Dann ist der fragliche Rang gleich 0 oder 1, je nachdem $\nu = n\sqrt{-3}$ oder n ist. Dementsprechend hat man

$$\mathfrak{A}\mathfrak{O}^\sigma = \mathfrak{A} \quad \text{für } \nu = n\sqrt{-3},$$
$$[\mathfrak{A}\mathfrak{O}^\sigma : \mathfrak{A}] = 3 \quad \text{für } \nu = n,$$

und im letzteren Falle besteht zwischen α^*, $\alpha^{*\prime}$ die eine Abhängigkeit

$$\nu\alpha^* + (\omega + \sigma)\alpha^{*\prime} \equiv 0 \text{ mod. } \sqrt{-3},$$

während die Elemente aus $\mathfrak{A}$ innerhalb der so dargestellten Elemente A^* aus $\mathfrak{A}\mathfrak{O}^\sigma$ durch

$$\alpha^*, \alpha^{*\prime} \equiv 0 \text{ mod. } \sqrt{-3}$$

gekennzeichnet sind. Die genannte Abhängigkeit zwischen α^*, $\alpha^{*\prime}$ besagt nichts anderes als die Zugehörigkeit der A^* zu $\mathfrak{O}^\sigma$, wie aus der Schreibweise

$$A^* = \frac{1}{\sqrt{-3}}[(\nu\alpha^* + \omega\alpha^{*\prime}) - \bar{\alpha}^{*\prime} T]$$

ersichtlich ist; da $\mathfrak{A}$ primitiv sein sollte, gilt in der Tat $\mathfrak{A} \leqq \mathfrak{J}$, also $\mathfrak{A}\mathfrak{O}^\sigma \leqq \mathfrak{O}^\sigma$.

9. Hauptidealeigenschaft. Wie schon gesagt, ist jedes reguläre $\mathfrak{O}^\sigma$-Rechtsideal von $\mathfrak{S}$ ein Hauptideal von $\mathfrak{O}^\sigma$, erzeugt durch ein reguläres Element aus $\mathfrak{S}$. In $\mathfrak{A}\mathfrak{O}^\sigma$ gibt es somit ein reguläres Element A^* derart, daß

$$\mathfrak{A}\mathfrak{O}^\sigma = A^*\mathfrak{O}^\sigma$$

ist.

Im Falle $\nu = n\sqrt{-3}$ ist nun $\mathfrak{A}\mathfrak{O}^\sigma = \mathfrak{A}$; daher liegt $A^* = A$ in $\mathfrak{A}$. Da A regulär ist, folgt aus $[\mathfrak{O}^\sigma : \mathfrak{J}] = 3$ auch $[A\mathfrak{O}^\sigma : A\mathfrak{J}] = 3$, und somit

$$[\mathfrak{A} : A\mathfrak{J}] = 3.$$

Die Nebengruppen zu $A\mathfrak{J}$ in $\mathfrak{A}$ sind $A(\mathfrak{J} \pm Q^\sigma)$. Man erkennt hieraus leicht, daß in $\mathfrak{A}$ kein Element A_0 derart existiert, daß $\mathfrak{A} = A_0\mathfrak{J}$ ist. Liegt nämlich A_0

in $A\mathfrak{J}$, so ist $A_0\mathfrak{J} \leqq A\mathfrak{J}$ echte Untergruppe von $\mathfrak{A}$. Liegt ferner A_0 in $A(\mathfrak{J} \pm Q^\sigma)$, hat man also $A_0 = A(X \pm Q^\sigma)$ mit X aus $\mathfrak{J}$, so gibt es kein Y aus $\mathfrak{J}$ derart, daß $A_0 Y = A$ ist, d. h. $A_0\mathfrak{J}$ ist wieder echte Untergruppe von $\mathfrak{A}$; gäbe es nämlich ein solches Y, so folgte wegen der Regularität von A die Beziehung $(X \pm Q^\sigma)\ Y = 1$, und da $X \pm Q^\sigma$ und Y als Elemente aus der Hauptordnung $\mathfrak{O}^\sigma$ notwendig ganze reduzierte Normen haben, weiter $\mathrm{n}(Y) = \bar{Y}Y = \pm 1$ und daher $X \pm Q^\sigma = \pm \bar{Y}$, so daß Q^σ zu $\mathfrak{J}$ gehörte, was nicht der Fall ist. *Im Falle $\nu = n\sqrt{-3}$ ist somit das $\mathfrak{J}$-Rechtsideal $\mathfrak{A}$ sicher kein Hauptideal von $\mathfrak{J}$, vielmehr nur ein Hauptideal von $\mathfrak{O}^\sigma$ mit dem durch $\sigma \equiv \omega$ mod. $\sqrt{-3}$ festgelegten σ.*

Im Falle $\nu = n$ zeigen wir, daß man die Erzeugende A^* von $\mathfrak{A}\mathfrak{O}^\sigma$ durch rechtsseitige Multiplikation mit einem Einheitsfaktor Y aus $\mathfrak{O}^\sigma$ zu einem Element $A = A^*Y$ aus $\mathfrak{A}$ normieren kann, so daß dann jedenfalls $A\mathfrak{J} \leqq \mathfrak{A}$ gilt. Da aber in diesem Falle einerseits $[A\mathfrak{O}^\sigma : \mathfrak{A}] = 3$ und andrerseits wie vorher auch $[A\mathfrak{O}^\sigma : A\mathfrak{J}] = 3$ ist, ergibt sich bei dieser Normierung die Gleichheit

$$\mathfrak{A} = A\mathfrak{J}.$$

Im Falle $\nu = n$ ist somit das $\mathfrak{J}$-Rechtsideal $\mathfrak{A}$ ein Hauptideal von $\mathfrak{J}$.

Um zu zeigen, daß die Normierung von A^* wie angegeben möglich ist, setzen wir A^* und Y in den zuvor gewonnenen Basisdarstellungen an:

$$A^* = (n\alpha^* + W\alpha^{*\prime})\frac{1}{\sqrt{-3}} \text{ mit } \alpha^*, \alpha^{*\prime} \text{ ganz und } n\alpha^* + (\omega+\sigma)\alpha^{*\prime} \equiv 0 \text{ mod. } \sqrt{-3},$$

$$Y = (\eta_1 + T\eta_2)\frac{1}{\sqrt{-3}} \text{ mit } \eta_1, \eta_2 \text{ ganz und } \eta_1 + \sigma\eta_2 \equiv 0 \text{ mod. } \sqrt{-3}.$$

Dann ergibt sich nach leichter Rechnung

$$-3A^*Y = n\left[\alpha^*\eta_1 + \left(\omega\bar{\alpha}^* + \frac{N(\omega)-1}{n}\bar{\alpha}^{*\prime}\right)\eta_2\right] + W[\alpha^{*\prime}\eta_1 - (n\bar{\alpha}^* + \bar{\omega}\bar{\alpha}^{*\prime})\,\eta_2].$$

Damit nun $A^*Y = A$ zu $\mathfrak{A}$ gehört, also von der Form

$$A = n\alpha + W\alpha'$$

mit ganzen α, α' ist, ist notwendig und hinreichend, daß die Kongruenzen

$$-3\alpha = \alpha^*\eta_1 + \left(\omega\bar{\alpha}^* + \frac{N(\omega)-1}{n}\bar{\alpha}^{*\prime}\right)\eta_2 \equiv 0 \text{ mod. } 3,$$

$$-3\alpha' = \alpha^{*\prime}\eta_1 - (n\bar{\alpha}^* + \bar{\omega}\bar{\alpha}^{*\prime})\,\eta_2 \equiv 0 \text{ mod. } 3$$

bestehen. Da A^*Y jedenfalls zu $\mathfrak{A}\mathfrak{O}^\sigma$ gehört, bestehen diese Kongruenzen sicherlich mod. $\sqrt{-3}$, wie man auch leicht als formale Folge der Kongruenzbedingungen mod. $\sqrt{-3}$ für α^*, $\alpha^{*\prime}$ und η_1, η_2 bestätigt.

Sind $\alpha^*, \alpha^{*\prime} \equiv 0$ mod. $\sqrt{-3}$, so erfüllt schon $A^* = A$ die verlangte Bedingung. Andernfalls besteht zwischen den beiden Kongruenzen eine echte lineare Abhängigkeit, nämlich mit den Koeffizienten $-\alpha^{*\prime}$, α^*, weil ihre Determinante

$$nN(\alpha^*) + S(\omega\bar{\alpha}^*\alpha^{*\prime}) + \frac{N(\omega)-1}{n}N(\alpha^{*\prime}) = \frac{N(n\alpha^* + \omega\alpha^{*\prime}) - N(\alpha^{*\prime})}{n} \equiv 0 \bmod. 3$$

ist, wie man auf Grund der Kongruenzbedingungen für α^*, $\alpha^{*\prime}$ leicht bestätigt. Es genügt demnach, eine (bestimmte) der beiden Kongruenzen zu erfüllen; die andere folgt dann aus ihr. Die zu erfüllende Kongruenz hat nach Anbringung eines Proportionalitätsfaktors notwendig die Form

$$\alpha_1\eta_1 + \sigma\alpha_2\eta_2 \equiv 0 \bmod. 3$$

mit

$$\alpha_1 \equiv 1, \quad \alpha_2 \equiv 1 \quad \bmod. \sqrt{-3},$$

da sie nach dem Gesagten mod. $\sqrt{-3}$ auf die Bedingung $\eta_1 + \sigma\eta_2 \equiv 0$ mod. $\sqrt{-3}$ zurücklaufen muß. Diese Kongruenz ist nun derart zu lösen, daß Y eine Einheit wird; das bedeutet die weitere Bedingung

$$\mathrm{n}(Y) = \frac{N(\eta_1) - N(\eta_2)}{3} = \pm 1.$$

Diese letztere Bedingung ist bei Multiplikation von η_i $(i = 1, 2)$ mit dritten Einheitswurzeln $S^{-k_i} \equiv 1 + k_i\sqrt{-3}$ mod. 3 invariant. In der ersteren Bedingung läuft das darauf hinaus, in den Koeffizienten $\alpha_i \equiv 1 + a_i\sqrt{-3}$ mod. 3 die Substitution $a_i \to a_i + k_i$ zu machen. Hiernach kann man ohne Einschränkung sogar

$$\alpha_1 \equiv 1, \quad \alpha_2 \equiv 1 \bmod. 3$$

voraussetzen, so daß die zu erfüllende Kongruenzbedingung dann einfach

$$\eta_1 + \sigma\eta_2 \equiv 0 \bmod. 3$$

lautet. Davon ist aber ersichtlich

$$\eta_1 = 2, \quad \eta_2 = \sigma$$

eine Lösung, die auch die Normbedingung erfüllt. Damit ist der Nachweis der Möglichkeit der verlangten Normierung von A^* erbracht.

10. Andere Herleitung des vorstehenden Ergebnisses: Vorbereitung zum Beweis. Wir haben festgestellt, daß *die primitiven und damit dann auch die sämtlichen regulären $\mathfrak{J}$-Rechtsideale $\mathfrak{A}$ von $\mathfrak{S}$ Hauptideale von $\mathfrak{J}$ oder nur Hauptideale einer bestimmten der beiden $\mathfrak{J}$ enthaltenden Hauptordnungen $\mathfrak{O}^\sigma$ sind, je nachdem ihr normiertes Σ-Basiselement $\nu = n$ oder $n\sqrt{-3}$ mit natürlichem n ist, wobei sich im letzteren Falle σ aus dem anderen normierten Basiselement $W = \omega + T$ vermöge $\sigma \equiv \omega$ mod. $\sqrt{-3}$ bestimmt.*

Für dies Ergebnis kann man auch einen anderen, etwas kürzeren Beweis geben, der das Eingehen auf die Theorie der $\mathfrak{J}$ enthaltenden Hauptordnungen $\mathfrak{O}^\sigma$ von $\mathfrak{S}$ vermeidet.

Wir zeigen zunächst, daß *die regulären $\mathfrak{J}$-Hauptideale* $\mathfrak{A} = A_0 \mathfrak{J}$ *vom Typus* $\nu = n$ sind. Ohne Einschränkung sei $\mathfrak{A}$ als primitiv vorausgesetzt; das bedeutet, daß A_0 primitiv ist, d. h. daß der größte Linksteiler aus Σ von A_0 gleich 1 ist. Das Σ-Basiselement ν von $\mathfrak{A}$ berechnet sich definitionsgemäß als der größte gemeinsame Teiler aller zu Σ gehörigen Elemente $A = A_0 X$ (X in $\mathfrak{J}$) von $\mathfrak{A}$. Setzt man in Basisdarstellung an

$$A_0 = \alpha_1 + \alpha_2 T, \quad X = \xi_1 + T\xi_2,$$

so ist

$$A = A_0 X = (\alpha_1 \xi_1 + \alpha_2 \xi_2) + T(\bar{\alpha}_1 \xi_2 + \bar{\alpha}_2 \xi_1).$$

Dementsprechend ist ν der größte gemeinsame Teiler aller $\alpha_1 \xi_1 + \alpha_2 \xi_2$ unter der Nebenbedingung $\bar{\alpha}_1 \xi_2 + \bar{\alpha}_2 \xi_1 = 0$. Da α_1, α_2 wegen der Primitivität von A teilerfremd sind, bedeutet diese Nebenbedingung

$$\xi_1 = \lambda \bar{\alpha}_1, \quad \xi_2 = -\lambda \bar{\alpha}_2$$

mit ganzem λ. Somit ist ν der größte gemeinsame Teiler aller $\lambda\,[N(\alpha_1) - N(\alpha_2)] = \lambda \mathrm{n}(A_0)$, d. h. es ist in der Tat $\nu = \mathrm{n}(A_0)$ ganzrational. *Die regulären $\mathfrak{J}$-Rechtsideale $\mathfrak{A}$ vom Typus $\nu = n\sqrt{-3}$ sind demnach sicher keine Hauptideale von $\mathfrak{J}$.*

Wir zeigen ferner, daß man auf folgende Weise primitive $\mathfrak{J}$-Rechtsideale $\mathfrak{A}$ vom Typus $\nu = n\sqrt{-3}$ erhält. Sei A_0 ein reguläres Element aus $\mathfrak{S}$, das entweder primitiv ist, oder nur den größten gemeinsamen Linksteiler $\sqrt{-3}$ aus Σ hat, und das einer Kongruenz

$$A_0 \equiv a(1 + \sigma T) \bmod. \sqrt{-3}$$

mit ganzrationalem a und $\sigma = \pm 1$ genügt. Dann bildet die Gesamtheit der Elemente

$$A = A_0 \frac{1}{\sqrt{-3}} X$$

mit X in $\mathfrak{J}$ und

$$X \equiv x(1 + \sigma T) \bmod. \sqrt{-3}$$

mit ganzrationalem x ein primitives $\mathfrak{J}$-Rechtsideal $\mathfrak{A}$ vom Typus $\nu = n\sqrt{-3}$. (Im Sinne der Theorie aus 6 bedeutet die Kongruenzeinschränkung für X, daß $\frac{1}{\sqrt{-3}} X$ zu $\mathfrak{O}^\sigma$ gehört; es handelt sich also um ein Hauptideal von $\mathfrak{O}^\sigma$, erzeugt durch A_0). In der Tat gehören $X\xi$ mit ganzem ξ und XT ersichtlich wieder zu den zugelassenen X, und

$$n\sqrt{-3} = \frac{1}{3}\mathfrak{n}(A_0)\sqrt{-3} = -A_0\bar{A}_0\frac{1}{\sqrt{-3}} = -(\alpha_1+\alpha_2 T)(\bar{\alpha}_1 - T\bar{\alpha}_2)\frac{1}{\sqrt{-3}}$$
$$= -(\alpha_1+\alpha_2 T)\frac{1}{\sqrt{-3}}(\bar{\alpha}_1 + T\bar{\alpha}_2)$$

gehört zu $\mathfrak{A}$. Daher ist $\mathfrak{A}$ ein reguläres $\mathfrak{J}$-Rechtsideal. Das allgemeine Element A von $\mathfrak{A}$ gehört wegen

$$A \equiv ax(1+\sigma T)(1-\sigma T)\frac{1}{\sqrt{-3}} \equiv 0 \text{ mod. } 1$$

zu $\mathfrak{J}$. Setzt man ferner

$$A_0 \equiv a(1+\sigma T) + A_1\sqrt{-3} \text{ mod. } 3,$$
$$X \equiv x(1+\sigma T) + X_1\sqrt{-3} \text{ mod. } 3,$$

so hat man

$$A = A_0\frac{1}{\sqrt{-3}}X \equiv a(1+\sigma T)X_1 + x(1+\sigma T)A_1 \equiv$$
$$\equiv (1+\sigma T)(aX_1 + xA_1) \text{ mod. } \sqrt{-3}.$$

Dabei ist — der Voraussetzung über den Linksteiler aus Σ von A_0 gemäß — $A_1 \not\equiv 0$ mod. $\sqrt{-3}$ für $a \equiv 0$ mod. 3. Hieraus erkennt man leicht, daß $\mathfrak{A}$ für die Primzahl $\sqrt{-3}$ von Σ primitiv ist; für die anderen Primzahlen von Σ ist $\mathfrak{A}$ ebenfalls primitiv, weil A_0 es ist. Somit ist $\mathfrak{A}$ schlechthin primitiv. Das Σ-Basiselement ν von $\mathfrak{A}$ berechnet sich als der größte gemeinsame Teiler aller zu Σ gehörigen Elemente $A = A_0\frac{1}{\sqrt{-3}}X$ (mit X wie oben) von $\mathfrak{A}$. Setzt man in Basisdarstellung an

$$A_0 = \alpha_1 + \alpha_2 T, \quad X = \xi_1 + T\xi_2,$$

so ist

$$A_0\frac{1}{\sqrt{-3}}X = (\alpha_1+\alpha_2 T)\frac{1}{\sqrt{-3}}(\xi_1 + T\xi_2) = \frac{\alpha_1\xi_1 - \alpha_2\xi_2}{\sqrt{-3}} + T\frac{\bar{\alpha}_2\xi_1 - \bar{\alpha}_1\xi_2}{\sqrt{-3}}.$$

Dementsprechend ist ν der größte gemeinsame Teiler aller $\frac{\alpha_1\xi_1 - \alpha_2\xi_2}{\sqrt{-3}}$ unter der Nebenbedingung $\bar{\alpha}_2\xi_1 - \bar{\alpha}_1\xi_2 = 0$, wobei für ξ_1, ξ_2 die Einschränkung $\xi_1 \equiv \sigma\xi_2$ mod. $\sqrt{-3}$ zu machen ist. Ist nun $a \not\equiv 0$ mod. 3, so ist A_0 primitiv, also sind α_1, α_2 teilerfremd, und folglich bedeutet die Nebenbedingung

$$\xi_1 = \lambda\bar{\alpha}_1, \quad \xi_2 = \lambda\bar{\alpha}_2$$

mit ganzem λ; diese ξ_1, ξ_2 genügen wegen $\alpha_1 \equiv \sigma\alpha_2$ mod. $\sqrt{-3}$ für jedes λ der einschränkenden Kongruenzbedingung. Somit ist ν der größte gemeinsame

Teiler aller $\lambda \frac{N(\alpha_1) - N(\alpha_2)}{\sqrt{-3}} = \lambda \frac{\mathfrak{n}(A_0)}{\sqrt{-3}} = -\lambda n \sqrt{-3}$, d. h. es ist in der Tat $\nu = n\sqrt{-3}$. Ist ferner $a \equiv 0$ mod. 3, so hat A_0 den Linksteiler $\sqrt{-3}$ aus Σ, also haben α_1, α_2 den größten gemeinsamen Teiler $\sqrt{-3}$, und folglich bedeutet die Nebenbedingung

$$\xi_1 = \frac{\lambda}{\sqrt{-3}} \bar{\alpha}_1, \quad \xi_2 = \frac{\lambda}{\sqrt{-3}} \bar{\alpha}_2$$

mit ganzem λ; diese ξ_1, ξ_2 genügen der einschränkenden Kongruenzbedingung nur für

$$\lambda \frac{\alpha_1 - \sigma\alpha_2}{\sqrt{-3}} \equiv 0 \text{ mod. } \sqrt{-3}.$$

Da $\sqrt{-3}$ der genaue Linksteiler aus Σ von A_0 sein sollte, ist $\frac{\alpha_1 - \sigma\alpha_2}{\sqrt{-3}}$ prim zu $\sqrt{-3}$, also notwendig $\lambda \equiv 0$ mod. $\sqrt{-3}$, d. h. $\lambda = \sqrt{-3}\,\lambda_0$ mit ganzem λ_0. Demnach ist ν der größte gemeinsame Teiler aller $\lambda_0 \frac{N(\alpha_1) - N(\alpha_2)}{\sqrt{-3}} = \lambda_0 \frac{\mathfrak{n}(A_0)}{\sqrt{-3}}$ $= -\lambda_0 n \sqrt{-3}$, d. h. es ist in der Tat wieder $\nu = n\sqrt{-3}$. In beiden Fällen folgt für das zweite Σ-Basiselement $W = \omega + T$ von $\mathfrak{A}$ leicht die Kongruenz $\omega = \sigma$ mod. $\sqrt{-3}$.

11. Andere Herleitung des vorstehenden Ergebnisses: Eigentlicher Beweis. Wir wenden uns nunmehr zu dem in Aussicht gestellten anderen Beweis des obigen Ergebnisses über die regulären $\mathfrak{J}$-Rechtsideale $\mathfrak{A}$ von $\mathfrak{S}$. Wir setzen wieder ohne Einschränkung voraus, daß $\mathfrak{A}$ primitiv sei, und bezeichnen wie bisher mit $\nu = n$ oder $n\sqrt{-3}$ das normierte Σ-Basiselement von $\mathfrak{A}$. In $\mathfrak{A}$ gibt es sicher ein reguläres Element A_0 mit minimalem Betrag $|\mathfrak{n}(A_0)|$. Ist dann A ein beliebiges Element aus $\mathfrak{A}$, so betrachten wir das Element

$$A_0^{-1} A = \varrho_1 + \varrho_2 T$$

aus $\mathfrak{S}$. Seine Koordinaten ϱ_1, ϱ_2 liegen je in (mindestens) einer gleichseitig-dreieckigen Masche des Gitters Γ der ganzen Elemente aus Σ. Man kann also zu ihnen ganze ξ_1, ξ_2 aus Σ auf je (mindestens) drei Weisen so bestimmen, daß bei dem Ansatz

$$\varrho_1 = \xi_1 + \varrho_1^0, \quad \varrho_2 = \xi_2 + \varrho_2^0$$

gilt

$$0 \leqq N(\varrho_1^0) \leqq 1, \quad 0 \leqq N(\varrho_2^0) \leqq 1.$$

Wir setzen

$$X = \xi_1 + \xi_2 T, \quad R = A_0(\varrho_1^0 + \varrho_2^0 T).$$

Dann ist
$$A = A_0 X + R \quad \text{mit} \quad X \text{ in } \mathfrak{J}, \quad \text{also} \quad R \text{ in } \mathfrak{A}.$$

Wir haben dann zwei Fälle zu unterscheiden:

a) ϱ_1, ϱ_2 *sind beide ganz*. Dann kann man $\xi_1 = \varrho_1, \xi_2 = \varrho_2$ wählen und hat dann $R = 0$, also
$$A = A_0 X \quad \text{mit} \quad X \text{ aus } \mathfrak{J}.$$

b) ϱ_1, ϱ_2 *sind nicht beide ganz*. Dann ist mindestens eine der beiden Zahlen $N(\varrho_1^0)$ oder $N(\varrho_2^0)$ von 0,1 verschieden, also ihre Differenz absolut < 1, und somit

$A = A_0 X + R$ mit X aus $\mathfrak{J}$, R aus $\mathfrak{A}$ und $0 \leqq |\mathrm{n}(R)| < |\mathrm{n}(A_0)|$. Wir unterscheiden:

1. ϱ_1, ϱ_2 *sind nicht beide Mittelpunkte von Gittermaschen*. Ist es etwa ϱ_1 nicht, so liefert die Ersetzung des Eckpunktes ξ_1 durch einen der beiden anderen verfügbaren Eckpunkte eine Änderung von $N(\varrho_1^0)$ und damit eine Änderung von $N(\varrho_1^0) - N(\varrho_2^0)$. Man kann dann also $\mathrm{n}(R) \neq 0$ erreichen. Damit ist aber in R ein reguläres Element aus $\mathfrak{A}$ mit kleinerem Betrag der reduzierten Norm als A_0 gefunden, im Widerspruch zu der Auswahl von A_0. Somit kommt dieser Fall nicht vor; es gilt also im Fall b) stets

2. ϱ_1, ϱ_2 *sind beide Mittelpunkte von Gittermaschen*. Dementsprechend kann man durch geeignete Wahl der Eckpunkte ξ_1, ξ_2 erreichen, daß
$$\varrho_1^0 = \pm \frac{1}{\sqrt{-3}}, \quad \varrho_2^0 = \pm \frac{1}{\sqrt{-3}}, \quad \text{also } R = A_0 \frac{1}{\sqrt{-3}} (\pm 1 \pm T)$$
wird, und es ist dann
$$A = A_0 \frac{1}{\sqrt{-3}} X^* \quad \text{mit} \quad X^* = \xi_1^* + \xi_2^* T \text{ in } \mathfrak{J} \quad \text{und}$$
$$\xi_1^* \equiv \pm 1, \xi_2^* \equiv \pm 1 \bmod. \sqrt{-3},$$
wobei die Vorzeichenkombinationen in den Kongruenzbedingungen zunächst keiner Einschränkung unterliegen.

Entweder liegt nun für alle A aus $\mathfrak{A}$ der Fall a) vor; dann ist $\mathfrak{A} = A_0 \mathfrak{J}$ ein Hauptideal von $\mathfrak{J}$, und als solches vom Typ $\nu = n$.

Oder aber es gibt außerdem noch Elemente A in $\mathfrak{A}$, für die der Fall b) vorliegt – die Elemente $A = A_0 X$ mit X aus $\mathfrak{J}$ gehören natürlich sämtlich zu $\mathfrak{A}$.

Dann gehören über diese letzteren Elemente hinaus entweder sämtliche

$$A = A_0 \frac{3}{\sqrt{-1}} X^* \quad \text{mit} \quad X^* \equiv \pm (1 + T) \bmod. \sqrt{-3}$$

oder sämtliche

$$A = A_0 \frac{1}{\sqrt{-3}} X^* \quad \text{mit} \quad X^* \equiv \pm (1 - T) \bmod. \sqrt{-3}$$

zu $\mathfrak{A}$. Beides gleichzeitig kann nicht eintreten. Denn sonst gehörte auch

$$A_0 \frac{1}{\sqrt{-3}} (3 - (1 + T) - (1 - T)) = A_0 \frac{1}{\sqrt{-3}}$$

zu $\mathfrak{A}$, im Widerspruch zu der Minimalauswahl von A_0. Zusammengefaßt besteht also $\mathfrak{A}$ in diesem Falle aus allen Elementen

$$A = A_0 \frac{1}{\sqrt{-3}} X \text{ mit } X \text{ aus } \mathfrak{J} \text{ und } X \equiv x (1 + \sigma T) \bmod. \sqrt{-3} \, (x \text{ ganzrational})$$

für ein bestimmtes $\sigma = 1$ oder -1. Demnach ist $\mathfrak{A}$ von dem zweiten der in *10* behandelten Typen und hat demgemäß $\nu = n\sqrt{-3}$; wie schon gesagt bestimmt sich dabei σ aus dem zweiten Σ-Basiselement $W = \omega + T$ von $\mathfrak{A}$ gemäß $\sigma \equiv \omega \bmod. \sqrt{-3}$.

Im Sinne der Theorie aus *8*, *9* ist in diesem letzteren Falle $\mathfrak{A} = A_0 \mathfrak{O}^\sigma$ ein Hauptideal der $\mathfrak{J}$ enthaltenden Hauptordnung $\mathfrak{O}^\sigma$.

Damit ist das zu Beginn von *10* ausgesprochene Ergebnis erneut hergeleitet.

12. Darstellung der Relativeinheitengruppe. Wir kommen jetzt zur Theorie der Relativeinheiten H von B/Ω zurück. Wie wir sahen, bilden diese ein echtes Parallelgitter in der vierdimensionalen Hyperebene E des Logarithmenraumes L von B, die durch die Beziehung

$$\log |N_\Omega(A)| = \sum_{\nu \bmod. 3} \log |A^{S^\nu}| = 0$$

nebst der Folgebeziehung

$$\log |N_\Omega(A)^T| = \sum_{\nu \bmod. 3} \log |A^{S^\nu T}| = 0$$

definiert ist. Die Hyperebene E ist Darstellungsmodul von $\mathfrak{G}$ und als solcher isomorph zu dem quadratischen hyperkomplexen System

$$\overline{\mathfrak{S}} = \overline{\mathsf{P}}(S, T) \quad \text{mit} \quad 1 + S + S^2 = 0,\ T^2 = 1,\ TS = S^{-1}T$$

als $\mathfrak{S}$-Rechtsmodul. Bei diesem Isomorphismus entspricht dem Relativeinheitengitter H aus E ein reguläres $\mathfrak{J}$-Rechtsideal $\mathfrak{E}$ von $\mathfrak{S}. = \mathsf{P}(S, T)$

Der Isomorphismus zwischen E und $\overline{\mathfrak{S}}$ wird vermittelt durch eine geeignete Zahl Θ aus B mit $|N_\Omega(\Theta)| = 1$, nämlich eine solche, für die Konjugierten

$\Theta, \Theta^S, \Theta^T, \Theta^{ST}$ eine Basis von E liefern. Dann liefern ja die Θ^X mit X aus $\bar{\mathfrak{S}}$ gerade E, und die Zuordnung $\Theta^X \longleftrightarrow X$ vermittelt den Isomorphismus zwischen E und $\bar{\mathfrak{S}}$. Dabei ist Θ nicht notwendig ganz, also nicht notwendig eine Relativeinheit von B/Ω.

Nach dem Ergebnis zu Beginn von *10* können nun für das $\mathfrak{J}$-Rechtsideal $\mathfrak{E}$ von $\mathfrak{S}$ folgende beiden Fälle vorliegen:

a) *Es ist ein Hauptideal von* $\mathfrak{J}$; es gibt also ein reguläres Element A aus $\mathfrak{E}$ derart, daß $\mathfrak{E} = A\mathfrak{J}$ ist.

b) *Es ist nur ein Hauptideal von* $\mathfrak{Q}^\sigma$ (mit eindeutig bestimmtem $\sigma = \pm 1$); es gibt also ein reguläres Element A aus $\mathfrak{E}$ derart, daß $\mathfrak{E} = A\mathfrak{Q}^\sigma$ ist.

In beiden Fällen sei E die A bei den genannten Isomorphismus zugeordnete Relativeinheit von B/Ω, also $\mathsf{E} = \Theta^A$; man beachte hierbei, daß A nicht notwendig in $\mathfrak{J}$ liegt, so daß also E aus Θ im allgemeinen durch eine Wurzelziehung entsteht.

Im *Falle* a) erhält man dann alle Relativeinheiten H von B/Ω in der Form

$$\mathsf{H} = \mathsf{E}^X \quad \text{mit} \quad X \text{ aus } \mathfrak{J}.$$

Siehe hierzu die geometrische Veranschaulichung in *15*.

Im *Falle* b) erhält man wegen $[A\mathfrak{Q}^\sigma : A\mathfrak{J}] = 3$ in dieser Form nur eine Untergruppe vom Index 3 der vollen Relativeinheitengruppe von B/Ω. Um diese selbst zu erhalten, bezeichne $\hat{\mathsf{E}}$ die dem Element $AQ^\sigma = A\frac{1}{\sqrt{-3}}(1+\sigma T)$ $= A(1-\sigma T)\frac{1}{\sqrt{-3}}$ aus $\mathfrak{E}$ bei dem genannten Isomorphismus zugeordnete Relativeinheit von B/Ω, also $\hat{\mathsf{E}} = \Theta^{AQ^\sigma}$. Dann erhält man alle Relativeinheiten H von B/Ω in der Form

$$\mathsf{H} = \mathsf{E}^X \hat{\mathsf{E}}^\varkappa \quad \text{mit } X \text{ aus } \mathfrak{J} \text{ und } \varkappa = 0, \pm 1.$$

Im Hinblick auf die Definition von $\hat{\mathsf{E}}$ und wegen $\sqrt{-3} = S - S^2$ bestehen dabei die Beziehungen

$$\hat{\mathsf{E}}^{S-S^2} = \mathsf{E}^{1-\sigma T}, \qquad \hat{\mathsf{E}}^{1-\sigma T} = 1,$$

und als Folge aus der ersteren

$$\hat{\mathsf{E}}^3 = \mathsf{E}^{-(1-\sigma T)(S-S^2)} = \mathsf{E}^{-(S-S^2)(1+\sigma T)},$$

durch welche die relative Lage von $\hat{\mathsf{E}}^{\pm 1}$ im Teilgitter der E^X bestimmt ist.

13. Darstellung der kubischen Einheitengruppe. Wir wenden uns jetzt zu der Frage, wie man aus der gewonnenen Darstellung der Einheitengruppe H^* von B eine Darstellung der Einheitengruppe H_0 von K erhält. Wie wir eingangs sahen, ist H_0 innerhalb H^* durch die Beziehung $\mathsf{H}^{*1-T} = 1$ gekennzeichnet. Ferner ist unmittelbar klar, daß die Einheitengruppe H_0 von K sogar in der Untergruppe H der Relativeinheiten von B/Ω enthalten ist. In dieser Untergruppe ist sie dann wiederum durch die Beziehung $\mathsf{H}^{1-T} = 1$ gekennzeichnet.

Im *Falle* a) hat nun $\mathsf{H} = \mathsf{E}^X$ mit X aus $\mathfrak{J}$ dann und nur dann die Eigenschaft $\mathsf{H}^{1-T} = 1$, wenn $X(1-T) = 0$ ist. Setzt man $X = \xi_1 + \xi_2 T$, so ist $X(1-T) = (\xi_1 - \xi_2)(1-T)$, also notwendig $\xi_1 = \xi_2 = \xi$ und damit $X = \xi\,(1+T)$; umgekehrt haben alle diese X die verlangte Eigenschaft. Somit erhält man im Falle a) alle Einheiten H_0 von K in der Form

$$\mathsf{H}_0 = \mathsf{E}^{\xi(1+T)} = N_{\mathsf{K}}(\mathsf{E}^{\xi}) \text{ mit ganzem } \xi \text{ aus } \Sigma.$$

Dabei ist ξ durch H_0 eindeutig bestimmt; denn es ist $\xi\,(1+T) = 0$ nur für $\xi = 0$. Insbesondere ist in diesem Falle *jede Einheit von* K *die Relativnorm nach* K *einer Relativeinheit von* B/Ω (wobei gemäß unserer durchgängigen Verabredung vom Vorzeichen abgesehen ist).

Im *Falle* b) hat man die beiden Unterfälle $\sigma = 1$ und $\sigma = -1$ zu unterscheiden.

Für $\underline{\sigma = 1}$ hat $\mathsf{H} = \mathsf{E}^X \hat{\mathsf{E}}^{\varkappa}$ mit X aus $\mathfrak{J}$ und $\varkappa = 0, \pm 1$ wegen $\hat{\mathsf{E}}^{1-T} = 1$ dann und nur dann die Eigenschaft $\mathsf{H}^{1-T} = 1$, wenn $X(1-T) = 0$ ist, während $\varkappa = 0, \pm 1$ beliebig sein darf. In diesem Falle erhält man also alle Einheiten H_0 von K in der Form

$$\mathsf{H}_0 = \mathsf{E}^{\xi(1+T)}\,\hat{\mathsf{E}}^{\varkappa} = N_{\mathsf{K}}(\mathsf{E}^{\xi})\,\hat{\mathsf{E}}^{\varkappa} \quad \text{mit ganzem } \xi \text{ aus } \Sigma \text{ und } \varkappa = 0, \pm 1.$$

Dabei sind ξ und $\varkappa$ durch H_0 eindeutig bestimmt; die Einheiten aus K der speziellen Form $N_{\mathsf{K}}(\mathsf{E}^{\xi})$ bilden also eine Untergruppe vom Index 3 in der vollen Einheitengruppe H_0 von K. Die Einheit $\hat{\mathsf{E}}$ gehört dabei zu K. Weil hier $\hat{\mathsf{E}}^3 = N_{\mathsf{K}}(\mathsf{E}^{-(S-S^2)})$ ist, und wegen $[\mathsf{B} : \mathsf{K}] = 2$, ist auch $\hat{\mathsf{E}}$ selbst Relativnorm nach K einer Relativeinheit von B/Ω, nämlich

$$\hat{\mathsf{E}} = N_{\mathsf{K}}\left(\mathsf{E}^{-(S-S^2)}\,\hat{\mathsf{E}}^{-1}\right),$$

so daß die gewonnene Darstellung auch in der Form

$$\mathsf{H}_0 = N_{\mathsf{K}}\left(\mathsf{E}^{\xi'}\,\hat{\mathsf{E}}^{\varkappa'}\right) \text{ mit ganzem } \xi' \text{ aus } \Sigma \text{ und } \varkappa' = 0, \pm 1$$

geschrieben werden kann; dabei ist explizit

$$\xi' = \xi - \varkappa\sqrt{-3}, \quad \varkappa' = -\varkappa.$$

Für $\sigma = -1$ hat $\mathsf{H} = \mathsf{E}^X \hat{\mathsf{E}}^{\varkappa}$ mit X aus $\mathfrak{S}$ und $\varkappa = 0, \pm 1$ wegen $\hat{\mathsf{E}}^{1+T} = 1$, also

$$\mathsf{H}^{1-T} = \mathsf{E}^{X(1-T)} \hat{\mathsf{E}}^{2\varkappa} = \mathsf{E}^{X(1-T)-\varkappa(S-S^2)(1-T)} \hat{\mathsf{E}}^{-\varkappa},$$

dann und nur dann die Eigenschaft $\mathsf{H}^{1-T} = 1$, wenn $\varkappa = 0$ und $X(1-T) = 0$ ist. In diesem Falle erhält man also alle Einheiten H_0 von K wieder in der Form

$$\mathsf{H}_0 = \mathsf{E}^{\xi(1+T)} = N_{\mathsf{K}}(\mathsf{E}^{\xi}) \text{ mit ganzem } \xi \text{ aus } \Sigma.$$

Die Einheit $\hat{\mathsf{E}}$ gehört hier nicht zu K.

Auch im Falle b) ist, wie sich gezeigt hat, *jede Einheit von* K *die Relativnorm nach* K *einer Relativeinheit von* B/Ω.

Zusammenfassend können wir feststellen:

Im Falle a) *und im Unterfall* $\sigma = -1$ *des Falles* b) *bilden die beiden Einheiten* $N_{\mathsf{K}}(\mathsf{E})$ *und* $N_{\mathsf{K}}(\mathsf{E})^S$ *ein Grundeinheitensystem von* K. *Im Unterfall* $\sigma = 1$ *des Falles* b) *erzeugen sie nur eine Untergruppe vom Index* 3 *in der vollen Einheitengruppe von* K, *und es gibt kein Grundeinheitensystem jener speziellen Form.*

14. Genauere Beschreibung des bikubischen Einheitengitters. Es bleibt noch zu untersuchen, welche Möglichkeiten für die Relativeinheit $\mathsf{H} \neq 1$ von B/Ω bestehen, die im Falle $N_\Omega(\mathsf{E}^*) = \varepsilon$ durch

$$\mathsf{E}^{*3} = \varepsilon \mathsf{H}$$

bestimmt ist. Da $1 + S + S^2$ mit $S - S^2$ und $1 + T$ vertauschbar und $\varepsilon^{S-S^2} = 1$, $\varepsilon^{1+T} = 1$ ist, sind E^{*S-S^2} und E^{*1+T} Relativeinheiten von B/Ω. Dementsprechend bestehen Darstellungen

$$\mathsf{E}^{*S-S^2} = \mathsf{E}^{\alpha_1+\alpha_2 T}[\hat{\mathsf{E}}^{\varkappa}], \quad \mathsf{E}^{*1+T} = \mathsf{E}^{\beta_1+\beta_2 T}[\hat{\mathsf{E}}^{\lambda}],$$

wobei die eingeklammerten Potenzen von $\hat{\mathsf{E}}$ mit Exponenten $\varkappa, \lambda = 0$ oder ± 1 wegfallen, wenn E allein die Relativgrundeinheit von B/Ω ist. Die Einheit E^* liegt nur fest bis auf Substitutionen

$$\mathsf{E}^* \rightarrow \mathsf{E}^* \mathsf{E}^{\xi_1+\xi_2 T}[\hat{\mathsf{E}}^{\omega}].$$

Wie jetzt gezeigt werden soll, lassen sich durch geeignete Wahl einer solchen Substitution die Werte von E^{*S-S^2} und E^{*1+T} in bestimmter Weise normieren. Der zum Ausgang genommene Wert von E^{*3} ergibt sich dann gemäß

$$\mathsf{E}^{*3} = \mathsf{E}^{*(1+S+S^2)-(S-S^2)^2} = \varepsilon(\mathsf{E}^{*S-S^2})^{-(S-S^2)}.$$

Wir haben entsprechend der Struktur der Relativeinheitengruppe von B/Ω drei Fälle zu unterscheiden.

a) *Die Relativgrundeinheit von* B/Ω *ist* E *allein.* Dann ergibt die angegebene Substitution

$$\begin{aligned}\alpha_1 + \alpha_2 T &\rightarrow (\alpha_1 + \xi_1 \sqrt{-3}) + (\alpha_2 - \xi_2 \sqrt{-3})\, T,\\ \beta_1 + \beta_2 T &\rightarrow (\beta_1 + \xi_1 + \xi_2) + (\beta_2 + \xi_1 + \xi_2) T.\end{aligned}$$

Wählt man also $\xi_1 + \xi_2 = -\beta_2$, so erhält man die Gestalt

$$\mathsf{E}^{*S-S^2} = \mathsf{E}^{\alpha_1+\alpha_2 T}, \quad \mathsf{E}^{*1+T} = \mathsf{E}^{\beta},$$

und es sind nur noch Substitutionen mit $\xi_1 + \xi_2 = 0$ zulässig. Indem man

$$\mathsf{E}^{*(S-S^2)(1-T)} = \mathsf{E}^{*(1+T)(S-S^2)}$$

auf jede der beiden Weisen ausrechnet, erhält man die Beziehung

$$\mathsf{E}^{(\alpha_1-\alpha_2)(1-T)} = \mathsf{E}^{\beta\sqrt{-3}}$$

und daraus notwendig

$$\alpha_1 = \alpha_2, \quad \beta = 0,$$

also die Gestalt

$$\mathsf{E}^{*S-S^2} = \mathsf{E}^{\alpha(1+T)}, \quad \mathsf{E}^{*1+T} = 1.$$

Durch die noch zulässige Substitution $\mathsf{E}^* \rightarrow \mathsf{E}^*\mathsf{E}^{\xi(1-T)}$ kann man α mod. $\sqrt{-3}$ reduzieren, also $\alpha = 0, \pm 1$ erreichen. Hierbei ist $\alpha = 0$ unmöglich, da E^* nicht in Ω liegt (und auch nicht quadratisch über Ω ist, was bei Auftreten eines Vorzeichens -1 der Fall wäre). Indem man noch E geeignet unter $\mathsf{E}^{\pm 1}$ normiert, erhält man als *endgültige Gestalt*

$$\mathsf{E}^{*S-S^2} = \mathsf{E}^{1+T}, \quad \mathsf{E}^{*1+T} = 1,$$

also

$$\mathsf{E}^{*3} = \varepsilon\, \mathsf{E}^{-(1+T)(S-S^2)} = \varepsilon\, \mathsf{E}^{-(S-S^2)(1-T)}.$$

b) *Der Relativgrundeinheit* E *von* B/Ω *tritt eine Relativeinheit* $\hat{\mathsf{E}}$ *zur Seite,* mit

$$\hat{\mathsf{E}}^{S-S^2} = \mathsf{E}^{1-\sigma T}, \quad \hat{\mathsf{E}}^{1-\sigma T} = 1.$$

<u>1. $\sigma = 1$,</u> also

$$\hat{\mathsf{E}}^{S-S^2} = \mathsf{E}^{1-T}, \quad \hat{\mathsf{E}}^{1-T} = 1.$$

Dann ergibt die angegebene Substitution

$$\begin{aligned}\alpha_1 + \alpha_2 T &\rightarrow (\alpha_1 + \xi_1 \sqrt{-3} + \omega) + (\alpha_2 - \xi_2 \sqrt{-3} - \omega)\, T,\\ \varkappa &\rightarrow \varkappa\\ \beta_1 + \beta_2 T &\rightarrow (\beta_1 + \xi_1 + \xi_2) + (\beta_2 + \xi_1 + \xi_2) T,\\ \lambda &\rightarrow \lambda + 2\omega\,.\end{aligned}$$

Wählt man zunächst $\omega = 2\lambda$ und beachtet $\hat{\mathsf{E}}^3 = \mathsf{E}^{-(1-T)(S-S^2)}$, so erhält man $\lambda = 0$; wählt man dann wieder $\xi_1 + \xi_2 = -\beta_2$, so erhält man die Gestalt

$$\mathsf{E}^{*\,S-S^2} = \mathsf{E}^{\alpha_1+\alpha_2 T}\,\hat{\mathsf{E}}^{\varkappa}, \quad \mathsf{E}^{*\,1+T} = \mathsf{E}^{\beta},$$

und es sind nur noch Substitutionen mit $\xi_1 + \xi_2 = 0$ und $\omega = 0$ zulässig. Wie vorher folgt hier die Beziehung $(\alpha_1 - \alpha_2)(1-T) = \beta\sqrt{-3}$, also $\alpha_1 = \alpha_2$, $\beta = 0$, und damit die Gestalt

$$\mathsf{E}^{*\,S-S^2} = \mathsf{E}^{\alpha(1+T)}\,\hat{\mathsf{E}}^{\varkappa}, \quad \mathsf{E}^{*\,1+T} = 1.$$

Durch die noch zulässige Substitution $\mathsf{E}^* \to \mathsf{E}^*\,\mathsf{E}^{\xi(1-T)}$ kann wieder $\alpha = 0, \pm 1$ erreicht werden; dabei kann entsprechend wie vorher nicht gleichzeitig $\alpha = 0$, $\varkappa = 0$ sein. Indem man wieder noch E, $\hat{\mathsf{E}}$ (simultan) gegebenenfalls durch ihre Reziproken ersetzt, erhält man als *endgültige Gestalt*

$$\mathsf{E}^{*\,S-S^2} = \hat{\mathsf{E}} \quad \text{oder} \quad \mathsf{E}^{1+T}\,\hat{\mathsf{E}}^{\varkappa}\ (\varkappa = 0, \pm 1), \quad \mathsf{E}^{*\,1+T} = 1,$$

also

$$\mathsf{E}^{*3} = \varepsilon\,\mathsf{E}^{-(1-T)} \quad \text{oder} \quad \varepsilon\,\mathsf{E}^{-(S-S^2+\varkappa)(1-T)}$$

2. $\sigma = -1$, also

$$\hat{\mathsf{E}}^{S-S^2} = \mathsf{E}^{1+T}, \quad \hat{\mathsf{E}}^{1+T} = 1.$$

Dann ergibt die angegebene Substitution

$$\alpha_1 + \alpha_2 T \to (\alpha_1 + \xi_1\sqrt{-3} + \omega) + (\alpha_2 - \xi_2\sqrt{-3} + \omega)T,$$
$$\varkappa \to \varkappa$$

$$\beta_1 + \beta_2 T \to (\beta_1 + \xi_1 + \xi_2) + (\beta_2 + \xi_1 + \xi_2)T,$$
$$\lambda \to \lambda.$$

Wählt man wieder $\xi_1 + \xi_2 = -\beta_2$, so erhält man die Gestalt

$$\mathsf{E}^{*\,S-S^2} = \mathsf{E}^{\alpha_1+\alpha_2 T}\,\hat{\mathsf{E}}^{\varkappa}, \quad \mathsf{E}^{*\,1+T} = \mathsf{E}^{\beta}\,\hat{\mathsf{E}}^{\lambda},$$

und es sind nur noch Substitutionen mit $\xi_1 + \xi_2 = 0$ zulässig. Wie vorher folgt hier die Beziehung

$$\mathsf{E}^{(\alpha_1-\alpha_2)(1-T)}\,\hat{\mathsf{E}}^{2\varkappa} = \mathsf{E}^{\beta\sqrt{-3}+\lambda(1+T)},$$

und daraus notwendig $\varkappa = 0$, $\lambda \equiv 0$ mod. $\sqrt{-3}$, also auch $\lambda = 0$, und $\alpha_1 = \alpha_2$, $\beta = 0$, somit die Gestalt

$$\mathsf{E}^{*\,S-S^2} = \mathsf{E}^{\alpha(1+T)}, \quad \mathsf{E}^{*\,1+T} = 1.$$

Durch die noch zulässige Substitution $\mathsf{E}^* \longrightarrow \mathsf{E}^* \mathsf{E}^{\xi(1-T)} \hat{\mathsf{E}}^{\omega}$ kann man hier sogar $\alpha = 0$ erreichen, was aber wie vorher unmöglich ist.

Somit kommt dieser Fall nicht vor, d. h. wenn $N_{\mathsf{Q}}(\mathsf{E}^*) = \varepsilon$ lösbar ist und neben E ein $\hat{\mathsf{E}}$ vorhanden ist, dann ist notwendig $\sigma = 1$.

15. Geometrische Darstellung des Relativeinheitengitters. Wir geben zu dem Ergebnis aus *12* für den dortigen Fall a) noch die folgende geometrische Veranschaulichung der halben Grundmasche des Relativeinheitengitters

$$\dot{\mathsf{H}} = \mathsf{E}^X, \quad X = \xi + \eta T,$$

dadurch bestimmt, daß ξ, η einzeln in einer gleichseitig-dreieckigen Grundmasche des Gitters Γ der ganzen Zahlen von $\Sigma = \mathsf{P}(S) = \mathsf{P}(\sqrt{-3})$ liegen sollen.

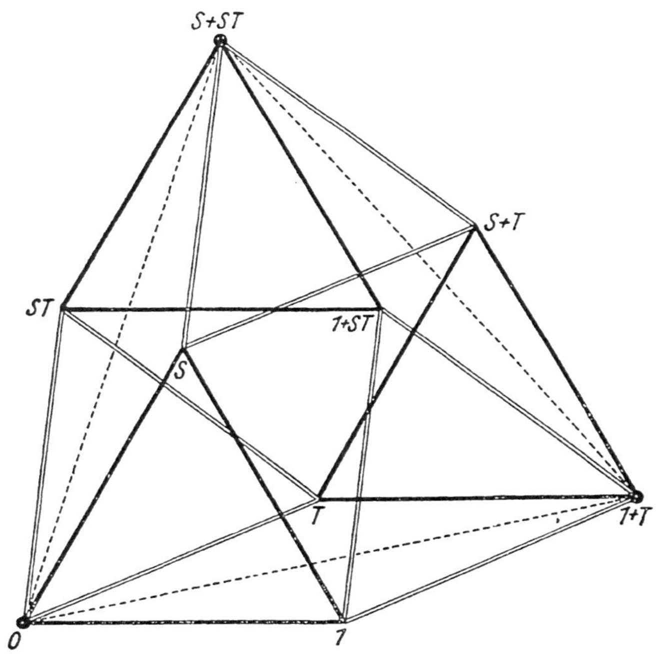

+ Eckenzahl 9
− Kantenzahl 18
+ Flächenzahl 15 (6 Dreiecke, 9 Vierecke)
− Körperzahl 6 (dreiseitige Prismen)

Eulersche Charakteristik 0 (wie es sein muß)

Anwendung von S liefert dreiteilige Drehsymmetrie; Symmetrieachse steht senkrecht auf dem betrachteten vierdimensionalen Raum E.

Anwendung von T liefert Spiegelung an der (K entsprechenden) Ebene, die durch $0,\ 1 + T,\ S + ST$ aufgespannt wird; durch die Spiegelung verbunden sind $1 \longleftrightarrow T,\ S \longleftrightarrow ST,\ S + T \longleftrightarrow 1 + ST$.

2m-UNIVERSAL-SPIEGELTELESKOP

Freier Spiegel ⌀ = 2000 mm, Brennweite = 4 m (direkter Focus),
Brennweite im Cassegrain-Focus = 27 m, Brennweite im Coudé-Focus = 92 m.
Als Schmidt-Spiegelsystem mit großem Blickfeld:
Freie Öffnung 1340 mm ⌀, Brennweite = 4 m, Photographische Platte 35 × 35 cm.
2 Leitrohre 300/4000 im Hauptrohr eingebaut.
Bedienung des Instrumentes auf elektrischem Wege.
Beobachtungsbühne mit elektrischem Bediengerät, fahrbar, schwenkbar und in der Höhe verstellbar.
Drehbare Kuppel mit 16 m Innendurchmesser und 5 m breitem verschließbarem Spalt.
Bauherr: Deutsche Akademie der Wissenschaften zu Berlin.

HANS KIENLE

EIN 2m-UNIVERSAL-SPIEGELTELESKOP

Die Einbußen, die die deutschen Sternwarten durch unmittelbare und mittelbare Kriegseinwirkungen an ihrem Instrumentenbestand erlitten haben, machen die Forderung nach neuen leistungsfähigen Teleskopen dringend. Geleitet von dem Gedanken, daß es eine Anknüpfung an beste Tradition bedeutet, wenn die Berliner Akademie, mit deren Gründung im Jahre 1700 die erste Einrichtung eines astronomischen Observatoriums verknüpft war und die Pate gestanden hat bei der Schaffung der „Königlichen Observatorien auf dem Telegraphenberg bei Potsdam", sich zum Träger solcher neuen großen Pläne macht, habe ich unter dem 11. April 1949 eine Denkschrift eingereicht, die als Anhang beigefügt ist.

Dem verständnisvollen Eingehen der zuständigen Stellen der Deutschen Wirtschaftskommission auf die gegebenen Anregungen ist es zu danken, daß die Akademie die Herstellung des 2 m-Teleskops in den Investitionsplan aufnehmen und bereits am 29. Juni 1949 Zeiß den festen Auftrag für das ganze Projekt erteilen konnte. In engster Zusammenarbeit mit den Konstrukteuren bei Zeiß haben dann in den folgenden Monaten die Pläne endgültig Gestalt gewonnen, so daß darüber nun ein erster Bericht gegeben werden kann.

1. *Optische Anordnung.* Bei der Planung konnte und mußte selbstverständlich von den Aufgaben ausgegangen werden, für deren Lösung das Instrument eingesetzt werden soll; und diese Aufgaben sind bestimmt durch die Probleme von morgen, soweit wir sie voraussehen zu können glauben. Nur zu oft sind uns in der Vergangenheit die Aufgaben mehr gestellt worden durch die Instrumente, die zur Verfügung standen, als durch die Probleme, zu deren Lösung wir das Beobachtungsmaterial beschaffen wollten; oder es mußte mit unzureichenden Hilfsmitteln zum mindesten recht unrationell gearbeitet werden.

Die weitere Aufklärung der Struktur des Milchstraßensystems, die Erforschung der Welt der außergalaktischen Objekte und die Ergründung dessen, was in den interstellaren und intergalaktischen Räumen sich abspielt, erfordert statistische Untersuchungen in möglichst großen Feldern auf spektralphotometrischer Grundlage. Monochromatische – oder doch quasimonochromatische – Helligkeiten, über einen breiten Bereich des Spektrums vom äußersten Ultraviolett bis ins extreme Infrarot, sowie spektrale Charakteristika der verschiedensten Art für schwache und schwächste Objekte sind die wesentlichen Desiderata. Daher das große Interesse, das heute überall dem „Schmidt-Spiegel" und seinen mannigfachen Abwandlungen entgegengebracht wird, d. h. den Teleskopen, die bei größter Lichtstärke möglichst große Felder aufzunehmen gestatten.

Neben dem Studium der Welt in ihrer gesamten Ausdehnung durch statistische Erfassung repräsentativer Auswahlen steht die Untersuchung von Einzelobjekten als Vertreter bestimmter Typen kosmischer Objekte, um Aufschluß zu bekommen über Zustände und Zustandsänderungen der Materie und der Energie unter kosmischen Verhältnissen. Der Parabolspiegel größter Öffnung in Newton-, Cassegrain- und Coudé-Anordnung mit Spektrographen, Photozellen oder sonstigen Strahlungsmeßgeräten ist das für diesen Aufgabenkreis zweckmäßigste Instrument.

Auf dem Mt. Palomar ist mit der Aufstellung des 72″/48″-Schmidt neben dem 200″-Parabolspiegel zweifellos eine vorbildliche Lösung gefunden worden. Der Hamburger Plan eines 120 cm/80 cm-Schmidt legte die Ergänzung durch ein mit Parabolspiegel ausgerüstetes Teleskop nahe. Die Wahl der Dimensionen wurde durch die Überlegung bestimmt, daß es sich für uns nicht darum handeln konnte, ein „größtes" Instrument zu erhalten, auf dessen Fertigstellung unter Umständen zehn Jahre oder noch länger gewartet werden müßte, sondern ein „möglichst großes" Instrument, dessen Herstellung in vernünftiger Zeit möglich sein würde und von dem eine rationelle Ausnutzung unter den für uns gegebenen Beobachtungsbedingungen erwartet werden könnte.

Unter Zurückstellung des Gedankens einer engen Kopplung mit dem Hamburger Projekt, dessen Verwirklichung eine Zeitlang fraglich geworden war, gingen weitere Überlegungen davon aus, die Konstruktion möglichst elastisch zu halten bezüglich der künftigen Verwendung; nicht in dem Sinn, daß ein Kombinationsinstrument geschaffen würde, das für alle nur denkbaren Aufgaben zu gleicher Zeit herangezogen werden könnte, sondern so, daß das Instrument ohne Änderung des Grundaufbaus sich den Erfordernissen der Zukunft anpassen ließe. Die Fragen wurden folgendermaßen gestellt:

a) Wieweit läßt sich beim Parabolspiegel durch zusätzliche Korrektionssysteme das brauchbare Gesichtsfeld vergrößern?

b) Kann der sphärische Spiegel eines „Schmidt" mit voller Öffnung durch entsprechende Korrektionssysteme dem Parabolspiegel gleichwertig gemacht werden?

Die erste Frage ist dahin zu beantworten, daß der Parabolspiegel durch zusätzliche Linsensysteme im besten Fall für Felder bis zu einem Durchmesser von etwa 0°5 zu korrigieren ist; er kann also nie einen „Schmidt" mit Feldern der Größenordnung 5° ersetzen. Dagegen ergaben die von Herrn Dr. Köhler bei Zeiß durchgeführten Rechnungen, daß man einen sphärischen Spiegel durch ein zweigliedriges Linsensystem in der Achse in einen „Quasi-Newton" verwandeln und durch überdeformierte Hyperbolspiegel normale Cassegrain- und Coudé-Anordnungen erreichen kann.

Fiel die Entscheidung zugunsten des „Schmidt", dann erhob sich weiter die Frage, ob reiner Schmidt mit der großen Baulänge oder einer der inzwischen verschiedentlich vorgeschlagenen „verkürzten" Typen. Es zeigte sich, daß jedes Abgehen von der reinen Schmidt-Form (d. h. sphärischer Spiegel mit Korrektionsplatte im Krümmungsmittelpunkt) eine einseitige Festlegung bedeutet; denn ein Teleskop mit sphärischem Spiegel läßt sich leichter in ein verkürztes mit asphärischem Hauptspiegel verwandeln als umgekehrt. Die Herstellung eines sphärischen Spiegels bedeutet in jeder Hinsicht das geringere Risiko.

Damit ist klar: *die optimale Ausnützung bei größter Freiheit in der Aufgabenstellung wird erreicht mit einem sphärischen Spiegel als Grundlage des optischen Systems.* Öffnung und Brennweite bestimmen sich dann aus der primären Verwendbarkeit als „Schmidt", wobei das Hauptgewicht nicht so sehr auf der Möglichkeit der Erreichung extremer Öffnungsverhältnisse liegt als vielmehr darauf, große Felder mit nicht zu kleinem Maßstab abzubilden. Die Verschleierung durch den Himmelsgrund und das Zusammenfließen der Bilder in sternreichen Gegenden setzen die Grenzen. Durch Abwägen der verschiedenen Momente gegeneinander sind schließlich die folgenden optischen Daten festgelegt worden:

Sphärischer Hauptspiegel	⌀ = 200 cm, f′ = 400 cm
Schmidt-Korrektionsplatte (freie Öffnung) ...	⌀ = 134 cm
Vignettefreies Aufnahmefeld	⌀ = 33,2 cm = 4°8
Effektives Öffnungsverhältnis	1 : 3,1
Mit Korrektionssystem als „Quasi-Newton"	⌀ = 200 cm, f′ = 400 cm
Effektives Öffnungsverhältnis	1 : 2,05
Cassegrain-Brennweite.....................	f′ = 21 m
Coudé-Brennweite	f′ = 76 m

Die Abb. 1 vermittelt eine Übersicht über die optische Anordnung.

2. *Spiegel und Spiegellagerung.* Bei der Ausgestaltung und Lagerung einer großen Spiegelscheibe sind vor allem zwei Forderungen zu berücksichtigen:

a) Die Formbeständigkeit gegenüber mechanischen Kräften, die durch das Gewicht des Spiegels und durch die Halterung in den verschiedenen Beobachtungslagen ausgelöst werden.

b) Die Formbeständigkeit gegenüber Temperaturunterschieden und Temperaturänderungen im Spiegel und in seiner Umgebung.

Dabei sind alle auftretenden Änderungen unter dem Gesichtspunkt zu betrachten, daß das durch die Abbildungsfehler erzeugte Zerstreuungsscheibchen unterhalb der Beugungsgrenze bleiben soll. Bei der vollen Öffnung von 200 cm berechnet sich für eine mittlere Wellenlänge $\lambda = 0{,}55\ \mu$ der Durchmesser des Beugungsscheibchens (d. h. des ersten Fraunhoferschen Dunkelringes) zu $0''07$ ($0{,}34 \cdot 10^{-6}$). Da im allgemeinen die Größe des durch die Luftunruhe bestimmten Zerstreuungsscheibchens von der Ordnung $1''$ ist, wird durch die Festsetzung der oberen Grenze für die durch Deformation des Spiegels hervorgerufenen Strahlabweichungen auf $\pm 0''05$ (Durchmesser des Zerstreuungsscheibchens $0''1$) der Praxis vollauf Genüge geleistet.

Bei der Diskussion des Einflusses der Temperatur ist zu beachten, daß reine Fokusänderungen, hervorgerufen durch eine gleichmäßige Deformation des Spiegels unter Beibehaltung der sphärischen Form, von relativ geringer Bedeutung sind, wenn sie langsam erfolgen. Es ist also unter Umständen ein gegen Temperaturänderungen sehr träger Spiegel einem jeder Temperaturänderung rasch folgenden Spiegel vorzuziehen, wenn im ersten Fall nur Änderungen des Krümmungsradius der spiegelnden Fläche auftreten, im zweiten Fall aber relative Verbiegungen und damit verbunden bildverbreiternde Strahlabweichungen.

Die Kardinalfrage, die zunächst zu entscheiden war, lautet: *Wabenspiegel oder Vollscheibe?* Die Herstellung großer Spiegel in der Form, daß die eigentliche Spiegelfläche getragen wird durch ein System von Versteifungsrippen, das der Rückseite Wabenstruktur verleiht, ist oft vorgeschlagen worden und bei dem 5 m-Spiegel des Mt. Palomar zum erstenmal im größten Maßstab zur Anwendung gelangt. Erhebliche Gewichtsersparnis und rascher Temperaturausgleich waren die Hauptgesichtspunkte. Der Erfolg ist insofern zweifelhaft, als gerade die erhoffte größere Unempfindlichkeit gegen Temperatureinflüsse nicht erreicht

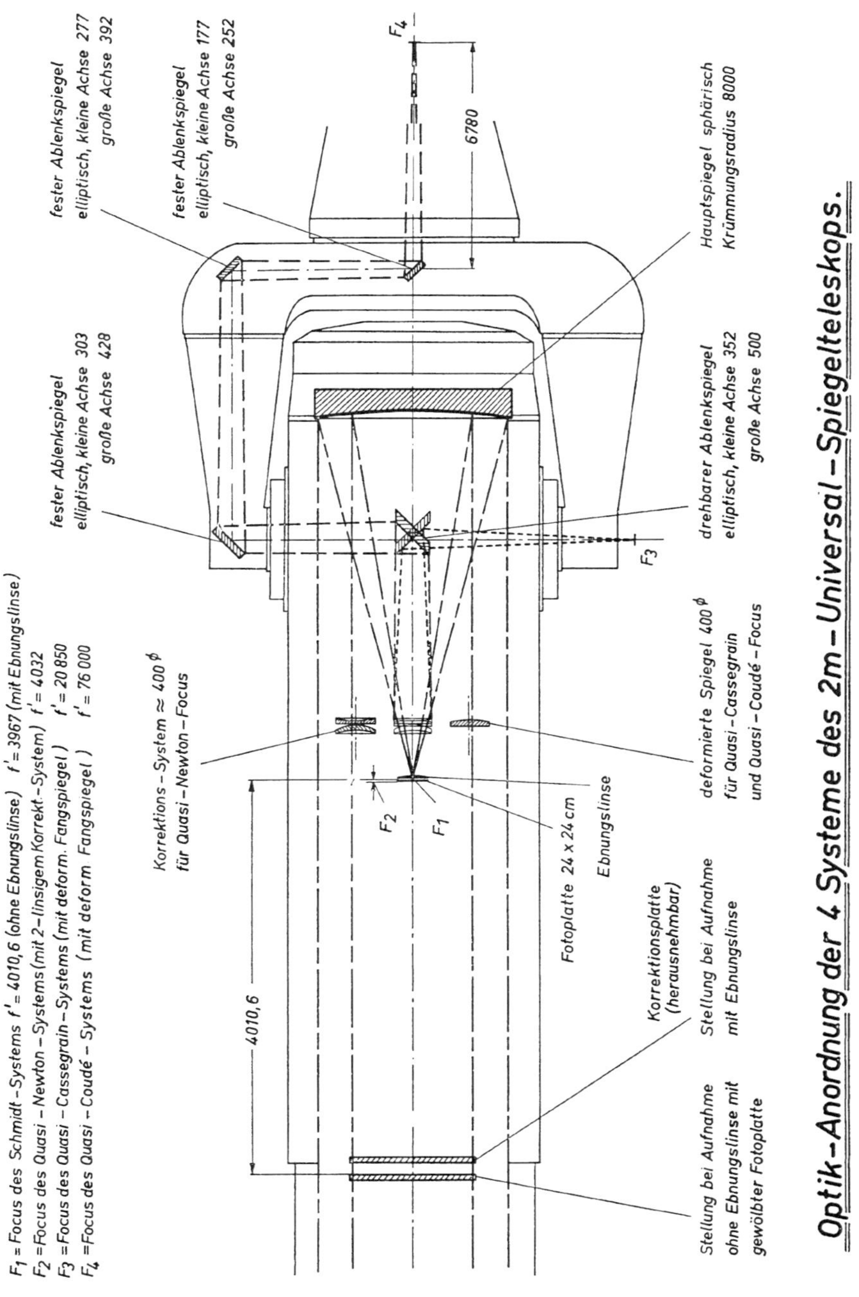

Abb. 1. Schema der optischen Anordnung

worden ist; es hat des nachträglichen Einbaus eines abgestimmten Systems von Ventilatoren auf der Rückseite des Spiegels bedurft, um den Temperaturausgleich zu gewährleisten. Herr Baade faßt die ersten Erfahrungen mit dem 5 m-Spiegel dahin zusammen, daß er mir schreibt: „Der Betrieb eines Zellenspiegels ist alles andere als einfach. Beim 200 inch hatten wir ihn in Kauf zu nehmen, aber sonst: nein und nochmals nein. Eine massive Scheibe aus Pyrex oder ähnlichem Material ist soviel besser und einfacher.“

Wenn wir trotzdem die Ausführung des 2 m-Spiegels als Zellenspiegel ernsthaft in Betracht gezogen und auch einen Versuchsspiegel von 60 cm Durchmesser herstellen haben lassen, so geschah das auf Grund folgender Überlegungen:

a) Die elastischen Verbiegungen einer massiven Scheibe, die mit R^4/h^2 gehen (R = Radius, h = Dicke der Scheibe), erreichen nach den in der Literatur vorliegenden Angaben[1] für Durchmesser in der Gegend von 100 Zoll so große Werte, daß nur ein aus zahlreichen einzeln justierbaren Elementen bestehendes Entlastungssystem sie aufzuheben vermag. Dann aber könnte die Gewichtsverminderung des Zellenspiegels, die sich auf die Gesamtkonstruktion einschließlich der Montierung auswirkt, Bedeutung gewinnen. Unser Spiegel liegt mit $2\,R = 200$ cm nahe der kritischen Grenze.

b) Für die Herstellung des Zellenspiegels war von Schott ein Verfahren vorgeschlagen worden, das die komplizierte Gußform vermeidet. Die Scheibe sollte voll gegossen und das Wabenwerk nachträglich erst mit Sandstrahlgebläse herausgearbeitet werden. Das Verfahren arbeitet außerordentlich rasch und bietet die Möglichkeit, die Tiefe der Zellen stufenweise zu steigern, bis ein optimaler, durch Zwischenprüfungen feststellbarer Zustand erreicht wird.

Die Größe der Durchbiegung der Spiegelscheibe ist u. a. bedingt durch ihr Eigengewicht. Durch das Einarbeiten von Zellen in die Vollscheibe wird dieses Eigengewicht verringert. Gleichzeitig wird allerdings die effektive Dicke der Platte und damit die Steifigkeit gegenüber elastischen Deformationen verringert. Beide Wirkungen gleichen sich also unter Umständen gegenseitig aus. Ihr Verhältnis wird wesentlich bestimmt durch die Anordnung der Zellen bzw. der bei der Abtragung des Materials stehenbleibenden Rippen. In dem eindimensionalen Fall des Übergangs vom massiven Balken mit rechteckigem Querschnitt zum U-, T- oder Doppel-T-Träger sind die Verhältnisse leicht zu übersehen: es tritt zunächst eine Verringerung der Längsdurchbiegung ein, der

[1] Vgl. DANJON-COUDER, Lunettes et télescopes. 1935, 120.

Profilträger ist steifer als der massive Balken gleicher Höhe. Diese Versteifung wird optimal für bestimmte Dimensionen der Trägerprofile.

Im zweidimensionalen Fall der kreisförmigen dicken Platte kann ein analoges Verhalten erwartet werden. Es erschien daher sinnvoll, die Frage nach dem *Spiegel maximaler Steifigkeit gegenüber elastischen Deformationen* aufzuwerfen, d. h. Form und Tiefe der Zellen so zu bestimmen, daß die Verringerung der Durchbiegung gegenüber der massiven Platte gleicher Dicke möglichst groß wird. Die Lösung der Aufgabe ist in dieser allgemeinen Form nicht möglich. Aber die über das Verhalten der massiven Platte angestellten Überlegungen gaben gewisse Fingerzeige für die Herstellung eines 60 cm-Versuchsspiegels (vgl. Tafel 1) und ermöglichten die grundsätzliche Entscheidung zwischen Wabenspiegel und Vollscheibe.

Ohne auf Einzelheiten der umfangreichen Rechnungen einzugehen, die bei Zeiß über das Verhalten von Spiegelscheiben großer Dimensionen gegenüber deformierenden Kräften durchgeführt wurden, seien die für uns wesentlichen Ergebnisse hier herausgehoben:

a) Wird eine Vollscheibe vom Durchmesser 2 R (= 200 cm) und der mittleren Dicke h (= 29 cm) auf 19 Punkten gelagert, die so angeordnet sind, daß 1 Stützpunkt in der Mitte, 6 auf einem Kreis vom Radius 0,45 R, 12 auf einem Kreis vom Radius 0,83 R liegen, dann erreichen bei horizontaler Lage die durch das Eigengewicht hervorgerufenen Verbiegungen der Oberfläche maximal ein Drittel der durch die Beugung gesetzten Grenze. Die günstigsten Radien der Stützkreise (bestimmt aus der Forderung gleichmäßiger Verteilung der Last auf die 19 Punkte) und der Verlauf der Deformationen (Abb. 2) sind etwas verschieden für die Platte konstanter Dicke h und die reale Scheibe eines Kugelspiegels mit ebener Rückseite, dessen Dicke bei einem Krümmungsradius von 8 R (Öffnungsverhältnis 1 : 2) sich mit hinreichender Näherung darstellen läßt durch $h = 25{,}7 \cdot e^{0.218\,(r/R)^2}$.

b) Die gleiche Steifigkeit gegenüber Deformationen kann erreicht werden bei einem Wabenspiegel mit zwei konzentrischen Kreisrippen (mit den gleichen Radien wie die Stützkreise bei der Vollscheibe) und einer Anzahl teils radial teils als Sehnen verlaufender Rippen (vgl. Tafel 1). Dabei könnte bestenfalls eine Gewichtseinsparung von 40–50% erzielt werden. Ob ein Faktor 2 im Eigengewicht für die Gesamtplanung eines Teleskops dieser Dimensionen von Belang ist oder nicht, das hängt von der Ausbildung des Rohres und der Montierung ab. In unserem Fall hat sich gezeigt, daß der Vollspiegel besser in den vorgesehenen Konstruktionsplan paßt als ein Wabenspiegel, da dieser zusätzlich belastet werden müßte, um den Gewichtsausgleich des Rohres zu erzielen.

c) Die Empfindlichkeit gegenüber den bei vertikaler oder beliebiger Schräglage wirkenden Kräften hängt wesentlich davon ab, ob die seitliche Abstützung am Rand erfolgt oder durch Aufhängung in einzelnen Stützpunkten. Die Grenze für eine Aufstützung des Spiegels am Rande liegt bei Radien von etwa 1 m. Bei größeren Radien müssen die seitlichen Kräfte durch

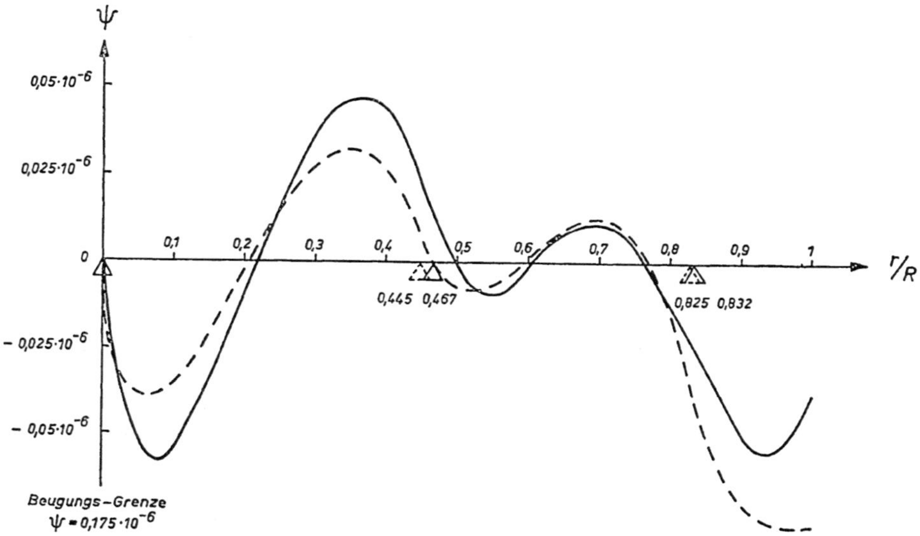

Abb. 2. Verlauf der Neigung der Spiegeloberfläche bei elastischer Deformation

Einzelstützen abgefangen werden. Da unser Spiegel auch hier wieder an der kritischen Grenze liegt, wurde von vornherein Einzelabstützung in den gleichen 19 Punkten vorgesehen, in denen der Spiegel aufliegt. Damit aber können wieder die Strahlabweichungen durch Verbiegungen der Oberfläche auf ein Drittel der Beugungsgrenze herabgedrückt werden. Es besteht kein merklicher Unterschied zwischen Vollscheibe und Wabenspiegel, und es macht nicht viel aus, ob die Abstützung an der Rückseite der Scheibe erfolgt oder (durch Einführung von Bohrungen) in der Schwerpunktsebene.

Alles in allem bietet also von der Seite der rein elastischen Deformationen durch Schwerkraftwirkungen her der Wabenspiegel keinen ins Gewicht fallenden Vorteil gegenüber der Vollscheibe, da in jedem Fall durch entsprechende

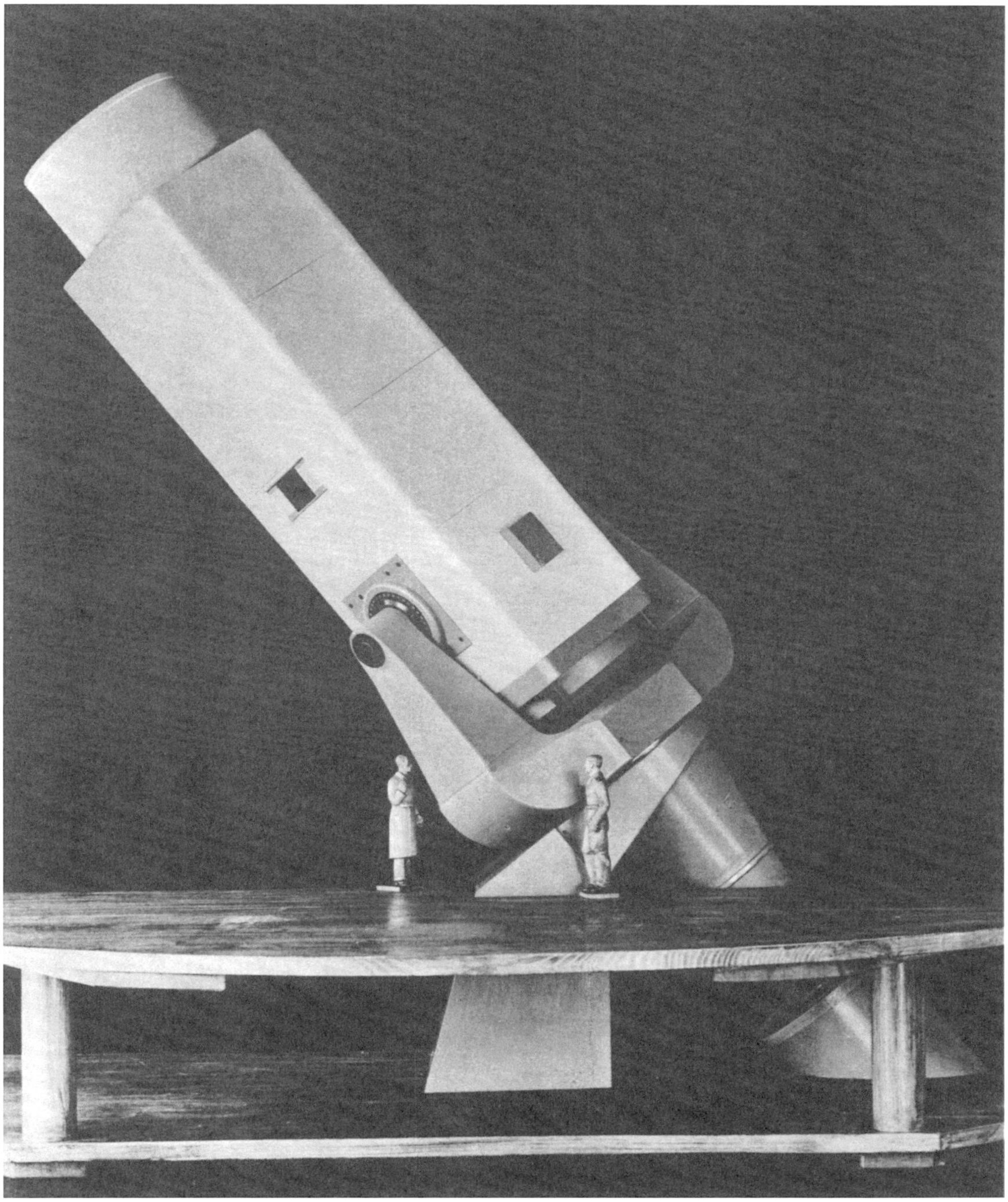

Lagerung die Deformationen klein genug gehalten werden können. Anders werden die Verhältnisse, wenn man die Einflüsse der Temperatur betrachtet. Es zeigt sich, daß schon bei Ungleichmäßigkeiten der Temperatur innerhalb der Spiegelscheibe von der Größenordnung 0°1 die Deformationen der optischen Fläche in die Nähe der kritischen Grenze rücken. Solange nur ein achsialer Temperaturgradient (d. h. zwischen Vorder- und Rückseite) auftritt, bewirkt er allerdings nur Änderungen der effektiven Brennweite ohne Verschlechterung der Bildgüte in der besten Einstellebene. Sobald aber radiale Temperaturgefälle auftreten, wie sie durch Wärmeaustausch mit der Umgebung am Rand der Scheibe hervorgerufen werden, oder ungleichförmige Temperaturänderungen, ausgehend von den Auflagestellen der Rückseite, resultieren Strahlabweichungen, die das Zerstreuungsscheibchen vergrößern.

Entscheidend für die Beurteilung des Einflusses der Temperatur wird neben der Größe der durch sie bewirkten Deformationen die für die Herstellung eines Gleichgewichtszustandes in der Spiegelscheibe erforderliche „Einschwingzeit“. Die Zeit, innerhalb deren sich bei einseitiger Temperaturänderung (von der Rückseite oder der Vorderseite des Spiegels her) ein linearer Temperaturgradient als Ausgleichszustand einstellt, geht quadratisch mit der Plattendicke. Bei einer Vollscheibe von 30 cm Dicke wird dieser Ausgleich in Zeiten von der Größenordnung 9 Stunden erst zu 75 %, in 15 Stunden zu 90 % erreicht. Für den Ausgleich etwaiger radialer Temperaturgradienten darf man mit einem Vielfachen dieser Zeit rechnen. Bei einem Wabenspiegel, dessen Glasdicken von der Größenordnung 10 cm sind, spielen sich die Deformationsvorgänge etwa in einem Zehntel dieser Zeiten ab.

Die geringere Trägheit gegenüber Temperatureinflüssen, bisher ein Hauptargument zugunsten des Wabenspiegels, richtet sich jetzt eher gegen ihn. Bei der außerordentlichen Empfindlichkeit der optischen Abbildung durch einen Spiegel gegen Temperaturänderungen im Glasblock überhaupt sind Zeitkonstanten von mehreren Stunden, d. h. von der Größenordnung der normalen Beobachtungszeiten, gegenüber solchen von Bruchteilen einer Stunde entschieden günstiger; der „temperatur-phlegmatische“ Vollspiegel ist dem „temperatur-nervösen“ Wabenspiegel vorzuziehen. Hinzu kommt, daß der homogene Block des Vollspiegels in jedem Fall gleichmäßigere Deformationen durch Temperaturspannungen erfährt als der Wabenspiegel mit seinem komplizierten Wärmeaustausch mit der Umgebung durch Abstrahlung, Konvektion und Leitung. Die Erfahrungen mit dem 5 m-Spiegel bestätigen dies: nur bei sorgfältigster Temperierung (innerhalb 0°1) ist die Einhaltung der optischen Form mit der durch die Beugungsgrenze gegebenen Genauigkeit möglich.

Wesentliche Quellen für ungleichförmige Temperaturverteilung sind die Auflagestellen. Daß auch hier die dicke, mit der Rückseite aufliegende Platte mit freiem Rand die beste Annäherung an Homogenität gibt, leuchtet ein. Indessen zeigt sich, daß Wärmezu- bzw. -abfuhr in der Mittelebene, wie sie auftritt, wenn der Spiegel durch Einzelstützen in der Schwerpunktsebene getragen wird, infolge der weitgehenden Symmetrie der Verformung von Vorder- und Rückseite (bei sonst möglichst gleichen Bedingungen des Wärmeaustausches mit der Umgebung) von geringerem Einfluß ist, als wenn sie von der Rückseite her erfolgt. Bohrungen, die bis zur Mittelebene vorgetrieben werden für den Angriff der Abstützungshebel, dürften daher bei zweckentsprechend ausgestalteter Wärmeisolierung zwischen Glas und Tragbolzen ohne merklichen Einfluß auf die temperaturbedingten Deformationen der Spiegeloberfläche sein.

Als Ergebnis all dieser Überlegungen ist schließlich der Beschluß gefaßt worden: Der 2 m-Spiegel wird als Vollscheibe aus ZK 7- oder Tempax-Glas mit 30 cm Dicke gegossen. Er erhält keine zentrale Öffnung, Cassegrain- und Coudé-Strahlengang werden vielmehr über einen Ablenkspiegel in der Achse geführt. Die Lagerung erfolgt durch Aufhängung an 19 einzeln, durch völlig trägheitsfreie Hebelsysteme ausbalanzierten Bolzen, deren Angriffspunkte durch Bohrungen in das Innere der Scheibe verlegt sind. Es bleibt vorerst noch offen, ob die Bohrungen bis zur Mittelebene vorgetrieben werden oder nur bis in geringere Tiefe.

3. *Montierung und Rohrkonstruktion.* Bei der Wahl der Montierung sind vor allem folgende Punkte zu berücksichtigen:

a) Erreichbarkeit aller Teile des Himmels, namentlich des Pols.
b) Größe der notwendigen Kuppel.
c) Lenkung der Lichtstrahlen in die Polachse zum Coudé-Fokus.
d) Zugänglichkeit der Kassette bzw. der Okulare für den Beobachter.

Die englische Montierung, die bei einer Reihe der großen Spiegelteleskope gewählt worden ist, hat ihre bisher wohl günstigste Ausbildung beim 200-Zöller des Mt. Palomar erfahren mit dem offenen Hufeisenpollager. Sie beansprucht in jedem Fall, vor allem in höheren Breiten, unverhältnismäßig viel Raum, d. h. eine große Kuppel, und nicht ganz einfache Vorrichtungen (Beobachtungsbühne), um den Beobachter an das Okular heranzubringen.

Die Gabelmontierung, die Zeiß schon bei dem Heidelberger 72 cm-Spiegel, in einer als „Meyersche Montierung“ bezeichneten modifizierten Form bei dem Hamburger 100 cm- und dem Babelsberger 125 cm-Spiegel angewandt hat, bietet demgegenüber den Vorteil, daß man mit einer kleineren Kuppel auskommt und daß das obere Ende des Teleskops unbehindert von Pfeilern frei zugänglich ist. Für Schmidt-Spiegel empfiehlt sich diese Montierung vor allem dadurch, daß hier die Bildfläche nahe an den Kreuzungspunkt der Stundenachse mit der Deklinationsachse herangerückt werden kann. Das weit ausladende Entlastungssystem der Achsen bei der ursprünglichen Bauart von Zeiß kann heute entbehrt werden, da man inzwischen gelernt hat, beliebig große Belastungen durch Kugel bzw. Öldrucklager aufzufangen.

Die Tafel II vermittelt eine Vorstellung davon, wie die Gabelmontierung ausgeführt werden soll und wie der Beobachter an die verschiedenen Stellen des Instruments herankommt mit Hilfe einer Plattform, die an einem auf einer Kreisschiene laufenden Gitterturm heb- und schwenkbar angebracht ist. Ein im Maßstab 1 : 10 ausgeführtes Modell des Teleskops geben die Tafeln III – V wieder.

Die Ausgestaltung des Tubus, der in seiner äußeren viereckigen Form zunächst ungewohnt erscheint, ergab sich aus zwei Überlegungen. Aus Stabilitätsgründen und mit Rücksicht auf die Wärmeisolierung sollte er doppelwandig ausgeführt werden. Dann lag es nahe, die beiden Leitrohre in den Raum zwischen die Wandungen zu verlegen. Die für den Gewichtsausgleich bei Wechsel der Belastung notwendigen Stangen mit den Laufgewichten fanden ihren natürlichen Platz symmetrisch zu den Leitrohren. Damit bot sich ein quadratischer Querschnitt des äußeren Tubus eigentlich ganz von selbst dar, zugleich mit dem Vorteil, daß an ihm die Zapfen der Deklinationsachse vorteilhafter angebracht werden können als an einem Rohr mit kreisförmigem Querschnitt.

Über weitere Einzelheiten der Konstruktion (Absteifung der Rohre gegeneinander, Vorkehrungen für den Wärmeausgleich, Bedienung der Kassetten) und über den Fortgang der Versuche und der Arbeiten wird zu gegebener Zeit an anderer Stelle zu berichten sein. Hier konnte und sollte nur die Gesamtkonzeption in ihren Grundzügen dargestellt werden.

Mit Dankbarkeit sei hier noch derer gedacht, die das Projekt verwirklichen helfen: der Akademie, die das Unternehmen zu dem ihrigen machte; der DWK, die es in den Volkswirtschaftsplan aufnahm mit allen sich daraus ergebenden Folgerungen für Durchführung und Finanzierung; den verantwortlichen Herren bei Zeiß und Schott, die in der schwierigen Zeit des Wiederaufbaus unschätzbare Vorarbeit leisteten, lange bevor ein fester Auftrag erteilt werden konnte; nicht zuletzt den unermüdlichen Helfern im Konstruktionsbüro und in den Werkstätten, die ihren ganzen Stolz darein setzen, das 2 m-Teleskop zu einem Zeugnis der ungeminderten Qualitätsarbeit zu machen, für die Zeiß und Schott in der Welt bekannt sind.

Anhang

DENKSCHRIFT ÜBER DEN BAU EINES 2 m-SPIEGELTELESKOPS

1. *Allgemeine Vorgeschichte*

Seit mehr als 20 Jahren wurde von den deutschen Astronomen die Forderung nach einem großen und leistungsfähigen Spiegelteleskop erhoben, das es ihnen ermöglichen sollte, sich an der Lösung der Probleme von heute und morgen zu beteiligen. In einer Rede vor der Göttinger Akademie habe ich 1939 gesagt: „Spiegel von 60–80 Zoll Öffnung, die jenseits des Ozeans in größerer Zahl teils schon arbeiten, teils in allernächster Zeit ihrer Bestimmung übergeben werden, gehören zur Normalausrüstung einer Sternwarte, wie im vorigen Jahrhundert der 6zöllige Meridiankreis und der 10–15 zöllige Refraktor." Und in einem Vortrag vor dem VDI in Berlin habe ich darauf hingewiesen, daß die Kosten für ein großes Spiegelteleskop mit allen zugehörigen Nebeneinrichtungen nicht größer seien als die für ein bis zwei Kilometer Autobahn.

Die Herren GUTHNICK (Berlin), LUDENDORFF (Potsdam) und SCHORR (Hamburg) verfolgten seit etwa 1929 den Plan einer großen „Reichssternwarte" in dem ehemaligen Deutsch-Südwestafrika, während Herr FREUNDLICH (Potsdam), unterstützt durch den Mäzen des Einsteinturms, CARL BOSCH, ein großes Spiegelteleskop in günstiger klimatischer Lage im Mittelmeerraum aufstellen wollte. Für beide Projekte wurden umfangreiche Vorarbeiten geleistet und wurde versucht, neben Reichsstellen vor allem die Notgemeinschaft zu interessieren. Die unglückselige Spaltung der deutschen Astronomen in zwei Lager bewirkte, daß keines der beiden miteinander rivalisierenden Projekte vorwärtskam. Nach 1933 mußte FREUNDLICH Deutschland verlassen. Das Südafrika-Projekt gewann den Vorrang, vor allem durch die Wirksamkeit Herrn SCHÖNBERGS (Breslau). 1934 wurde eine „Expedition der Breslauer Sternwarte" nach Windhuk entsandt, die dort eine vorläufige Station einrichtete, während bei Zeiß die

Entwürfe für ein 2 m-Spiegelteleskop ausgearbeitet wurden. Die Station in Windhuk ist bis 1939 mit wechselnder Besetzung in Betrieb gewesen, unter wachsenden Schwierigkeiten infolge der sich zusehends verschlechternden außenpolitischen Situation.

Die Akten, die ich unter den Hinterlassenschaften GUTHNICKS auf der Babelsberger Sternwarte vorfand, geben einen erschütternden Einblick in die Methoden, wie im Dritten Reich die Wissenschaft „gefördert“ wurde und welche Wege gegangen werden mußten, um den „Führer“ für das Projekt zu interessieren und die Bereitstellung der Mittel zu erlangen. Alles Werben um die Gunst von Gauleitern und anderen „einflußreichen“ Persönlichkeiten hatte schließlich doch keinen Erfolg. Der Führer des Dritten Reiches hat zwar seinem Freund Mussolini in großzügiger Weise eine ganze Sternwarte zum Geschenk gemacht, deren in großen Dimensionen gehaltene Instrumente bei Zeiß entworfen und gebaut wurden und bei Kriegsende teilweise fertiggestellt waren; die Wünsche der deutschen Astronomen aber blieben unerfüllt.

Heute, nachdem auch noch die Einrichtungen der Babelsberger Sternwarte und des Astrophysikalischen Observatoriums in Potsdam sowie der Sternwarte Sonneberg zum größten Teil verlorengegangen sind, stehen in ganz Deutschland nur noch zwei ältere Spiegelteleskope mittlerer Größe für spektrographische Arbeiten zur Verfügung: der 1 m-Spiegel in Hamburg-Bergedorf und der 72 cm-Reflektor der Heidelberger Sternwarte auf dem Königstuhl. Der Plan eines größeren Reflektors für Heidelberg, für den eine Scheibe von 180 cm schon gegossen war, ist nicht mehr zur Ausführung gelangt. Es liegt noch ein von Hamburg an Zeiß erteilter Auftrag auf die Optik für ein 120 cm-Schmidt-Teleskop vor. Eine Scheibe von 140 cm Durchmesser für den Spiegel dieses Teleskops ist kürzlich erst von Schott gegossen worden; sie war auf der Leipziger Frühjahrsmesse 1949 ausgestellt.

2. *Das KWG-Projekt*

Von 1937 ab habe ich mit der KWG Verhandlungen gepflogen über die Förderung der astronomischen Forschung in Deutschland. Diese Verhandlungen bezogen sich einerseits auf einen Ausbau der Internationalen Hochalpinen Forschungsstation Jungfraujoch, in deren Stiftungsrat Deutschland durch die KWG vertreten war, zum andern auf die Errichtung eines eigenen „KW-Instituts für Astrophysik“, das aus zwei Teilen bestehen sollte: einem Mutterinstitut in Berlin, in enger Verbindung mit den dortigen KW-Instituten für

Physik und Chemie, und einer Beobachtungsstation in klimatisch günstiger Lage, ausgerüstet mit leistungsfähigen Instrumenten; als Hauptinstrument ein Reflektor von mindestens 2 m Öffnung. Die Kosten des Gesamtprojektes waren auf vier Millionen RM veranschlagt.

Als mir 1939 die Leitung des Astrophysikalischen Observatoriums in Potsdam angetragen wurde, war bei der Entscheidung der Gedanke bestimmend, daß sich der Auftrag zur Reorganisation dieses Instituts verbinden ließe mit den Plänen der KWG. Wenn es gelang, das Astrophysikalische Observatorium, das damals als selbständiges Forschungsinstitut unmittelbar dem Reichserziehungsministerium unterstand, in die KWG einzugliedern, dann war das halbe Projekt des KWI für Astrophysik bereits verwirklicht, und bedurfte es nur noch der Schaffung der Beobachtungsstation.

Der Tod CARL BOSCHs, des Initiators und Förderers des großen Planes, und der Verlauf des Krieges haben es mit sich gebracht, daß das KWG-Projekt in den Hintergrund trat gegenüber den von der Luftwaffe geförderten Sonneninstituten (Neubau eines Sonnenturms in Göttingen, Gründung des Fraunhofer-Instituts mit seinen Beobachtungsstationen auf dem Schauinsland bei Freiburg i. Br., dem Wendelstein, der Zugspitze, der Kanzelhöhe in Kärnten sowie in Syrakus) und den Mammut-Projekten der Partei (Groß-Sternwarte des Generalgouvernements Polen, Ausbau der Sternwarten Prag, Wien, Graz, Straßburg). Nach dem Zusammenbruch sind von dem allen übriggeblieben: der Sonnenturm in Göttingen und die Stationen des Fraunhofer-Instituts auf dem Schauinsland und dem Wendelstein. Zusammen mit dem Einsteinturm in Potsdam verfügen wir damit in Deutschland auf dem Gebiete der Sonnenforschung über Einrichtungen von hinreichender Leistungsfähigkeit, um im Wettbewerb mit der übrigen Welt bestehen zu können. Auf allen übrigen Gebieten der Astrophysik dagegen sind wir stark im Hintertreffen. Die Wiederaufnahme des KWG-Projektes in irgendeiner Form ist daher dringend erforderlich.

3. *Das Projekt eines Akademieinstituts für kosmische Physik*

Die aus der alten Berliner Akademie hervorgegangene „Deutsche Akademie der Wissenschaften zu Berlin“ soll satzungsgemäß die gesamte freie Forschung betreuen und alle Aufgaben der früheren KWG sowie der Notgemeinschaft der Deutschen Wissenschaft übernehmen. Ich habe daher von Anfang an die Eingliederung der verwaisten astronomischen Einrichtungen in die Akademie verfolgt und auch erreicht. Es ist eine der vordringlichsten Aufgaben, die jetzt als

Akademieinstitute geführten Reste des Astrophysikalischen Observatoriums Potsdam, der Sternwarte Babelsberg und der Sternwarte Sonneberg sowie des Astronomischen Recheninstituts, die je für sich weder instrumentell noch personell mehr den Rang selbständiger großer Institute haben, zu einem einheitlich verwalteten Zentralinstitut zusammenzufassen und dieses Institut durch Schaffung der entsprechenden Einrichtungen zu einem der Bedeutung der Akademie würdigen zu machen. Potsdam und Babelsberg zusammen verfügen über ausreichende Räumlichkeiten, um hier das Mutterinstitut im Sinne des alten KWG-Projektes unterzubringen. Sonneberg erfüllt in seinem gegenwärtigen Zustand die Ansprüche, die an eine Beobachtungsstation zu stellen sind, nur in ganz bescheidenem Maße. Damit tritt die Erstellung leistungsfähiger großer Instrumente als dringendstes Erfordernis in den Vordergrund. Einige Instrumente mittlerer Größe, die uns über die nächsten Jahre hinweghelfen können, sind in den eigenen Werkstätten im Bau. Die Vorarbeiten für ein 2 m-Spiegelteleskop sind bei Zeiß und Schott in Jena seit längerer Zeit auf meine Anregung hin im Gang. Damit diese Arbeiten weitergeführt werden können, ist nötig, daß Zeiß jetzt einen offiziellen Auftrag bekommt von einer Stelle, die das Objekt zu finanzieren in der Lage ist.

Folgendes steht fest: *Astronomische Optik großer Dimensionen kann in Deutschland nur in Jena durch die Verbindung von Zeiß und Schott hergestellt werden, und als Auftraggeber kann nur die Deutsche Akademie der Wissenschaften zu Berlin in Verbindung mit der Deutschen Wirtschaftskommission auftreten.* Die Kosten für das Teleskop einschließlich aller Nebenapparate und der Kuppel sind in dem in Abschrift beiliegenden Kostenvoranschlag zu 1,6 bis 2 Millionen DM angegeben; ihre Aufbringung würde sich auf die vorgesehene Bauzeit von 6–7 Jahren verteilen.

Die Frage, wo das Instrument aufgestellt werden soll – in Sonneberg oder an einem Ort in der klimatisch günstigsten Südwestecke (Schwäbische Alb) Deutschlands, wie für das KWG-Projekt vorgesehen – ist im Augenblick von untergeordneter Bedeutung; ihre Beantwortung wird ganz abhängen von der politischen Entwicklung. Wichtig ist nur eines: daß Zeiß den festen Auftrag erhält, damit die Arbeiten vorwärtsgetrieben werden können. Die Form für den Guß des 2 m-Spiegels steht bei Schott schon bereit. Die Schleifmaschinen, die bei Zeiß neu aufgestellt werden, sind im Hinblick auf die künftigen Aufgaben so groß dimensioniert, daß ein 2 m-Spiegel bearbeitet werden kann. Die völlig neuartigen Konstruktionselemente für den Spiegel, seine Lagerung und die

Montierung sind an Hand von Modellen und Zeichnungen eingehend durchgesprochen.

Ich glaube, versprechen zu können, daß mit diesem Spiegelteleskop nicht nur den deutschen Astronomen als Ersatz für Verlorengegangenes ein weitaus leistungsfähigeres Instrument gegeben wird, das sie in die Lage versetzt, an der Front der astronomischen Forschung mitzuarbeiten, sondern daß der Bau des Teleskops zugleich wirkungsvoll Zeugnis ablegen wird von der Leistungsfähigkeit der Jenaer Werke von Zeiß und Schott.

4. Ich stelle an die Deutsche Akademie der Wissenschaften zu Berlin und die Deutsche Wirtschaftskommission daher den folgenden

Antrag

a) Die Deutsche Akademie der Wissenschaften zu Berlin wolle die Errichtung einer mit einem 2 m-Spiegelteleskop ausgerüsteten Beobachtungsstation beschließen, deren Ort nach eingehender Prüfung der klimatischen Bedingungen festgelegt wird.

b) Die Deutsche Akademie der Wissenschaften zu Berlin wolle den VEB Optik Carl Zeiß, Jena, den Auftrag auf Erstellung eines 2 m-Spiegelteleskops nach dem vorgelegten Angebot vom 23. 3. 1949 erteilen. Einzelheiten der Ausführung sollen Vereinbarungen vorbehalten bleiben, die innerhalb eines halben Jahres nach Auftragserteilung zwischen einer Kommission der Akademie und den Zeiß-Werken festgelegt werden. Die Lieferzeit soll möglichst 5 Jahre (gegenüber 6–7 in dem Voranschlag) nicht überschreiten.

c) Die Deutsche Akademie der Wissenschaften zu Berlin wolle in Verbindung mit der DWK die Kosten für Teleskop und Kuppel in Höhe von 1,6 bis 2 Millionen DM übernehmen. Von dem Gesamtbetrag sollen für 1949 und 1950 je 300000 DM zur Verfügung gestellt werden zur Finanzierung der Arbeiten bei Schott und Zeiß.

Potsdam, den 11. April 1949 DR. HANS KIENLE

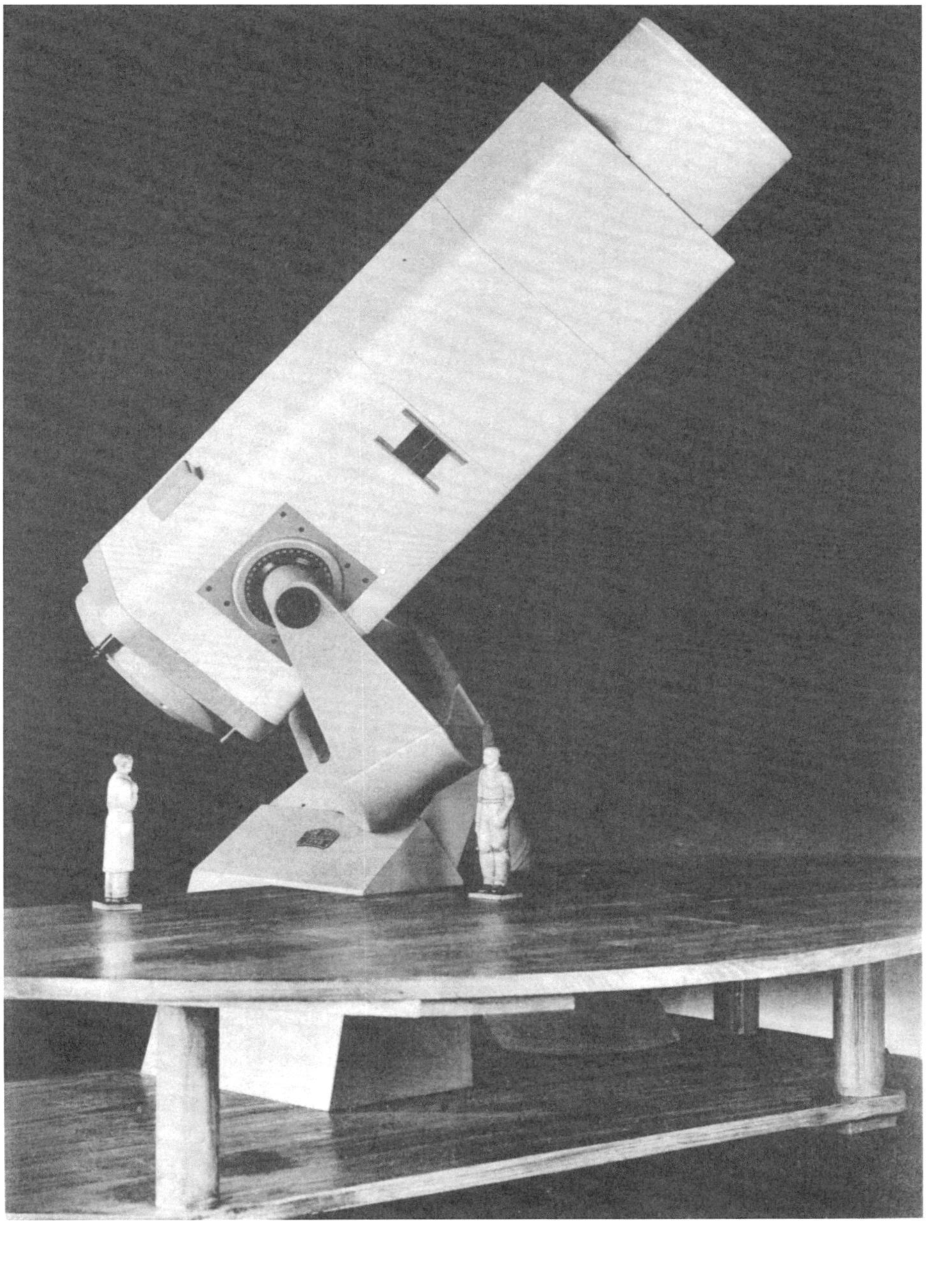

HEINRICH VOGT

DER STERNAUFBAU IN SEINER ABHÄNGIGKEIT VON DER STERNMASSE UND DER CHEMISCHEN ZUSAMMENSETZUNG DER STERNMATERIE

Die Grundgleichungen der Theorie des Sternaufbaues sind[1]:

(1) $\frac{1}{\varrho}\frac{dP}{dr} = -\frac{4\pi G}{r^2}\int\limits_0^r \varrho r^2\, dr$ (Bedingung des mechanischen Gleichgewichts)

(2) $\beta P = p = p(T, \varrho, \mu)$ (Zustandsgleichung der Sternmaterie)

(3) $\int\limits_0^r \varepsilon \varrho r^2\, dr = -\frac{c r^2}{\varkappa \varrho}\frac{d}{dr}\left(\frac{a T^4}{3}\right)$ (Bedingung des Strahlungsgleichgewichts).

Dabei kann für die Zustandsgleichung (2) der Sternmaterie im allgemeinen die Zustandsgleichung idealer Gase angesetzt werden, nur für das Innere überdichter Sterne tritt an deren Stelle die Zustandsgleichung entarteter Materie. Die Grenze, bei der die Zustandsgleichung für ideale Gase ungültig wird und die Sternmaterie in entarteten Zustand übergeht, ist gegeben durch

(4) $$\varrho > 2{,}4 \cdot 10^{-8} \mu T^{3/2}.$$

Gleichung (3) gilt nur, solange die Schichtung im Stern stabil ist. Wird diese instabil und tritt Konvektion auf, so ist (3) durch die Adiabatenbedingung

(5a) $$d(EV) + PdV = 0$$

oder die ihr äquivalente Beziehung

(5b) $$\frac{1}{P}\frac{dP}{dr} = \gamma \frac{1}{\varrho}\frac{d\varrho}{dr}$$

zu ersetzen. Konvektion setzt ein, sobald im Sterninneren

(6) $$\frac{dT}{dr} > \left|\frac{dT}{dr}\right|_{ad}$$

wird, d. h. sobald der Temperaturgradient (z. B. infolge starker Konzentration

[1] Siehe z. B. H. VOGT, Aufbau und Entwicklung der Sterne, Akad. Verlagsgesellschaft. Leipzig 1943.

der Energiequellen oder infolge eines großen lokalen Opazitätskoeffizienten oder infolge einer starken lokalen Zunahme des Ionisationsgrades der Sternmaterie in Richtung nach dem Sternzentrum hin) in einem Gebiet des Sterninneren einen bestimmten Grenzwert, den adiabatischen Gradienten, überschreitet. Der wirkliche Temperaturgradient der Sternmaterie kann im allgemeinen den adiabatischen nur sehr wenig überschreiten, weil sonst eine stärker einsetzende Konvektion ihn sofort wieder in die Nähe des adiabatischen bringen würde. Mit einem Konvektionsgebiet wegen starker Konzentration der Energiequellen müssen wir beispielsweise in der Nähe des Sternzentrums rechnen. Denn zum mindesten in den Hauptreihensternen steigt die Energieerzeugung mit einer sehr hohen Potenz der Temperatur an, was zur Folge hat, daß diese auf die nächste Umgebung des Sternzentrums beschränkt bleibt.

Es bedeuten in den obigen Gleichungen: P, p, T, ϱ und μ Gesamtdruck, Gasdruck, Temperatur, Dichte und mittleres Molekulargewicht der Sternmaterie, β das Verhältnis von Gasdruck zum Gesamtdruck, ε die pro Massen- und Zeiteinheit freiwerdende Energiemenge, $\varkappa$ den Opazitätskoeffizienten, V das Volumen der Masseneinheit, E die sich aus der Strahlungsenergie, Wärmeenergie, Ionisationsenergie, Anregungsenergie und elektrostatischen Energie zusammensetzende Gesamtenergie pro Volumeneinheit, γ das Verhältnis der spezifischen Wärmen bei Berücksichtigung der gesamten Energie E, G die Gravitationskonstante, a die Konstante des STEFANschen Gesetzes und c die Lichtgeschwindigkeit. Unter adiabatischem Temperaturgradient ist der Temperaturgradient zu verstehen, der sich im Stern herausbilden muß, wenn dieser durch starke Strömungen durchmischt wird und bei der Durchmischung die Sternmaterie adiabatische Zustandsänderungen erfährt.

Im folgenden wollen wir der Einfachheit halber den Zustand eines Sternes als „stationär" bezeichnen, wenn die Ergiebigkeit der Energieerzeugung im Sterninneren von Temperatur, Dichte und chemischer Zusammensetzung der Sternmaterie abhängig ist und es sich also bei der freiwerdenden Energie nicht etwa um Kontraktionsenergie handelt, obwohl bei dem „stationären" Zustand, wie er hier definiert ist, die Entwicklung eines Sternes zeitweise auch verhältnismäßig schnell vor sich gehen kann.

Was nun wichtig ist, es treten in den Gleichungen, die den Aufbau eines Sternes im stationären Zustand bestimmen, außer Temperatur, Druck und Dichte nur Größen (nämlich ε, $\varkappa$, β und γ) auf, die bei gegebener chemischer Zusammensetzung der Sternmaterie direkte oder indirekte, aber ganz bestimmte Funktionen von Temperatur, Druck und Dichte sind. Es bestimmen deshalb diese Gleichungen den Aufbau eines Sternes, der die notwendigen Oberflächen- und Zentrumsbedingungen erfüllt, eindeutig, sobald die Gesamtmasse des Sternes und die chemische Zusammensetzung der Sternmaterie vorgegeben sind. (Zentrumsbedingungen: $M_r = 0$ und $L_r = 0$ für $r = 0$. Oberflächenbedingungen: $M_r = M$, $L_r = L$ und $\varrho = 0$ für $r = R$; außerdem muß für $r \rightarrow R$ noch T so gegen einen Grenzwert T_0 gehen, daß

$$4\pi R^2 \frac{1}{4} a c T_e^4 = \int_0^R 4\pi \varepsilon \varrho r^2 dr$$

wird. Hierbei bedeuten M die Gesamtmasse des Sternes, R seinen Radius und L seine Leuchtkraft, ferner M_r die in der Kugel mit dem Radius r enthaltene Masse, L_r den im Abstand r vom Sternzentrum durch eine Niveaufläche auswärts fließenden Nettostrom an Energie und T_e die effektive Temperatur des Sternes.)

Mit anderen Worten: Der Aufbau eines Sternes im stationären Zustand hängt nur ab von seiner Masse und seiner chemischen Zusammensetzung. Dabei ist es gleichgültig, ob sich der Stern im Strahlungsgleichgewicht oder im konvenktiven Gleichgewicht befindet. Es hängt überhaupt auch nur von den beiden Parametern Masse und chemische Zusammensetzung ab, ob und inwieweit ein Stern konvektiv sein kann. Ebenso hängt es nur von diesen beiden Parametern ab, ob sich ein Stern im pulsationellen Zustand befinden kann, wenigstens wenn keine äußeren Ursachen und keine Rotationseinflüsse mitspielen und wenn der mittlere Zustand des Sternes (d. h. falls man von den kurzperiodischen Schwankungen absieht) ein stationärer ist[1]. Daraus folgt, daß Sternentwicklung nur möglich ist, wenn sich die Masse oder die chemische Zusammensetzung eines Sternes oder diese beiden Parameter ändern. Weiter folgt, daß im stationären Zustand bei gleicher chemischer Zusammensetzung der Sternmaterie die Radien, die mittleren Dichten, die Leuchtkräfte und die effektiven Temperaturen der Sterne Funktionen der Sternmasse allein sind. Trägt man also beispielsweise in einem Diagramm die Leuchtkraft oder den Radius oder die effektive Temperatur als Funktion der Sternmasse auf oder auch, wie beim HERTZSPRUNG-RUSSELL-Diagramm, die absolute Helligkeit als Funktion des Spektraltypus bzw. der effektiven Temperatur (der Platz eines Sternes im H.-R.-Diagramm ist ebenfalls durch seine Masse und seine chemische Zusammensetzung festgelegt), so müssen die

[1] Vgl. hierzu auch H. VOGT, Veröff. d. Bad. Landessternwarte Heidelberg Bd. 14, Nr. 6 (1946).

Sterne im stationären Zustand bei gleicher chemischer Zusammensetzung eindimensionale Serien bilden, d. h. auf bestimmten Kurven liegen. Diese Kurven mögen von komplizierter Form sein, sie mögen vielleicht sogar aus zwei oder mehreren Zweigen bestehen, aber jedenfalls werden die die Sterne repräsentierenden Punkte auf Linien liegen und niemals über ein Flächengebiet unseres Diagramms verstreut sein. Streuungen werden dagegen natürlich auftreten, wenn die chemische Zusammensetzung der Sternmaterie von Stern zu Stern variiert, und aus der Stärke der Streuung kann man verhältnismäßig einfach feststellen, in welchem Maße die chemische Zusammensetzung von Stern zu Stern variiert. Es können zwar auch noch Streuungen von Effekten herrühren, die durch Rotation oder äußere deformierende Kräfte (z. B. bei engen Doppelsternen) bedingt sind. Denn bei rotierenden und äußeren Kräften unterworfenen Sternen tritt neben den beiden Parametern Masse und chemische Zusammensetzung noch ein Nebenparameter, der Drehimpuls bzw. die äußere deformierende Kraft, auf. Aber die durch solche Effekte hervorgerufene Streuung ist im allgemeinen von sekundärer Bedeutung und, wenigstens bei den Hauptreihensternen, auch nur einseitig gerichtet. Es mag in diesem Zusammenhang darauf hingewiesen werden, daß die Art der Auswirkung der Rotation auf den Sternaufbau auch davon abhängt, welche Funktion von Temperatur und Dichte der Sternmaterie die Energieerzeugung im Sterninneren ist, insbesondere ob sie eine schnell oder langsam mit der Temperatur ansteigende Funktion ist. So ist es z. B. durchaus nicht so, wie man bis jetzt angenommen hat, daß die mittlere Dichte eines rotierenden Sternes im stationären Zustand immer kleiner als die eines nichtrotierenden Sternes gleicher Masse ist. Wenn die Energieerzeugung eine sehr steil ansteigende Funktion der Temperatur ist, wie es bei den Hauptreihensternen wohl der Fall ist, so ist im Gegenteil die mittlere Dichte eines rotierenden Sternes im stationären Gleichgewichtszustand größer als die eines nichtrotierenden. Es ist dies schon eine Folge davon, daß jeder Effekt, der eine Abnahme der Zentraltemperatur im Sterninneren auslöst, immer dann, wenn die Energieerzeugung eine sehr steil ansteigende Funktion der Temperatur ist, eine Zunahme der mittleren Dichte eines Sternes herbeiführt, und daß umgekehrt jeder Effekt, der eine Zunahme der Zentraltemperatur im Sterninneren bewirkt, mit einer Abnahme der mittleren Dichte eines Sternes verbunden ist, wenn die Energieerzeugung eine mit der Temperatur sehr schnell zunehmende Funktion ist. Die Auswirkung eines zunehmenden Drehimpulses auf die mittlere Dichte von Sternen ist übrigens ähnlich wie die einer abnehmenden Sternmasse (siehe weiter unten!).

Es muß jedoch betont werden, daß die obigen Schlußfolgerungen nicht gelten für Sterne, deren Ausstrahlung aus Kontraktionsenergie bestritten wird und die sich also nicht im stationären Zustand befinden. Bei solchen Sternen ist der Aufbau durch Masse und chemische Zusammensetzung nicht mehr eindeutig festgelegt, sondern ihr Platz hat, auch wenn Masse und chemische Zusammensetzung vorgegeben sind, im H.-R.-Diagramm weiten Spielraum.

Wie sind nun die Verhältnisse bei den wirklichen Sternen? Betrachten wir beispielsweise die Sterne eines Sternhaufens, so ist es plausibel, anzunehmen, daß diese Sterne nicht nur alle gleich alt sind, sondern daß sie auch denselben Ursprung haben und wenigstens ursprünglich auch die gleiche chemische Zusammensetzung hatten. Beschränkt man sich dabei auf Hauptreihensterne, so ist außerdem anzunehmen, daß sie sich auch im stationären Zustand befinden. Denn es dürfte ja heute kein Zweifel mehr darüber bestehen, daß es sich bei den Energiequellen der Hauptreihensterne um Atomkernreaktionen (C—N-Zyklus und H—H-Reaktion, die im Endeffekt Wasserstoff in Helium überführen) handelt, deren Ergiebigkeit von Temperatur, Dichte und chemischer Zusammensetzung der Sternmaterie abhängt und sich dabei, wenigstens wenn man von den sehr frühen Spektraltypen absieht, auch nur langsam mit der Zeit ändert. Auf Grund des in bezug auf die Abhängigkeit des Sternaufbaues von Masse und chemischer Zusammensetzung geltenden Eindeutigkeitssatzes wäre also zu erwarten, daß die zu einem Sternhaufen gehörenden Hauptreihensterne in einem H.-R.-Diagramm bzw. in einem Farben-Helligkeitsdiagramm eine eindimensionale Serie bilden. Dies ist anscheinend denn auch der Fall. Es sei hier z. B. auf die mit großer Exaktheit von HECKMANN[1] und HAFFNER sowie von BEHR[2] abgeleiteten Farben-Helligkeitsdiagramme der Präsepe und der Plejaden hingewiesen. Eine gut ausgeprägte Kammlinie ist in beiden Diagrammen vorhanden. Nach unten, zu den kleineren Helligkeiten hin, ist dabei der Abfall vom Kamm aus sehr steil. Die ihm entsprechende geringe Streuung liegt nach HECKMANN und HAFFNER innerhalb der Beobachtungsgenauigkeit. Eine kleine Streuung zu den geringeren Helligkeiten hin sollte man aber auch schon wegen der Rotationseinflüsse und der äußeren deformierenden Kräfte erwarten. Denn durch Rotationseinflüsse und äußere deformierende Kräfte wird die Gesamtleuchtkraft eines Sternes im allgemeinen verringert, und die dadurch bedingte Streuung im H.-R.-Diagramm wird auch nicht etwa durch die Rotationseinwirkung auf die

[1] H. HAFFNER und O. HECKMANN, Veröff. d. Univ.-Sternw. Göttingen Nr. 55 (1937).

[2] A. BEHR, Z. f. Astrophysik 19 (1940), 339.

effektive Temperatur zum Verschwinden gebracht[1]. Daß die Streuung von der Kammlinie nach den kleineren Helligkeiten hin so auffallend gering ist (wenigstens wenn man von den sehr frühen Spektraltypen absieht), darin kann man einen Hinweis darauf erblicken, daß sich unter den Sternen der untersuchten Sternhaufen keine sehr schnell rotierenden Sterne befinden. Von der Kammlinie nach größeren Helligkeiten hin ist eine stärkere Auflockerung bis zu dem Betrag von etwa 0,75 Größenklassen zu erkennen, die aber wahrscheinlich nur eine scheinbare ist und auf das Vorhandensein von unaufgelösten Doppelsternen zurückzuführen sein dürfte, deren Komponenten, wenn man sie trennen könnte, ebenfalls auf der Kammlinie liegen würden. Erwähnt mag auch noch werden, daß die Kammlinien der Farben-Helligkeitsdiagramme der beiden genannten Sternhaufen, auf die gleiche Entfernung reduziert, mindestens im Bereich zwischen A 5- und G-Sternen und wohl auch bei den späteren Spektraltypen zusammenfallen[2], und man hieraus also schließen sollte, daß die chemische Zusammensetzung der Hauptreihensterne nicht nur von Stern zu Stern innerhalb eines Haufens, sondern wahrscheinlich auch von Haufen zu Haufen die gleiche ist.

Bezieht man nicht mehr nur einzelne Gruppen zusammengehörender Sterne, sondern alle erreichbaren Sterne unseres Sternsystems in die Untersuchung ein, so zeigt das H.-R.-Diagramm für die Sterne der Hauptreihe (die etwa 80% aller sichtbaren Sterne ausmachen) auch noch eine ausgeprägte Beziehung zwischen der Leuchtkraft und dem Spektraltypus, wenn auch eine etwas lockerere. Die Streuung ist – vor allem bei den frühen Spektraltypen – jedenfalls größer, als sie allein auf Grund der in den Daten steckenden Beobachtungsfehler zu erwarten wäre. Das gleiche gilt von der Beziehung zwischen den Leuchtkräften und den Massen, sowie von der Beziehung zwischen den Radien und den Massen der Sterne. Man muß hieraus wohl den Schluß ziehen, daß das galaktische System als Ganzes in bezug auf die chemische Zusammensetzung seiner Materie doch wesentlich inhomogener ist als etwa so kleine Teilsysteme, wie sie die Sternhaufen darstellen, und daß insbesondere auch bei den Hauptreihensternen in unserem Sternsystem die chemische Zusammensetzung schon in einem solchen Maße variiert, daß es für den Sternaufbau nicht mehr von zu vernachlässigender Bedeutung ist.

[1] Ein wenig Einfluß auf die beobachtete Leuchtkraft eines Sternes hat auch die Richtung seiner Rotationsachse in bezug auf die Sichtlinie, da die Flächenhelligkeit längs der Oberfläche eines rotierenden Sternes etwas variiert.

[2] S. GÜNTHER, Z. f. Astrophysik (im Druck).

Die chemische Zusammensetzung der Sternmaterie wirkt sich in erster Linie auf dem Wege über die Energieerzeugung ε und den Opazitätskoeffizienten $\varkappa$ auf den Sternaufbau aus. Auch in die Art des Zusammenhanges zwischen den einzelnen Zustandsgrößen der Sterne gehen Energieerzeugung und Opazitätskoeffizient als Funktionen von Temperatur und Dichte der Sternmaterie entscheidend ein. So ist z. B. die mit zunehmender Sternmasse einhergehende Abnahme der mittleren Dichte der Sterne längs der Hauptreihe eine Folge davon, daß die Energieerzeugung in den Hauptreihensternen eine sehr schnell anwachsende Funktion der Temperatur ist. (Nach BETHE ist bei Temperaturen von der Größenordnung der Zentraltemperaturen der Hauptreihensterne $\varepsilon \propto \varrho \cdot T^{17}$.) Bei gleichbleibender oder gar zunehmender mittlerer Dichte mit größer werdender Sternmasse wäre infolge der Erhöhung der Zentraltemperatur – die bei mechanischem Gleichgewichtszustand der Sterne angenähert proportional M/R ist – das Anwachsen der Energieerzeugung mit zunehmender Sternmasse so stark, daß sich Sterne mit größerer Masse unmöglich mehr im mechanischen Gleichgewichtszustand befinden könnten. Die Abnahme der mittleren Dichte mit zunehmender Sternmasse ist bei Sternen im stationären Zustand direkt ein Maß für den Grad der Abhängigkeit der Energieerzeugung von der Temperatur. Bei schwacher Abhängigkeit der Energieerzeugung von der Temperatur der Sternmaterie würde bei Sternen im stationären Zustand die mittlere Dichte sogar mit zunehmender Sternmasse zunehmen. Wäre dagegen die Energieerzeugung ε eine so stark ansteigende Funktion der Zentraltemperatur T_c der Sterne, daß sich T_c mit zunehmender Sternmasse nur unwesentlich zu ändern brauchte, um die erforderliche Mehrerzeugung an Energie zu gewährleisten, so müßte die mittlere Dichte ϱ_m der Sterne im stationären Zustand und bei gleichbleibendem Sternmodell angenähert proportional $1/M^2$ sein (wie dann aus $M/R \propto T_c = \text{const}$ und $M/R^3 \propto \varrho_m$ folgt). Würde sich das Sternmodell beim Übergang zu immer massigeren Sternen in der Richtung nach dem Kernmodell hin ändern, so müßte die mittlere Dichte ϱ_m noch stärker als proportional $1/M^2$ mit zunehmender Sternmasse abnehmen, langsamer hingegen, wenn sich das Sternmodell mit zunehmender Sternmasse dem homogenen Modell nähern würde.

Besondere Schwierigkeiten bei der Deutung des H.-R.-Diagramms an Hand des Eindeutigkeitssatzes bieten anscheinend die Riesen- und Überriesensterne, schon wegen ihrer starken Streuung im H.-R.-Diagramm. Man hat die Ansicht vertreten, daß diese Sterne zwar große Leuchtkräfte, aber viel geringere Dichten und wohl auch geringere Zentraltemperaturen als die Sterne der Hauptreihe besitzen, und daß deshalb die Energieproduktion in ihrem Inneren auch nicht auf die gleichen Kernreaktionen zurückgeführt werden könne wie die im Inneren der Hauptreihensterne. Wenn überhaupt Kernprozesse als eigentliche Energiequellen für sie in Frage kämen, dann könne es sich, so nahm man an, nur um die Umwandlung der leichten Elemente ^{2}H, Li, Be und B handeln, die bei den verhältnismäßig niedrigen Mittelpunktstemperaturen der Riesensterne schon eine ausreichende Energiequelle darstelle. Wie man aus den Spektren entnehmen kann, ist aber die Häufigkeit dieser Elemente (die ja nicht zurückgebildet werden wie etwa Kohlenstoff und Stickstoff beim C—N-Zyklus) zu gering, um den Energiebedarf der Sterne auf merkliche Zeit zu decken. Man hat auch die Möglichkeit in Erwägung gezogen, daß es sich bei den Riesensternen um Sterne im nichtstationären Zustand handelt, bei denen die Kontraktionsenergie eine wesentliche Rolle spielt, etwa infolge langsamen Herausbildens eines überdichten Kernes. Dieser Annahme aber scheint u. a. entgegenzustehen das häufige Vorkommen von periodischen Veränderlichen gerade unter den Riesensternen. Denn es besteht heute wohl kaum ein Zweifel mehr darüber, daß der Lichtwechsel der periodischen Veränderlichen im allgemeinen darauf zurückzuführen ist, daß diese Sterne pulsieren. Und zwar dürfte ihre Pulsation wahrscheinlich dadurch hervorgerufen worden sein, daß bei einer momentanen Störung des Energiehaushaltes im Sterninneren eine Eigenschwingung des ganzen Sternes angeregt wurde, die ihrerseits auf die Energieerzeugung zurückwirkte, die dann unter günstigen Bedingungen fortfuhr, mit der Schwingungsfrequenz des Sternes zu schwanken, so daß sich eine bleibende Schwingung des Sternes durch Resonanz mit seinem zentralen Teil, in dem sich die energieerzeugenden Prozesse abspielen, herausbildete. Dabei muß es sich aber dann um Energiequellen handeln, deren Ergiebigkeit durch lokale Temperatur, Dichte und chemische Zusammensetzung der Sternmaterie bestimmt ist, was bei der Energieerzeugung durch Kernreaktionen zutrifft, aber nicht bei freiwerdender Kontraktionsenergie. Auch die Anhäufung bestimmter Typen periodischer Veränderlicher (wie z. B. der RR-Lyrae-Sterne) auf ziemlich scharf begrenzten Gebieten des H.-R.-Diagramms, ohne daß sie anscheinend dabei mit nichtveränderlichen Sternen durchmischt sind[1], läßt sich wohl nur verstehen, wenn die Auslösung ihrer Pulsation in Zusammenhang steht mit einer von lokaler Temperatur, Dichte und chemischer Zusammensetzung der Sternmaterie abhängigen Energieerzeugung im

[1] M. SCHWARZSCHILD, Harvard Circular 437 (1940).

Sterninneren[1]. Wenn man nicht annehmen will, daß es für die Sterne noch andere Energiequellen gibt, deren physikalische Natur uns bis jetzt verborgen ist, dann scheint deshalb immer doch noch die Hypothese die größte Wahrscheinlichkeit für sich zu haben, daß die Energieproduktion in den Riesensternen auf die gleichen Kernreaktionen zurückzuführen ist wie in den Hauptreihensternen, und daß die Zentraltemperatur der Riesensterne höher ist, als man bisher anzunehmen pflegte, weil diese Sterne eben einen anderen Aufbau haben als die Hauptreihensterne. (Bisher hat man fast ausschließlich an Hand von Homologiebetrachtungen auf die Zentraltemperatur der Riesensterne geschlossen.) Das Nächstliegende ist, für die Riesensterne ein Sternmodell mit einem überdichten, isothermen Kern anzunehmen[2], der sich herausbildete, nachdem der Wasserstoff in der ursprünglichen zentralen Konvektionszone durch Überführung in Helium aufgezehrt war, und dessen obere Begrenzung – und damit auch die Konvektionszone, in der die energieerzeugenden Prozesse ablaufen – mit fortschreitendem Alter des Sternes immer mehr nach außen rückt. Die verhältnismäßig große Streuung der Riesensterne im H.-R.-Diagramm ließe sich dann dadurch erklären, daß bei diesen Sternen infolge ihrer starken Energieerzeugung die Entwicklung (insbesondere die Änderung der chemischen Zusammensetzung der Materie in der zentralen Zone der Sterne durch Überführung von Wasserstoff in Helium) sehr viel schneller vor sich geht und ein etwaiger Altersunterschied sich deshalb auch sehr viel stärker auswirken muß als bei den Zwergsternen. Besonders groß ist deshalb die Streuung denn auch bei den F- und G-Überriesen (wie übrigens auch bei den sehr frühen Typen der Hauptreihe, den O- und B-Sternen), deren Entwicklung besonders schnell abläuft. Daß Riesen- und Zwergsterne nicht etwa von vornherein eine wesentlich verschiedene chemische Zusammensetzung besaßen, dafür spricht z. B. die Tatsache, daß beide Kategorien von Sternen in Doppelsternsystemen nebeneinander vorkommen.

Nun hat aber die Beobachtung in den letzten Jahren noch eine sehr große Überraschung gebracht, nämlich daß es anscheinend zwei verschiedene Typen von Sterngemischen gibt, und zwar besonders hinsichtlich der Riesensterne[3]. Der eine (Typ I) entspricht dem Sterngemisch in der Nachbarschaft der Sonne

[1] Vgl. hierzu auch H. VOGT, Veröff. d. Bad. Landessternw. Heidelberg Bd. 14, Nr. 6 (1946).

[2] Vgl. G. GAMOW, Phys. Rev. 67 (1945), 120; G. GAMOW und G. KELLER, Rev. Mod. Phys. 17 (1945), 125. – Man hat zwar gegen dieses Kernmodell auch Einwände zu erheben versucht, die aber nach Ansicht des Verf. nicht stichhaltig sind.

[3] W. BAADE, Astrophys. J. 100 (1944), 137 und 147.

und der andere (Typ II) dem Sterngemisch in den Kugelsternhaufen. Außerdem findet man den Typ II vor allem in den elliptischen Nebeln und in den Kernen von Spiralnebeln, während der Typ I in den äußeren Gebieten von aufgelösteren Spiralnebeln und in den unregelmäßigen außergalaktischen Nebeln vorkommt. Charakteristisch für den Typ I sind die sehr hellen O- und B-Sterne und für den Typ II die kurzperiodischen RR Lyrae-Veränderlichen. Die beigefügte Abbildung gibt schematisch den Verlauf der H.-R.-Diagramme für beide Stern-

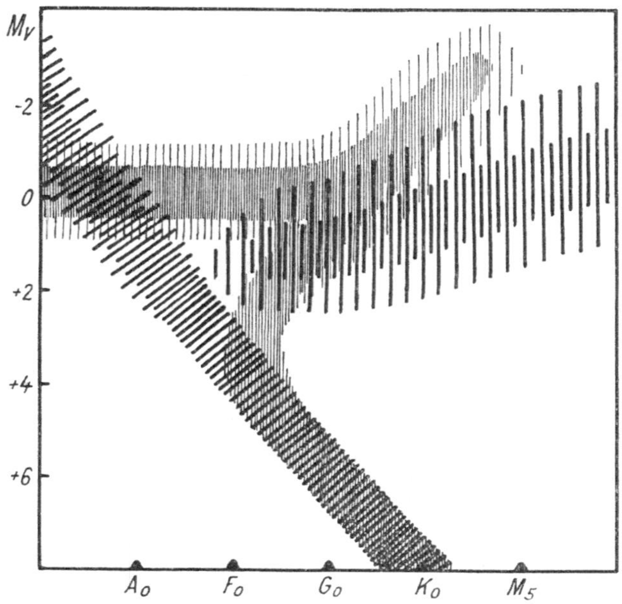

Grobschraffiertes Gebiet: H.-R.-Diagramm für Sterngemische vom Typ I.
Feinschraffiertes Gebiet: H.-R.-Diagramm für Sterngemische vom Typ II.
Abszisse: Spektrum. Ordinate: Photovisuelle absolute Helligkeit.

gemische, und zwar das für den Typ I grobschraffiert und das für den Typ II feinschraffiert.

Daß das Nebeneinanderbestehen zweier verschiedener H.-R.-Diagramme von großer kosmogonischer Bedeutung ist, darüber dürfte kein Zweifel bestehen, und es erhebt sich natürlich die Frage, auf welche Ursachen es zurückzuführen ist, daß sich in den verschiedenen außergalaktischen Nebeln bzw. Sternsystemen und sogar in den verschiedenen Teilen bestimmter außergalaktischer Nebel so verschiedenartige Sterngemische herausbilden konnten, wie sie durch die H.-R.-Diagramme des Typs I und des Typs II repräsentiert werden.

Das Sterngemisch des Typs II scheint jedenfalls mehr in den kompakteren Systemen bzw. kompakteren Teilen von Systemen vorzukommen und das Sterngemisch des Typs I mehr in den aufgelockerteren. Auch die sogenannten Schnellläufer in unserem Milchstraßensystem, von denen man annimmt, daß sie dem Typ II angehören, entstammen anscheinend den dem Systemzentrum benachbarten dichteren Gebieten. Man könnte also vermuten, daß eine verschieden große Materiedichte bei dem Zustandekommen der zwei verschiedenen Typen von Sterngemischen durch Beeinflussung der sich in einem Sternsystem herausbildenden Massenverteilung eine Rolle gespielt haben könnte (entweder direkt oder indirekt durch die später zwischen den in Entstehung begriffenen Kondensationsstellen auftretenden Gezeitenkräften). Auch könnte man vielleicht an die Möglichkeit denken, daß in den kompakteren Systemen, wie in den Kernen von Spiralnebeln, in den elliptischen Nebeln und in den Kugelsternhaufen, sich die massigsten Sterne vorwiegend in der Nähe des Systemzentrums befinden (wie es tatsächlich die Dynamik solcher Systeme verlangt) und deshalb nicht beobachtbar sind, während in den aufgelockerteren Systemen, wie in den äußeren Gebieten der Spiralnebel und in den unregelmäßigen außergalaktischen Nebeln, die auflösbar sind, alle Sterne der Beobachtung zugänglich sind, und daß aus diesem Grunde die beobachtbaren Teile der Sterngemische in den außergalaktischen Nebeln zwei verschiedene Arten von Massenverteilung zeigen. Nun ist aber allein durch eine verschiedenartige Massenverteilung bei den Sterngemischen das Zustandekommen zweier vollkommen verschieden verlaufender H.-R.-Diagramme überhaupt nicht zu erklären. Denn auch bei verschiedener Massenverteilung bliebe bei gleicher chemischer Zusammensetzung der Sternmaterie der Verlauf der H.-R.-Diagramme für Sterne im stationären Zustand der gleiche, nur wäre dann die Häufigkeitsverteilung der Sterne innerhalb der Diagramme verschieden. Es ist zwar immer noch die Frage, ob die Beobachtung des Nebeneinanderbestehens zweier verschieden verlaufender H.-R.-Diagramme wirklich gesichert ist (das Beobachtungsmaterial ist noch sehr spärlich) oder ob es sich bei den beiden H.-R.-Diagrammen nicht etwa doch nur um ein und dasselbe Diagramm mit etwas verschiedener Häufigkeitsverteilung der Massen handelt[1]. Falls die zwei H.-R.-Diagramme wirklich einen verschiedenen Verlauf haben, dann bleiben nur die beiden Erklärungsmöglichkeiten, daß sich entweder

[1] Für die letztere Annahme scheint z. B. zu sprechen, daß auf Grund neuerer Untersuchungen auch im H.-R.-Diagramm von offenen Sternhaufen ein Nebenast angedeutet ist, der ähnlich wie im H.-R.-Diagramm des Sterngemisches vom Typ II ungefähr bei der absoluten photographischen Helligkeit $+ 3{,}0^{m}$ von der Hauptreihe abzweigt. Vgl. OLIN J. EGGEN, Astronom. J. 54 (1948), 35.

bei einem oder auch bei beiden Typen von Sterngemischen die Riesensterne überhaupt nicht im stationären Zustand (in dem Sinne, wie wir ihn oben definiert haben) befinden oder daß die chemische Zusammensetzung dieser Sterne in den zwei Arten von Sterngemischen wesentlich voneinander verschieden ist, sei es von Anfang an oder sei es infolge einer verschieden langen Entwicklungszeit. Eine andere Deutung läßt der Eindeutigkeitssatz, nach dem der Sternaufbau durch Sternmasse und chemische Zusammensetzung der Sternmaterie festgelegt ist, nicht zu.

Es wurde ja bereits darauf hingewiesen, daß bei den Riesensternen und ebenso bei den frühen Hauptreihensternen die Entwicklung und auch die Änderung der chemischen Zusammensetzung sehr viel schneller vor sich gehen und ein etwaiger Altersunterschied sich sehr viel stärker auswirken muß als bei den Zwergsternen. Während sich die letzteren selbst im Verlauf des ganzen Zeitraumes, den man als Alter unserer Welt annimmt, kaum merklich weiterentwikkelt haben dürften, können die hellsten Riesensterne und auch die Sterne am oberen Ende der Hauptreihe, die O- und B-Sterne, in ihrer jetzigen Helligkeit nicht länger als 10^7 bis 10^8 Jahre gestrahlt haben (wenigstens wenn man nicht annehmen will, daß es für die Sterne noch Energiequellen gibt, deren physikalische Natur uns bis jetzt verborgen ist). Mit dieser raschen Entwicklung hängt ja wahrscheinlich auch das häufige Auftreten von pulsierenden Veränderlichen unter den Riesensternen zusammen. Denn bei einer so rasch vor sich gehenden Entwicklung treten natürlich leichter Störungen des Energiehaushaltes im Sterninneren auf als bei der so außerordentlich langsam fortschreitenden Entwicklung der Zwergsterne. Es ist auffallend, daß in dem Sterngemisch des Typs II Sterne von so großer Leuchtkraft wie in dem des Typs I nicht vorkommen, vielleicht weil die Sternsysteme vom Typ II älter sind als die vom Typ I, vielleicht aber auch weil in den Sternsystemen vom Typ II im Gegensatz zu denen vom Typ I keine Sterne mehr nachentstehen. Wichtig ist in diesem Zusammenhang, daß die außergalaktischen Nebel bzw. Teile von außergalaktischen Nebeln, in denen das Sterngemisch vom Typ I auftritt, nicht nur eine lockere Struktur haben, sondern vor allem auch von interstellarer Materie durchsetzt sind, während die mit dem Sterngemisch vom Typ II nicht nur eine kompaktere Struktur besitzen, sondern außerdem von interstellarer Materie frei sein dürften (da sich in ihnen schon wegen des dort herrschenden hohen Strahlungsdruckes keine interstellare Materie auf die Dauer aufhalten kann). Man hat denn auch schon die Vermutung ausgesprochen, daß in Sternsystemen, die mit interstellarer Materie durchsetzt sind – und das sind ja die vom Typ I – immer wieder aufs neue O- und B-Sterne und wohl auch andere Riesensterne aus interstellarer Materie nachentstehen[1]. Und diese Vermutung wird gestützt durch die Existenz der sogenannten „Globulen[2]", bei denen es sich um kleine dunkle Nebelflecken mit starker zentraler Verdichtung und mit einer Masse von der Größenordnung der eines Sternes handelt und bei denen es unbedingt naheliegt, sie als Sterne im Entstehen anzusehen.

[1] Siehe z. B. A. UNSÖLD, Z. f. Astrophysik 2 (1948), 278.

[2] E. SCHOENBERG, Z. f. Naturforschung 4a (1949), 161. – R. MINKOWSKI, Publ. of the Astronom. Soc. of the Pacific 61 (1949), 151.

RUDOLF SEELIGER

ÜBER DIE SEKUNDÄRE ELEKTRONENEMISSION VON LANGMUIR-SONDEN

Wenn eine in ein Plasma eingetauchte Sonde ein gegen das Raumpotential negatives Potential besitzt, strömen positive Ionen in sie ein und werden als Sondenstrom gemessen; sie gelangen infolge ihrer thermischen Bewegung an die äußere Grenze der die Sonde umgebenden Raumladungsschicht, werden dort vom Sondenfeld erfaßt und zum Teil an die Sondenoberfläche gezogen. Bei hinreichend kleiner Gasdichte bzw. hinreichend kleiner Dicke der Raumladungsschicht kann man unter der Annahme, daß die Sondenoberfläche alle auftretenden Ionen ohne Reflexionen aufnimmt, mit gewissen formalen Prämissen über den Potentialverlauf in der Schicht den Sondenstrom in Abhängigkeit von der Sondenspannung berechnen[1]. Wie sich jedoch bald zeigte, weichen unter Umständen die Meßergebnisse nicht unerheblich ab von den Ergebnissen dieser Theorie, wofür sich auch eine ganze Reihe von Ursachen angeben lassen[2]. Von diesen Störeffekten dürfte der grundsätzlich interessanteste die Auslösung von Sekundärelektronen aus der Sondenoberfläche sein, weil sich aus ihm zugleich Folgerungen auf den Elementarprozeß der Sekundäremission selbst ziehen lassen. Wir haben uns deshalb erneut mit der Sekundäremission einer negativen Sondenoberfläche beschäftigt, und zwar in Fortführung einer Untersuchung von SEELIGER und BARTHOLOMEYCZYK[3] über den normalen Kathodenfall. Es hatte sich nämlich gezeigt, daß der Kathodenfall in Edelgasentladungen während des Brennens der Entladung, also durch die Beanspruchung der Oberfläche des Elektrodenmetalls als Kathode, sich ändert, und daß diese Änderung rückgängig gemacht werden kann durch eine Beanspruchung als Anode. Diese Änderungen verlaufen in dem Sinn, daß bei der kathodischen Beanspruchung

Herrn Dipl. Physiker ALFRED KÜLLMER danke ich auch hier für seine Hilfe bei der Durchführung dieser Arbeit.

[1] H. M. MOTT-SMITH und J. LANGMUIR, Phys. Rev. 28, 727. 1926.

[2] Literatur bei E. BUCHMANN, Zs. f. techn. Phys. 15, 180, 1934; E. REICHRUDEL und S. SPIWAK, Ann. Phys. 17, 65, 1933.

[3] R. SEELIGER und W. BARTHOLOMEYCZYK, Ann. Phys. 1, 241, 1947.

der Kathodenfall abnimmt, bei der anodischen Beanspruchung wieder zunimmt, und konnten nur gedeutet werden als Änderungen der Elektronenemissivität der Metalloberfläche selbst. Es lag nun nahe, analoge Versuche an einer gegen das Raumpotential negativen bzw. positiven Sonde durchzuführen und auch hier nach diesen Oberflächeneffekten zu suchen. Wenn die Abnahme des normalen Kathodenfalls bedingt ist durch eine Vergrößerung der Elektronenemissivität, müßte ihr an einer Sonde eine Zunahme des Sondenstromes entsprechen und umgekehrt. Unsere diesbezüglichen Messungen sind noch nicht abgeschlossen und werden mit verfeinerten Versuchsanordnungen fortgeführt, haben aber immerhin schon zu einigen Ergebnissen geführt, die eine vorläufige Mitteilung rechtfertigen dürften.

1. Die Messungen wurden vorgenommen an Kugelsonden, und zwar an zwei Stahlkugeln von 1,94 mm Radius und an einer Goldkugel von 1,71 mm Radius, deren dünnen Stiele durch einen Glasüberzug gegen die Entladung geschützt waren. Sie befanden sich in der positiven Säule in 5–10 cm Abstand von der Anode. Die Entladungsrohre hatten einen Durchmesser von 6 cm, die Anode bestand aus einem Becher aus vakuumgeschmolzenem Elektrolyteisen, die Kathode war als Glühkathode mit Wolframwendel ausgebildet. Die Entladungsstromstärken lagen zwischen 5 und 100 mA, die Größenordnung der Sondenströme bei $1 \ldots 10 \times 10^{-2}$ mA, die Fülldrucke zwischen 1 und 3 Torr. Als Gase standen uns reines Neon und Helium in ausreichenden Mengen zur Verfügung. Die Füllung und Formierung der Rohre erfolgte unter den bekannten Vorsichtsmaßregeln, wobei allerdings auf eine Wirbelstromentgasung der Elektroden und der Sonden im Hochvakuum verzichtet werden mußte, da die dazu erforderliche Apparatur noch nicht betriebsfertig war. Deshalb ist der Reinheitsgrad der Füllung wohl etwas geringer anzusetzen als bei den Messungen von SEELIGER und BARTHOLOMEYCZYK, obwohl auch bei langen Meßreihen das Gas visuell vollkommen spektralrein blieb und alle Meßwerte befriedigend reproduziert werden konnten. Die Sondencharakteristiken wurden in der üblichen Schaltung aufgenommen. Zur Spannungsmessung diente ein statisches Multizellularvoltmeter, für die Strommessungen stand uns ein selbstschreibendes Galvanometer zur Verfügung, welches automatisch alle 10 Sek. die Stromstärke aufzeichnete; bei der großen Zahl von Einzelmessungen ermöglichte dies eine erhebliche Zeitersparnis. Aufgenommen wurden stets nur die negativen Zweige der Charakteristiken, die zwischen etwa −20 und −200 V gegen die Anode lagen. Aus dem gesamten umfangreichen Beobachtungsmaterial geben wir im folgenden nur,

was hier von unmittelbarem Interesse ist und insbesondere an graphischen Darstellungen nur jeweils typische Beispiele.

2. Die Charakteristiken waren in der Regel schwach gekrümmt und zwar stets konvex gegen die Spannungsachse. Wir fanden aber auch einerseits vollkommen geradlinige Kurven, worauf wir noch zurückkommen werden. Die Fig. 1 gibt ein Beispiel für eine der Formen mit extremer Krümmung. Es zeigte sich aber schon bei den ersten Messungen und bestätigte sich dann weiterhin in vielfach variierten Versuchen, daß man unter gewissen, an sich durchaus definierten Versuchsbedingungen eine Charakteristik bei unmittelbar wiederholter Durchmessung nicht reproduzierbar erhalten kann. Beginnt man mit kleiner negativer Sondenspannung, durchläuft den ganzen Zweig – wozu etwa

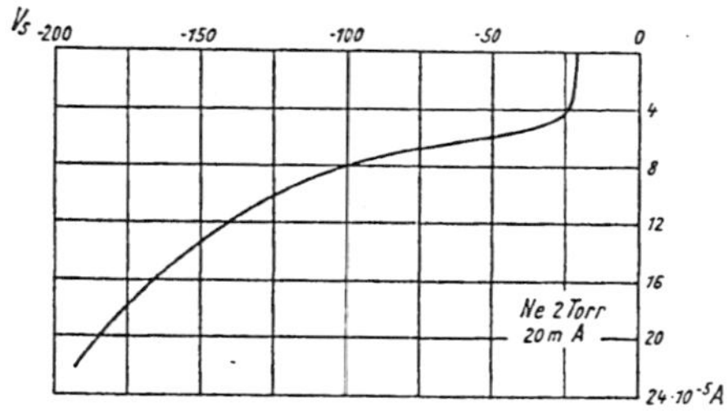

Fig. 1

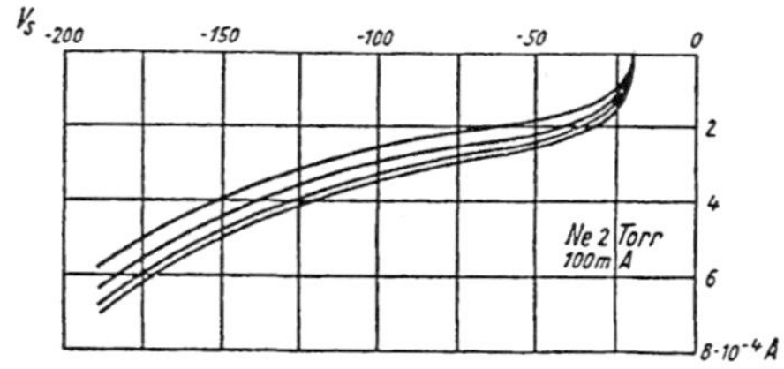

Fig. 2

10 Min. erforderlich sind, wenn man die Sondenspannung von Meßpunkt zu Meßpunkt jeweils um 10 V ändert – und mißt sofort anschließend dann wieder rückwärts, so erhält man eine Art Hysteresisschleife, wobei der absteigende erstere Zweig über dem ansteigenden letzteren liegt. Mißt man die Charakteristik durch, beginnend wieder bei kleiner Sondenspannung und endigend z. B. bei einer Sondenspannung von — 180 V, und wiederholt nun diese Messung mehrmals unmittelbar hintereinander, so erhält man eine Schar von Kurven, deren jede etwas unterhalb der vorhergehenden liegt, bis eine konstante Endlage erreicht ist. Fig. 2 zeigt dies an einem Beispiel; insgesamt dauerte die Aufnahme der ganzen Kurvenschar hier rund 45 Min., die sich ungefähr gleichmäßig auf die vier Kurven verteilen. Alle diese Versuche zeigen bereits, daß der Sondenstrom offenbar mit der Versuchsdauer spontan zunimmt (im Fall von Fig. 2 immerhin um etwa 20%). Dieser doch recht auffallende Effekt, der nicht etwa auf irgendwelche Änderungen der äußeren Versuchsbedingungen zurückzuführen ist, kann natürlich auch für die Brauchbarkeit der ganzen

Sondenmethode an sich von Bedeutung sein, findet sich jedoch unseres Wissens noch nirgends erwähnt.

Zur Aufklärung des Sachverhalts führen nun Versuche folgender Art: Mißt man bei konstanter Sondenspannung fortlaufend den Sondenstrom, so zeigt sich, daß er spontan erst schneller, dann langsamer zu einem Endwert ansteigend zunimmt. Wie Fig. 3 zeigt, erfolgt der Stromanstieg (er sei weiterhin kurz als Stromeffekt bezeichnet) bei Sondenstromstärken von der Größenordnung 10^{-2} mA in Zeiten von der Größenordnung 10 Min. Die gesamte Stromänderung hängt ab von der Sondenspannung und damit auch von der Sondenstromstärke und nimmt mit diesen ab. So fanden wir z. B. für die Sondenspannungen -170 V, -160 V und -150 V Änderungen von 0,75 bzw. 0,37 bzw. 0,25

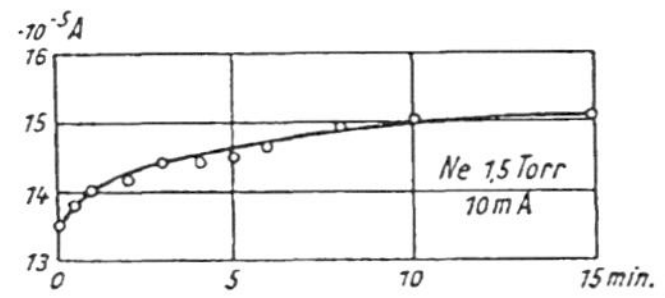

Fig. 3

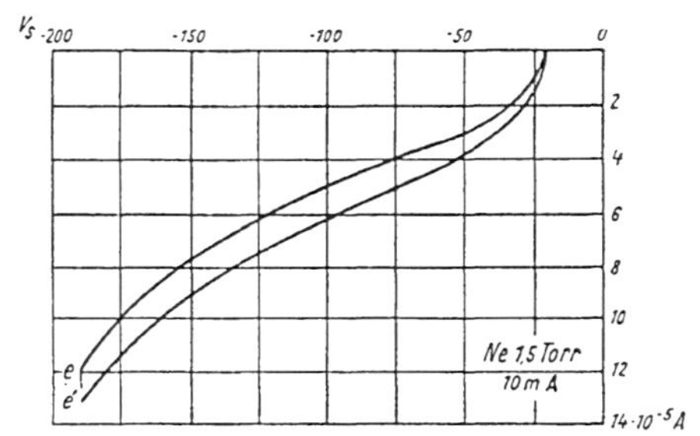

Fig. 4

$\times 10^{-2}$ mA; unterhalb von 150 V Sondenspannung konnten wir den Effekt nicht mehr mit Sicherheit feststellen. Nimmt man nun demgemäß eine Chateristik beginnend mit kleinen Spannungen auf, wartet dann im Endpunkt einige Minuten und mißt hierauf rückwärts die Charakteristik wieder durch, so verschiebt sich während der Wartezeit der Meßpunkt von *e* nach *é* (Fig. 4) und die zweite Charakteristik liegt, ausgehend von *é*, unter der ersten. Wie schon erwähnt, handelt es sich hier offenbar um einen Effekt ganz derselben Art wie der von SEELIGER und BARTHOLOMEYCZYK untersuchte[1]. Deshalb ist es nicht überraschend, daß sich auch die Sonde durch eine anodische Beanspruchung regenerieren läßt. Polt man sie als Anode, so wandert der Meßpunkt von *é* nach *e* zurück, und zwar in Zeiten von ebenfalls der Größenordnung 10 Min., und es

[1] Der Stromanstieg erfolgte damals allerdings größenordnungsmäßig langsamer als bei den vorliegenden Versuchen. Es dürfte dies damit zusammenhängen, daß die Anstiegsgeschwindigkeit sich als stark druckabhängig erwiesen hat und wir jetzt bei wesentlich kleineren Drucken gearbeitet haben als früher.

wird dann bei Verkleinerung der Spannung auch wieder die Anfangscharakteristik rückwärts durchlaufen.

3. Alle bisher beschriebenen Versuche bezogen sich auf die reinen Edelgase. Hinsichtlich der Wirkung einer Zumischung anderer Gase muß man unterscheiden die auf den Stromeffekt und die auf die Krümmung der Charakteristik, die zwar in mancher Beziehung miteinander verkoppelt, andererseits aber in gewissem Umfang unabhängig voneinander sind. Bezeichnen wir durch + und −, ob der Stromeffekt bzw. die Charakteristikenkrümmung vorhanden sind oder nicht, so sind an sich die folgenden Kombinationen denkbar

	A	B	C	D
Stromeffekt	+	−	−	+
Krümmung	+	−	+	−

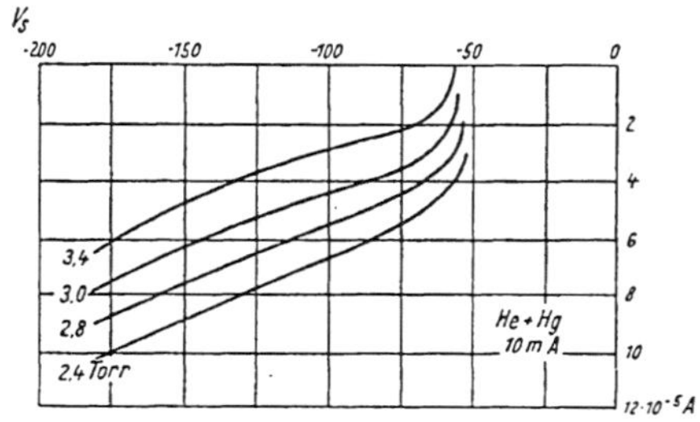

Fig. 5a

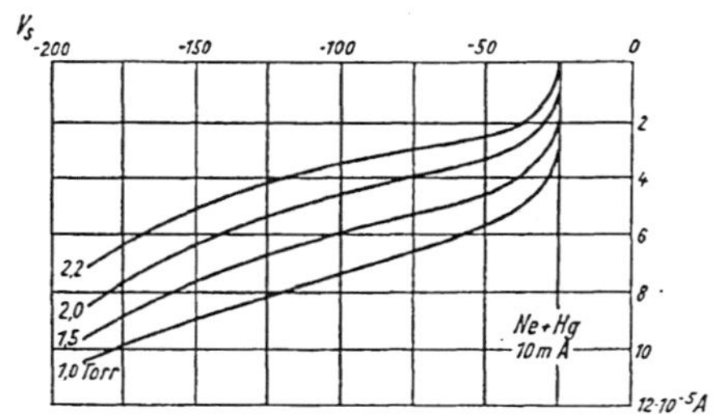

Fig. 5b

Fall A liegt vor in den reinen Gasen. Fall B und C konnten wir realisieren durch Zumischung von Hg-Dampf von geeignetem rel. Partialdruck. Fall D konnte überhaupt nicht beobachtet werden. Die Sachlage im einzelnen ist dabei die folgende: Mischten wir zu He oder Ne bei den von uns benutzten Fülldrucken von 1—3 Torr Hg in einer solchen Menge zu, daß der Säulenscheitel eben einen blauen Saum zeigt, so ist ein merklicher Stromeffekt nicht mehr festzustellen. Ob dabei auch die Krümmung verschwindet, hängt jedoch ab vom Edelgasfülldruck; sie verschwindet in He bei Fülldrucken unterhalb von etwa 3 Torr, in Neon unterhalb von etwa 1 Torr, wie dies die Fig. 5 zeigt. (Die Kurven sind um je 10^{-2} mA gegeneinander versetzt.) Wir erhalten also Fall A n reinen Gasen, Fall B in Edelgas + Hg bei nicht zu großem Fülldruck und Fall C in Edelgas + Hg bei größerem Fülldruck. Obwohl diese Versuche natürlich noch verfeinert und ergänzt werden müssen, scheinen sie uns doch bereits wesentliche Hinweise für das Verständnis des ganzen, zur Diskussion stehenden Erscheinungskomplexes zu geben.

Noch keine befriedigende Klärung der Sachlage konnten wir erzielen hinsichtlich des Einflusses des Sondenmetalls und seiner Oberflächenbeschaffenheit. Es ist bekanntlich schwierig, wirklich definierte Oberflächen zu erhalten, und unser Beobachtungsmaterial ist noch nicht hinreichend, um sicher Folgerungen ziehen zu können. Das Sondenmetall (Eisen und Gold) selbst scheint von geringerem Einfluß zu sein als die Oberflächenbeschaffenheit. Auf Einzelheiten einzugehen, würde noch verfrüht sein, aber eines der hierher gehörenden Ergebnisse sei im Hinblick auf das Folgende erwähnt. In Ne + Hg und He + Hg fanden wir, und zwar sowohl im Fall B wie im Fall C, eine starke Abhängigkeit des Sondenstromes davon, ob z. B. die Goldsonde blank oder mit einer Amalgamschicht überzogen war. Die Fig. 6 zeigt dies für einen Fülldruck von 1 Torr, wo also (Fall B) weder der Stromeffekt noch die Krümmung vorhanden war. Wie man sieht, handelt es sich hier um sehr erhebliche Unterschiede zwischen den Sondenströmen, die bis zu 30% gehen können.

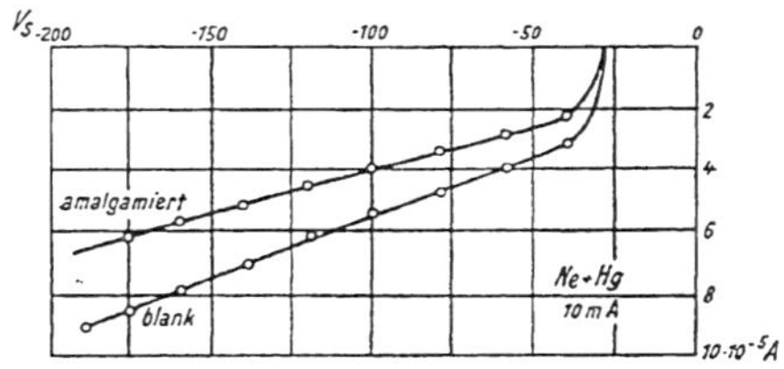

Fig. 6

4. Zur Deutung der bisher zur Verfügung stehenden Beobachtungsergebnisse lassen sich vorläufig nur einige Vermutungen äußern. Wir gehen davon aus, daß als primärer Effekt die Auslösung von Sekundärelektronen aus der Sondenoberfläche anzusehen ist. SPIWAK und REICHRUDEL l. c. haben nun zeigen oder zumindest sehr wahrscheinlich machen können, daß dabei unter den vorliegenden Versuchsbedingungen (metastabile Anregungsspannungen von He und Ne 19,8 und 16,5 eV; Austrittsarbeit von Eisen und Gold höchstens etwa 5 eV) die Hauptrolle die Metastabilen spielen. Demgemäß müßten der Stromeffekt und die Krümmung verschwinden, wenn Metastabile nicht mehr in merklichen Mengen vorhanden sind, und so ließe sich also wenigstens grundsätzlich die beobachtete Wirkung einer Zumischung von Hg verständlich machen: Bei SPIWAK und REICHRUDEL wurde die Vernichtung der Metastabilen bewirkt durch Bestrahlung, bei uns durch die Stöße zweiter Art gegen die Fremdgasteilchen[1]. Nehmen wir nun noch hinzu, daß eine Krümmung der Charakteristiken verursacht wird durch eine Erzeugung von Trägern an oder vor der Sondenoberfläche, so würde Fall A und B und das Fehlen von Fall D verständlich werden,

[1] Vgl. dazu z.B. R. FRERICHS, Ann. Phys. 85, 362, 1928; K. SIEBERTZ ebda. 27, 421, 1936; DE GROOT und F. M. PENNING, Hdb. d. Phys. XXIII, 1 S. 173ff.

offenbar aber nicht Fall C und ferner nicht, warum Fall B beschränkt ist auf nicht zu große Fülldrucke. Diese beiden Lücken können jedoch geschlossen werden durch die Annahme einer Trägererzeugung in der die Sonde umgebenden Raumladungsschicht, weil deren Dicke, gemessen in Trägerweglängen, druckabhängig ist, und zwar gerade im richtigen Sinn. Man könnte so in der Tat die experimentellen Befunde erklären; aber ob diese Erklärung wirklich bündig ist, ist letzten Endes eine quantitative Angelegenheit, und um sie überzeugend überprüfen zu können, sind nicht nur weitere Messungen (z. B. über die Raumladungsschichtdicken), sondern auch der bisher noch fehlende Ausbau der Sondentheorie notwendig. Hingewiesen sei jedoch noch darauf, daß man ferner nachprüfen müßte, ob man nicht mit der üblichen Theorie des Kathodenfalls (Elektronenauslösung durch Ionenstoß) quantitativ in Kollision kommt, und vor allem darauf, daß der in Fig. 6 beschriebene Befund unverständlich bleibt. Wir hatten es dabei mit Fall B zu tun, und es wäre ohne Zusatzannahme nicht zu verstehen, wie hier überhaupt ein Einfluß der Oberflächenbeschaffenheit der Sonde zustande kommen könnte.

Über den Stromeffekt an sich, d. h. warum die Elektronenemissivität durch eine kathodische Beanspruchung vergrößert wird, ist aus Überlegungen der eben skizzierten Art natürlich noch nichts zu entnehmen. Man wird zunächst an die Bildung einer Adsorptionsschicht auf der Sondenoberfläche denken, wobei Verunreinigungen (Wasserstoff!) des Füllgases durch die Entladung z. B. als Ionen an die Oberfläche transportiert werden. Mit der Größenordnung 10^{14} Adatome/cm^2 läßt sich diese Möglichkeit hier und bei den früheren Versuchen von SEELIGER und BARTHOLOMEYCZYK mit Sicherheit nicht ausschließen, da nach einer Überschlagsrechnung dazu immerhin nur etwa 0,01 % Verunreinigung zur Verfügung stehen müßte. Die Regeneration durch eine anodische Beanspruchung läßt sich dann verstehen durch eine Zerstörung der Adsorptionsschicht durch die aufprallenden Elektronen[1], wozu noch (Anzeichen dafür sind vorhanden) ein spontanes Abdampfen kommen kann. Im Rahmen dieser Anschauung ließe sich auch die Seite 41 Anm. 1 erwähnte Druckabhängigkeit der Anstiegsgeschwindigkeit des Sondenstromes verstehen, weil die Verunreinigungsteilchen erst aus dem ganzen Rohrvolumen durch Diffusion in die Umgebung der Sonde herangeführt werden müssen. Andererseits könnte auch eine Beladung

[1] In anderem Zusammenhang hat kürzlich auch K. SOMMERMEYER, Zs. f. Naturkunde 4a, 440, 1950 auf diese Möglichkeit hingewiesen.

der obersten Metallschichten mit den Edelgasen selbst[1] eine Rolle spielen. Eine Verfeinerung der Versuchsmethodik nach dem Muster der bekannten Arbeiten von PENNING ist in Vorbereitung.

Greifswald, im April 1950

INSTITUT FÜR GASENTLADUNGSPHYSIK DER DEUTSCHEN
AKADEMIE DER WISSENSCHAFTEN ZU BERLIN, GREIFSWALD

[1] Zusammenfassender Bericht über unsere diesbezüglichen Untersuchungen bei R. SEELIGER: Die Naturwissenschaften 30, 462, 1942.

HANS ERTEL

EIN THEOREM ÜBER ASYNCHRON-PERIODISCHE WIRBELBEWEGUNGEN KOMPRESSIBLER FLÜSSIGKEITEN

I. Bezeichnungen und Definitionen

Wir benutzen im folgenden die LAGRANGEsche Form der hydrodynamischen Bewegungsgleichungen idealer Flüssigkeiten [Lit. (1)]

$$
(1)\qquad \left\{\begin{aligned}
\frac{\partial^2 x}{\partial t^2}\frac{\partial x}{\partial a}+\frac{\partial^2 y}{\partial t^2}\frac{\partial y}{\partial a}+\frac{\partial^2 z}{\partial t^2}\frac{\partial z}{\partial a}&=-\frac{\partial}{\partial a}\left(\Phi+\int\frac{dp}{\varrho}\right),\\
\frac{\partial^2 x}{\partial t^2}\frac{\partial x}{\partial b}+\frac{\partial^2 y}{\partial t^2}\frac{\partial y}{\partial b}+\frac{\partial^2 z}{\partial t^2}\frac{\partial z}{\partial b}&=-\frac{\partial}{\partial b}\left(\Phi+\int\frac{dp}{\varrho}\right),\\
\frac{\partial^2 x}{\partial t^2}\frac{\partial x}{\partial c}+\frac{\partial^2 y}{\partial t^2}\frac{\partial y}{\partial c}+\frac{\partial^2 z}{\partial t^2}\frac{\partial z}{\partial c}&=-\frac{\partial}{\partial c}\left(\Phi+\int\frac{dp}{\varrho}\right),
\end{aligned}\right.
$$

welche zusammen mit der Kontinuitätsgleichung

$$
(2)\qquad \frac{\partial}{\partial t}\left(\varrho\frac{\partial(x,y,z)}{\partial(a,b,c)}\right)=0
$$

und einer Piezotropierelation [Lit. (2)]

$$
(3)\qquad \varrho=\varrho(p)
$$

fünf Gleichungen zur Bestimmung der drei Positionskoordinaten $x=x(a,b,c,t)$, $y=y(a,b,c,t)$, $z=z(a,b,c,t)$ der Flüssigkeitspartikel, des Drucks p und der Dichte ϱ als Funktionen der Anfangskoordinaten zur Zeit $t=0$ (Numerierungskoordinaten a, b, c) und der Zeit t darstellen. Für inkompressible Flüssigkeiten nimmt (3) die spezielle Form $\varrho=\text{const}$ an und im System (1) ist dann $\int\frac{dp}{\varrho}=\frac{p}{\varrho}$ zu setzen. Die äußere Kraft möge das Potential Φ besitzen, hingegen soll ein Geschwindigkeitspotential nicht existieren (Wirbelbewegung).

Die Wirbelbewegung sei stationär und von der Art, daß die einzelnen Flüssigkeitspartikel geschlossene Bahnen (Trajektorien) durchlaufen, welche wegen der vorausgesetzten Stationarität mit den Stromlinien zusammenfallen. Ist die Umlaufsperiode τ für alle Partikel die gleiche, so liegt eine synchron-periodische

Wirbelbewegung vor, für welche z. B. das Strömungsfeld innerhalb eines ortsfesten Wirbelfadens mit gleichförmiger Rotationsgeschwindigkeit und endlichem Querschnitt ein einfaches Modell darstellt [Lit. (3)]. Wenn hingegen die Umlaufsperiode τ nicht für alle Partikel übereinstimmt und somit als eine Funktion der die Partikel individuell charakterisierenden Numerierungskoordinaten dargestellt werden kann:

$$\tau = \tau(a, b, c)\,, \tag{4}$$

so ist die Wirbelbewegung *asynchron-periodisch,* indem zwar diejenigen Partikel, welche Stromlinien der gleichen Energiefläche angehören, hinsichtlich ihrer Umlaufsperiode übereinstimmen, während jedoch die Partikel der Stromlinien verschiedener Energieflächen verschiedene Umlaufszeiten aufweisen können. Einfache Modelle zweidimensionaler Art solcher asynchron-periodischer Wirbelbewegungen lassen sich für inkompressible Flüssigkeiten beispielsweise (in der EULERschen Bezeichnungsweise der Hydrodynamik) durch Stromfunktionen $\psi = \psi(r)$ (mit $r = \sqrt{x^2 + y^2}$) darstellen, welche der Differentialgleichung [Lit. (4)]

$$\left(\frac{\partial^2}{\partial x^2} + \frac{\partial^2}{\partial y^2}\right)\psi = \frac{1}{r}\frac{d}{dr}\left(r\frac{d\psi}{dr}\right) = F(\psi) + \text{const} \tag{5}$$

genügen und achsialsymmetrische Wirbel beschreiben. Die Stromlinien sind konzentrische Kreise um den Punkt $r = 0$ und werden mit verschiedenen Umlaufzeiten $\tau = \tau(r)$ durchlaufen, wenn die frei verfügbare Funktion $F(\psi)$ von Null verschieden angenommen wird. Hinsichtlich des nachstehend abzuleitenden Theorems sei jedoch gleich hier bemerkt, daß dessen Geltung nicht auf zweidimensionale Wirbelfelder beschränkt bzw. nicht an die Existenz einer Stromfunktion gebunden ist.

II. Ableitung des Theorems

Wir integrieren das System (1) über eine volle Umlaufsperiode $\tau = \tau(a,b,c)$, d. h. von $t = 0$ bis $t = \tau$ und erhalten die linken Seiten dabei partiell integrierend (WEBERsche Transformation [Lit. (5–7)]):

$$\left\{\begin{aligned}
&\left(v_x\frac{\partial x}{\partial a} + v_y\frac{\partial y}{\partial a} + v_z\frac{\partial z}{\partial a}\right)_\tau - v_x^0 = \int_0^\tau \frac{\partial L}{\partial a}\,dt,\\
&\left(v_x\frac{\partial x}{\partial b} + v_y\frac{\partial y}{\partial b} + v_z\frac{\partial z}{\partial b}\right)_\tau - v_y^0 = \int_0^\tau \frac{\partial L}{\partial b}\,dt,\\
&\left(v_x\frac{\partial x}{\partial c} + v_y\frac{\partial y}{\partial c} + v_z\frac{\partial z}{\partial c}\right)_\tau - v_z^0 = \int_0^\tau \frac{\partial L}{\partial c}\,dt,
\end{aligned}\right. \tag{6}$$

worin

(7) $$L = \frac{v^2}{2} - \left(\Phi + \int \frac{dp}{\varrho}\right)$$

die LAGRANGEsche Funktion bedeutet (Differenz der kinetischen Energie $\frac{1}{2}v^2 = \frac{1}{2}(v_x^2 + v_y^2 + v_z^2)$ und der potentiellen Energie einschließlich der Druckenergie $\left(\Phi + \int \frac{dp}{\varrho}\right)$, sämtlich auf die Masseneinheit bezogen) und

(8) $$v_x = \frac{\partial x}{\partial t}, \quad v_y = \frac{\partial y}{\partial t}, \quad v_z = \frac{\partial z}{\partial t}$$

die Geschwindigkeitskomponenten, speziell v_x°, v_y°, v_z° die Geschwindigkeitskomponenten zur Zeit $t = 0$ darstellen.

Nun ist

(9) $$\begin{cases} \dfrac{\partial x(a,b,c,\tau)}{\partial a} = \left(\dfrac{\partial x(a,b,c,t)}{\partial a}\right)_\tau + \left(\dfrac{\partial x}{\partial t}\right)_\tau \cdot \dfrac{\partial \tau}{\partial a}, \\ \dfrac{\partial y(a,b,c,\tau)}{\partial a} = \left(\dfrac{\partial y(a,c,c,t)}{\partial a}\right)_\tau + \left(\dfrac{\partial y}{\partial t}\right)_\tau \cdot \dfrac{\partial \tau}{\partial a}, \\ \dfrac{\partial z(a,b,c,\tau)}{\partial a} = \left(\dfrac{\partial z(a,b,c,t)}{\partial a}\right)_\tau + \left(\dfrac{\partial z}{\partial t}\right)_\tau \cdot \dfrac{\partial \tau}{\partial a}, \end{cases}$$

mit entsprechenden Beziehungen für die Ableitungen nach b und c, ferner muß

(10) $$x\,(a,b,c,\tau) = a, \quad y\,(a,b,c,\tau) = b, \quad z\,(a,b,c,\tau) = c$$

gelten, da die Ortskoordinaten $x\,(a,b,c,t)$, $y\,(a,b,c,t)$, $z\,(a,b,c,t)$ einer Partikel (a,b,c) zur Zeit $t = \tau$ wieder mit den Anfangskoordinaten übereinstimmen müssen. Dann folgt aus (9):

(11) $$\begin{cases} \left(\dfrac{\partial x}{\partial a}\right)_\tau = 1 - (v_x)_\tau \dfrac{\partial \tau}{\partial a}, \\ \left(\dfrac{\partial y}{\partial a}\right)_\tau = 0 - (v_y)_\tau \dfrac{\partial \tau}{\partial a}, \\ \left(\dfrac{\partial z}{\partial a}\right)_\tau = 0 - (v_z)_\tau \dfrac{\partial \tau}{\partial a}, \end{cases}$$

und damit aus (6):

(12) $$\begin{cases} (v_x)_\tau - (v^2)_\tau \dfrac{\partial \tau}{\partial a} - v_x^\circ = \displaystyle\int_0^\tau \dfrac{\partial L}{\partial a}\,dt, \\ (v_y)_\tau - (v^2)_\tau \dfrac{\partial \tau}{\partial b} - v_y^\circ = \displaystyle\int_\tau^\tau \dfrac{\partial L}{\partial b}\,dt, \\ (v_z)_\tau - (v^2)_\tau \dfrac{\partial \tau}{\partial c} - v_z^\circ = \displaystyle\int_0^\tau \dfrac{\partial L}{\partial c}\,dt, \end{cases}$$

Da aber weiterhin auch die Gleichungen

$$(13) \qquad (v_x)_\tau = v_x^\circ, \quad (v_y)_\tau = v_y^\circ, \quad (v_z)_\tau = v_z^\circ$$

gelten müssen, indem im stationären Fall jede einzelne Partikel nach der Zeit τ an ihren Ausgangsort (a,b,c) mit der dortigen Ausgangsgeschwindigkeit zurückkehrt, reduziert sich das System (12) auf

$$(14) \qquad \begin{cases} (v^2)_\tau \dfrac{\partial \tau}{\partial a} = -\displaystyle\int_0^\tau \dfrac{\partial L}{\partial a}\, dt = -\dfrac{\partial}{\partial a}\displaystyle\int_0^\tau L\, dt + L_\tau \dfrac{\partial \tau}{\partial a}, \\ (v^2)_\tau \dfrac{\partial \tau}{\partial b} = -\displaystyle\int_0^\tau \dfrac{\partial L}{\partial b}\, dt = -\dfrac{\partial}{\partial b}\displaystyle\int_0^\tau L\, dt + L_\tau \dfrac{\partial \tau}{\partial b}, \\ (v^2)_\tau \dfrac{\partial \tau}{\partial c} = -\displaystyle\int_0^\tau \dfrac{\partial L}{\partial c}\, dt = -\dfrac{\partial}{\partial c}\displaystyle\int_0^\tau L\, dt + L_\tau \dfrac{\partial \tau}{\partial c}, \end{cases}$$

worin L_τ den Wert der LAGRANGEschen Funktion für $t = \tau$ bedeutet. Da ferner

$$(15) \qquad (v^2)_\tau - L_\tau = \left(\frac{v^2}{2} + \Phi + \int \frac{dp}{\varrho}\right)_\tau = H\,(a, b, c)$$

die für jede Partikel individuell konstante (d. h. zeitunabhängige) Gesamtenergie H darstellt, indem aus den hydrodynamischen Bewegungsgleichungen (1) für stationäre Felder der Energieerhaltungssatz

$$(16) \qquad \frac{\partial}{\partial t}\left(\frac{v^2}{2} + \Phi + \int \frac{dp}{\varrho}\right) = 0$$

folgt ($\frac{\partial}{\partial t}$ ist in LAGRANGEscher Symbolik kein „lokaler", sondern ein „individueller" Operator), nimmt das System (14) die Form

$$(17) \qquad \begin{cases} H \cdot \dfrac{\partial \tau}{\partial a} + \dfrac{\partial}{\partial a}\displaystyle\int_0^\tau L\, dt = 0, \\ H \cdot \dfrac{\partial \tau}{\partial b} + \dfrac{\partial}{\partial b}\displaystyle\int_0^\tau L\, dt = 0, \\ H \cdot \dfrac{\partial \tau}{\partial c} + \dfrac{\partial}{\partial c}\displaystyle\int_0^\tau L\, dt = 0 \end{cases}$$

an und kann mit dem eine „geometrische" (d. h. eine rein räumliche) Differentiation bedeutenden Symbol

$$d = da\frac{\partial}{\partial a} + db\frac{\partial}{\partial b} + dc\frac{\partial}{\partial c}$$

(LAGRANGEsche Variablen a, b, c) bzw.

$$d = dx\frac{\partial}{\partial x} + dy\frac{\partial}{\partial y} + dz\frac{\partial}{\partial z}$$

(EULERsche Variablen x, y, z) in

$$H\,d\tau + dW = 0 \tag{18}$$

zusammengezogen werden (da, db, dc bzw. dx, dy, dz frei wählbar), worin

$$W = \int_0^\tau L\,dt \tag{19}$$

die HAMILTONsche Wirkungsfunktion bedeutet, deren Verwendung in der Hydrodynamik auch in anderer Hinsicht weitere Perspektiven zu eröffnen scheint, wie neuere Arbeiten andeuten [Lit. (8)].

Führt man die „verkürzte Wirkungsfunktion" [Lit. (9)]

$$S = W + H \cdot \tau \tag{20}$$

ein, so resultiert aus (18):

$$dS - \tau \cdot dH = 0\,. \tag{21}$$

Diese Gleichung stellt in der Form

$$\boxed{\tau = \frac{dS}{dH}} \tag{22}$$

die hydrodynamische Erweiterung eines in Beziehung zur HAMILTON-JACOBIschen *Theorie stehenden Satzes der Punktdynamik* [Lit. (10)] *durch das Hinzutreten der Druckenergie* $\int \frac{dp}{\varrho}$ *zur Summe der kinetischen und potentiellen Energie* $\frac{v^2}{2} + \Phi$ *in der Gesamtenergie* H *dar und bildet den Inhalt des hiermit abgeleiteten hydrodynamischen Theorems.* Dasselbe ist, wie nachstehend noch gezeigt wird, auch einer zirkulationsdynamischen Interpretation fähig.

III. Zirkulationsdynamische Interpretation des Theorems

Wenn $\overset{*}{K}$ eine raumfeste geschlossene Kurve im Strömungsfeld bedeutet und $d\overset{*}{s}$ ein Linienelement derselben, so ist durch

$$\overset{*}{\Gamma} = \oint v \cos(v, d\overset{*}{s})\, d\overset{*}{s} \tag{23}$$

die „Zirkulation längs $\overset{*}{K}$" erklärt. Läßt man im stationären Strömungsfeld $\overset{*}{K}$

mit einer geschlossenen Stromlinie K zusammenfallen, deren Linienelement dann $ds = vdt$ ist, so soll

$$\Gamma = \oint v\,ds = \int_0^\tau v^2\,dt \tag{24}$$

als „aktuelle Zirkulation längs K“ zum Unterschied von der „kinematischen Zirkulation längs $\overset{*}{K}$“ bezeichnet werden. Nun ist

$$S = \int_0^\tau L\,dt + H\cdot\tau = \int_0^\tau (L + H)\,dt = \int_0^\tau v^2\,dt, \tag{26}$$

d. h. nach (24):

$$S = \Gamma. \tag{27}$$

Somit läßt sich die Gleichung (22)

$$\boxed{\tau = \frac{d\Gamma}{dH}} \tag{28}$$

schreiben und folgendermaßen erläutern:

Man wähle einen raumfesten Punkt P in einem stationären Wirbelfeld mit geschlossenen Stromlinien, und es sei K die durch P verlaufende Stromlinie, längs welcher die Gesamtenergie der Flüssigkeit (pro Masseneinheit) H konstant ist, da K auf einer Energiefläche $H =$ const liegt. Durch einen anderen Punkt P_1, nicht notwendig in infinitesimaler Umgebung von P, aber auf einer anderen Energiefläche $H_1 =$ const gelegen, verlaufe die geschlossene Stromlinie K_1. Die aktuelle Zirkulation sei Γ für K und Γ_1 für K_1. Dann liefert der Grenzwert

$$\lim_{H_1 \to H} \left(\frac{\Gamma_1 - \Gamma}{H_1 - H}\right)$$

die Umlaufszeit der Flüssigkeitspartikel auf der geschlossenen Stromlinie K, wozu bemerkt sei, daß nur die Energiefläche H_1 gegen die Energiefläche H konvergieren soll, der Punkt P_1 aber nicht gegen den Punkt P zu konvergieren braucht. Es müssen mit anderen Worten durch diesen Kovergenzprozeß $H_1 \to H$ die beiden Stromlinien K_1 und K in eine infinitesimale *energetische* Nachbarschaft gebracht werden, ohne daß es notwendig ist, auch eine infinitesimale *räumliche* Nachbarschaft der Stromlinien K_1 und K zu fordern.

LITERATUR

1. H. LAMB, Hydrodynamics. Sixth Edition Cambridge 1932. S. 12–15.

2. V. BJERKNES, Physikalische Hydrodynamik. Berlin 1933. S. 84.

3. M. PLANCK, Einführung in die Mechanik deformierbarer Körper. 3. Aufl. Leipzig 1931. S. 177.

4. A. S. RAMSEY, A Treatise on Hydromechanics. Part II. London 1947. S. 249.

5. H. LAMB, a. a. O., S. 14.

6. RIEMANN-WEBER, Die partiellen Differentialgleichungen der math. Physik. 6. Aufl. Braunschweig 1919. 2. Bd., S. 419.

7. L. LICHTENSTEIN, Grundlagen der Hydromechanik. Berlin 1929. S. 405–409.

8. H. ERTEL und C.-G. ROSSBY, Ein neuer Erhaltungssatz der Hydrodynamik. Sitz.-Ber. Dt. Akad. d. Wiss. Berlin 1949, Nr. I. – A new Conservation-Theorem of Hydrodynamics. Geofisica pura e applicata, Vol. XIV. Mailand 1949. S. 189–193.

9. G. JOOS, Lehrbuch der Theoretischen Physik. 6. Aufl. Leipzig 1945. S. 111.

10. G. JOOS, a. a. O., S. 113.

JULIUS BARTELS

ZUR MORPHOLOGIE GEOPHYSIKALISCHER ZEITFUNKTIONEN

NEUE MITTEILUNG

---

1. *Einleitung.* Wie die erste Mitteilung[1], die 1935 von Hrn. VON FICKER der Akademie vorgelegt wurde, bezweckt auch diese „die Entwicklung von Verfahren zur Beschreibung und Untersuchung typischer Eigenschaften der Funktionen, die durch die zeitlichen Veränderungen vieler kosmischer, geophysikalischer und meteorologischer Erscheinungen gegeben werden". Von einer 1943 in der Akademie vorgetragenen Arbeit „Gesetz und Zufall in der Geophysik[2]" sind nur die allgemeinen Bemerkungen und Beispiele veröffentlicht worden; einige Relationen zwischen dem in (1) und (2) definierten Parameter der „äquivalenten Wiederholungszahl" mit den Koeffizienten der Autokorrelation sind inzwischen an anderer Stelle kurz wiedergegeben[3] und bei Untersuchungen über die 27tägige Wiederholungsneigung benutzt worden[5]. Damals[2] wie heute soll die Ansicht vertreten werden, daß man die Überfülle der möglichen statistischen Betrachtungsweisen dadurch einschränken sollte, daß man von jeder neuen Methode, vor ihrer allgemeinen Einführung, mindestens ein sinnvolles Ergebnis verlangen müßte, das mit älteren Methoden nicht (oder nicht so gut) erzielt worden wäre. Dementsprechend führt auch im folgenden der Weg meistens von der Anwendung auf bestimmte Beispiele zum Modell und zur Verallgemeinerung. Während in den zitierten Arbeiten der geophysikalische Aspekt des Einzelfalls im Vordergrund steht, sollen hier die allgemeinen methodischen Gesichtspunkte hervorgehoben und in die Arbeitsrichtung der ersten Mitteilung eingeordnet werden. Die Beschränkung auf eigene Arbeiten des Verfassers ist durch den verfügbaren Raum bedingt; eine allgemeine Monographie ist geplant.

2. *Synchronisierung und Schüttelversuch.* Die Synchronisierung („method of superposed epochs"[4]) ist ein statistisches Experiment[2] mit dem Zweck, durch Überlagerung vieler Fälle einfache charakteristische Vorgänge herauszupräparieren. Wenn wir (wie in § 1 der ersten Mitteilung) die Funktionen durch Werte in gleichen Zeitabständen Δt gegeben denken, durch Ordinaten y_n ($n = 1, \ldots, N$), so kann man die Synchronisierung folgendermaßen beschreiben:

a) Aus den N Beobachtungszeiten werden k Epochen $n_1, n_2, \ldots, n_\varkappa, \ldots n_k$ ausgewählt.

b) Für jede ausgewählte Epoche $n_\varkappa$ wird eine Zeile ausgeschrieben mit $(2s+1)$ aufeinanderfolgenden Werten $y_n = y(\varkappa, \sigma)$ für die Zeiten $n = n_\varkappa + \sigma$ ($\sigma = -s, -s+1, \ldots, -1, 0, +1, \ldots, s-1, s$). Dadurch entsteht eine Synchronisierungsmatrix mit $(2s+1)$ Spalten und k Zeilen.

c) Die $(2s+1)$ Durchschnitte $Y(\sigma)$ über die Spalten werden gebildet; diese „Durchschnittszeile" ist das wesentliche Ergebnis des Experimentes.

Das Auswahlprinzip der Epochen kann verschieden sein, z. B. Auswahl der höchsten und tiefsten Werte der untersuchten Funktion oder einer anderen Funktion, Zeiten schneller Änderungen, äquidistante Zeiten (Periodensuche, wobei die Matrix als BUYS-BALLOTsches Schema bezeichnet wird) usw.

Wenn man die Zeilenlänge genügend lang wählt, werden mit einem solchen Experiment zugleich alle Synchronisierungen erledigt, bei denen sich alle Epochen um dieselbe feste Zeitdifferenz $f \cdot \Delta t$ unterscheiden (also mit den Epochen $n_\varkappa + f$).

Dieses Schema umfaßt viele Rechnungen, die in der Geophysik üblich sind, und bei denen die Epochen nach den Ständen der Sonne oder des Mondes ausgewählt werden; insbesondere die Ableitung aller sonnen- und mondentägigen Gänge, der jährlichen und monatlichen Gänge. Hierher gehören auch die Versuche, Wirkungen des Sonnenfleckenzyklus nachzuweisen, oder auch der Sonnenrotation, wie in den klassischen Arbeiten von CHREE und STAGG[4], die 1941–44 mit größerem Material weitergeführt worden sind[5]. Neuere Anwendungen sind Nachweise 27tägiger quasi-persistanter Perioden in der Amplitude des solaren täglichen Ganges im Erdmagnetismus[6] und in der Elektronenkonzentration der F_2-Schicht über Huancayo[7].

In statistischer Hinsicht läßt sich die Zuverlässigkeit (significance) der Durchschnittszeilen mit Hilfe der Streuung innerhalb der Zeilen beurteilen, wie in § 3–8 der ersten Mitteilung beschrieben. In der englisch-amerikanischen Literatur sind solche Methoden in der Streuungsanalyse (Analysis of variance) eingehend behandelt worden[8].

Diese Verfahren haben sich bewährt. Erfahrungsgemäß ist jedoch ihre überzeugende Kraft für Nichtstatistiker gering. Sie bedürfen deshalb einer unmittelbar anschaulichen Ergänzung. Diese wurde im *Schüttelversuch*[9] gefunden, der sozusagen den statistischen Hintergrund der Synchronisierungsergebnisse experimentell herstellt. Er besteht darin, daß jede der einzelnen Zeilen der Synchronisierungsmatrix um zufällige Anzahlen $a_\varkappa$ von Zeiteinheiten nach links oder rechts verschoben wird. Dabei entstehen die Anzahlen $a_\varkappa$ durch Zufallsstichproben (Ziehen mit Zurücklegen) aus einem zweckmäßig gewählten Wertevorrat; in der Wahl der $a_\varkappa$-Verteilung liegt die Anpassungsfähigkeit und Variationsmöglichkeit der Methode des Schüttelversuches. Durch diese Verschiebungen (das „Schütteln") entsteht eine neue Matrix, die am linken oder rechten Rande „ausgefranst" ist, so daß einige Spalten am linken und rechten Rand Lücken haben. Die Durchschnittszeile der vollständigen Spalten ist ein statistischer Hintergrund für die exakte Synchronisierung.

Da sich im allgemeinen sehr viele wesentlich verschiedene Systeme von Verschiebungen $a_\varkappa(\varkappa = 1, = \ldots k)$ verwenden lassen, kann man ebenso viele verschiedene statistische Hintergründe berechnen. Diese sind mit der Durchschnittszeile zu vergleichen, die sich bei der „exakten" Synchronisierung ergab ($a_\varkappa = 0$), z. B. mit Hilfe der mittleren Abweichungen vom Zeilendurchschnitt, mit chi-Quadrat, oder auch in bezug auf sonstige charakteristische Züge.

In den Punktwolken der Periodenuhren für die Einzelzeilen (1, §§ 3–6) werden die Verschiebungen als Phasendrehungen abgebildet.

3. *Die Beurteilung der sogenannten Singularitäten im Jahresgang der Witterung.* Diese Methode des Schüttelversuchs hat sich bewährt – sozusagen als „Demonstrationsversuch", als Ergänzung zur mathematisch-statistischen Betrachtungsweise – bei der Beurteilung der von A. SCHMAUSS untersuchten „Singularitäten im Jahresgang der Witterung", die in der deutschen Meteorologie vielfach als reell angesehen worden waren. Die Anwendung von Verschiebungen war hierbei äquivalent der Einführung „fiktiver Kalender". In der zitierten Arbeit[9] ist darüber hinaus untersucht worden, wie man beurteilen kann, ob Mittelwerte über mehrere Tage (Kalender-Pentaden, -Dekaden, -Monate usw.) im jährlichen Gang, im Durchschnitt über viele Jahre, bedeutsame Unterschiede erkennen lassen.

Die Ergebnisse der Anwendung von Schüttelversuchen auf den jährlichen Gang der Häufigkeit von Großwetterlagen[9] läßt Zweifel auch bezüglich gewisser Singularitäten berechtigt erscheinen, die jetzt noch als reell angesehen werden (FR. BAUR[10]; FLOHN und HESS[11]):

Meine Bedenken gegen den BAURschen statistischen Beweis für die Existenz einiger überzufälliger Häufigkeitsgipfel im Jahresgang der europäischen Großwetterlagen[10a] beziehen sich darauf, daß BAUR von der Häufigkeit p_0 im Jahresdurchschnitt ausgeht. Wenn also z. B. für Westlagen, in der 63 jährigen Reihe

1881–1943, für einige Gruppen von Kalendertagen nachgewiesen wird, daß die Häufigkeit überzufällig ist, so bedeutet das zunächst weiter nichts, als daß es unzulässig ist, die Grundhäufigkeit im ganzen Kalenderjahr als konstant ($p_0 = 0{,}18$) anzusehen. Tatsächlich ist ja schon die mittlere Häufigkeit in den ganzen Monaten Juli und August ($p = 0{,}24$) sicherlich überzufällig; man kann also mit voller Berechtigung sagen, daß im langjährigen Durchschnitt in diesen beiden Monaten die Westlagen häufiger sind als im Durchschnitt über das ganze Jahr. Wenn man nun aber – darüber hinaus – beurteilen will, ob noch einige spezielle Gruppen von Kalendertagen im Juli und August durch überzufällige Häufigkeit der Westlagen ausgezeichnet sind, so erscheint es sinnvoller, nicht von p_0, sondern von dem hohen Hochsommerniveau $p = 0{,}24$ auszugehen; in bezug auf $p = 0{,}24$ ist aber die beobachtete Häufigkeit 0,32, wie sie sich für einzelne Kalendertage im Durchschnitt für 63 Jahre ergibt, durchaus nicht mehr überzufällig! Die empirisch gefundene Häufigkeit an diesen einzelnen Tagen unterscheidet sich also nicht bedeutsam vom Niveau aller Tage der Monate Juli und August. Es erscheint deshalb nicht gerechtfertigt, diesen Tagen „echte“ Singularitäten zuzuordnen, wie dies BAUR[10] (S. 376) tut. Zu demselben Schluß, daß die Konzentration der Häufigkeitsgipfel auf wenige Tage nicht bedeutsam ist, zwingt auch das Ergebnis der Schüttelversuche[9] (S. 119).

Als ein Beispiel für das Auftreten zufälliger Zacken im Jahresgang sei genannt die Kurve der täglichen Häufigkeit des Innsbrucker Föhns im Durschschnitt der 42 Jahre 1906–1947, die EKHART[18] mitteilt und – mit berechtigter Reserve gegenüber den Singularitäten – diskutiert: Mitten im allgemeinen Frühjahrsmaximum der Föhnhäufigkeit liegen dicht beieinander die beiden Tage mit dem häufigsten Auftreten von Föhn (30. April: 16 mal Föhn, 26 mal kein Föhn) und mit dem seltensten Auftreten (11. Mai, nur ein Föhntag).

Bei dieser Gelegenheit[9] (S. 125) waren auch die Methoden der ersten Mitteilung benutzt worden, um eine Behauptung FLOHNS[12] zu untersuchen, daß im jährlichen Luftdruckgang hohe harmonische Oberschwingungen vorhanden seien, womit dann die Realität der Singularitäten und ihrer Wellenstruktur bewiesen werden sollte. Das negative Ergebnis (das auch von FLOHN[13] bestätigt worden ist) läßt auch Zweifel berechtigt erscheinen gegenüber einigen (von FLOHN[12] zitierten) Ergebnissen von GÖTZ[14], der im jährlichen Gang des Ozongehaltes über Arosa, sowie im jährlichen Gang der internationalen erdmagnetischen Charakterzahlen, reelle Singularitäten zu finden glaubte. Inzwischen habe ich[15] den jährlichen Gang der internationalen Charakterzahlen C aus 66 Jahren (1884 bis 1949) berechnet und mit Hilfe von Schüttelversuchen geprüft; das Ergebnis läßt – außer der halbjährigen sinusförmigen Welle der erdmagnetischen Aktivität, mit den Höchstwerten im März und September – keinerlei bevorzugte Kalenderdaten erkennen. Jedoch zeigt auch der Gang der 365 täglichen mittleren *C* im Durchschnitt von 66 Jahren – als interessantes, aber nicht unerwartetes Ergebnis – noch deutliche Anzeichen jener 27tägigen Wiederholungsneigungen, die sich, durch mehr oder weniger zufällige Überlagerungen der quasipersistenten 27tägigen Sequenzen in den Einzeljahren, auch im durchschnittlichen Jahresgang ergeben müssen.

4. *Zur Erzeugung von Kurven, die meteorologischen Zeitfunktionen morphologisch ähnlich sind, durch Ausgleichung von Zufallszahlen.* F. BAUR hat durch einen lehrreichen Urnenversuch[10] eine künstliche Modellmenge für verkettete Ereignisse hergestellt, die dieselben Eigenschaften zeigt wie die SCHMAUSSschen Singularitätenkurven; einer Sammlung von Zufallszahlen[16] hatte ich einige Zahlenreihen und Kurven beigegeben, die durch Ausgleichung von zufälligen Ziffern entstanden waren und die ganz den Eindruck eines Barogramms machen; und schließlich hat G. POGADE[17] durch einfache Ausgleichung von Zufallszahlen Kurven erzeugt, deren Ähnlichkeit mit den „Singularitäten"-Kurven nicht zu verkennen ist. Man könnte auf diesem Wege, durch Ausarbeitung verschiedener Vorschriften, eine Sammlung von Kurven mit verschiedenen morphologischen Eigenschaften erzeugen. An Stelle der zeitraubenden Ziehungen aus Urnen mit verschiedenen Mischungsverhältnissen kann man dabei bequemer Sammlungen von Tabellen von Zufallszahlen mit verschiedenen Häufigkeiten der Ziffern verwenden, die leicht aus vorhandenen Tabellen[16] hergestellt werden können; die Erhaltungsneigung wird dadurch hineingebracht, daß man die Wahl der nächsten Tabelle vom Ergebnis der letzten vorangehenden Ziehung (oder mehrerer Ziehungen) abhängig macht.

Die physikalische Bedeutung des Vergleichs solcher mechanisch erzeugten Kurven mit beobachteten geophysikalischen Zeitfunktionen darf man nicht überschätzen. Man braucht nur an die formale Kraft der harmonischen Analyse bei der Darstellung beliebiger empirischer Funktionen zu erinnern: genau so wie man jede solche Funktion durch Überlagerung von Sinuswellen erzeugen kann, so beweisen die beschriebenen Versuche nur, daß diese rein formale Erzeugung in einer Klasse von Fällen auch von Zufallsreihen mit Erhaltungsneigung ausgehen kann. Über die physikalische Natur der so dargestellten Kurve ist damit ebensowenig gesagt wie bei der harmonischen Analyse.

Es erscheint deshalb fraglich, ob man die mittleren Jahresgänge meteorologischer Elemente und die darin vermuteten Singularitäten nur deshalb anzweifeln sollte, weil man ähnliche Kurven durch einfache Manipulationen mit Zufallsziffern erhalten kann. Denn damit würde man zuviel anzweifeln: womöglich ein Barogramm skeptisch betrachten, nur weil man Luftdruckgänge ebenfalls durch Zufallszahlen imitieren kann.

So interessante Einblicke in die morphologische Struktur geophysikalischer Zeitfunktionen durch solche Konstruktionen auch gegeben werden – zur Beurteilung der Synchronisierungsergebnisse erscheinen sie jedenfalls wenig geeignet. Hier helfen nur die statistischen Prüfungsverfahren zusammen mit dem anschaulichen Hilfsmittel des Schüttelversuches.

5. *Invarianz morphologischer Eigenschaften bei Synchronisierungsversuchen.* Die suggestive Wirkung der Kurven für durchschnittliche Jahresgänge meteorologischer Größen, die zu dem hartnäckigen Glauben an die Realität der Singularitäten geführt hat, liegt darin, daß diese Kurven „vernünftig“ aussehen: Eine aus 30 Jahren berechnete durchschnittliche Jahreskurve der 365 (über je drei Tage ausgeglichenen) Tagesmittel des Luftdruckes für eine mitteleuropäische Station – übliche Grundlage für Singularitätensuche – macht in der Tat einen recht ähnlichen Eindruck wie Kurven von Dreitagesmitteln des Luftdruckes für ein *einzelnes* Jahr. Die Ordinaten der Durschschnittskurve über 30 Jahre sind zwar im Verhältnis $1/\sqrt{30}$ gegenüber den Ordinaten für Einzeljahre geschrumpft; bis auf diese Maßstabsänderung bleiben aber so viele morphologische Eigenschaften der Einzeljahreskurven in den Durchschnittskurven erhalten, daß man die Einzel- und Durchschnittskurven kaum voneinander unterscheiden kann. (Der Luftdruck wurde hier gewählt, weil sein systematischer jährlicher Gang, wie er z. B. in Monatsmitteln sich ausdrückt, in Mitteleuropa schwach ist; bei der Lufttemperatur würde selbstverständlich der Gegensatz zwischen Sommer und Winter, als Ausdruck einer persistenten Welle, in den Durchschnittskurven ebenso stark sein wie in den Einzeljahren, und die Schrumpfung, von der wir sprechen, würde sich nur auf die überlagerten kleineren Wellen von kürzeren Perioden beziehen.)

Dieses Beispiel führt zu der Frage: Gibt es Funktionen $y(\varkappa, \sigma)$, die bei Durchschnittsbildung $[y(1, \sigma) + y(2, \sigma) + \ldots + y(k, \sigma)]/k$ solche Durchschnittszeilen $Y(\sigma)$ ergeben, daß $Y(\sigma) \cdot k^{1/2}$ eine Funktion vom Typus $y(\varkappa, \sigma)$ ist? Anschaulich ausgedrückt: Gibt es Kurven y, die bei Durchschnittsbildung über k Einzelkurven (im Sinne der Synchronisierung) Durchschnittskurven Y ergeben, deren

Schwankungen zwar im Verhältnis $1 : k^{1/2}$ kleiner sind, die aber sonst ebenso aussehen wie die Einzelkurven?

Für diskrete Werte $y(\varkappa, \sigma)$ läßt sich leicht ein Modell finden: die $y(\varkappa, \sigma)$ seien zufällige Stichproben aus einer einzigen normalen (GAUSSschen) Verteilung mit der mittleren Abweichung μ. Dieses Modell kann auch leicht darauf verallgemeinert werden, daß die zugrunde liegenden normalen Verteilungen in jeder Zeile eine andere mittlere Abweichung $\mu_\varkappa$ haben. Auf jeden Fall bilden dann die Durchschnittswerte $Y(\sigma)$ wieder eine normale Verteilung, und die zufällige Anordnung bleibt erhalten. Kontinuierliche Modellfunktionen (stetig in σ) ergeben sich daraus z. B. durch gradlinige Verbindung der Ordinaten $y(\varkappa, \sigma)$, oder fortlaufende Interpolation, überhaupt durch Verwendung linearer Kombinationen der $y(\varkappa, \sigma)$, weil diese sich bei der Durchschnittsbildung auf die Y übertragen. Man kann diese Vertauschbarkeit – der Interpolation in den Zeilen mit der Durchschnittsbildung in den Spalten (evtl. mit ungleichen Gewichten $g_\varkappa$) – zu vielen Modellen für solche „morphologisch invarianten“ Funktionen verwenden.

Auch die Modelle von BAUR[10], POGADE[17] und BARTELS[16] gehören zu diesen Klassen von Funktionen. Selbstverständlich gilt die Invarianz nur, wenn die überlagerten Epochen $n_\varkappa$ rein zufällig gewählt werden, also nicht etwa mit Rücksicht auf die Werte der y_n selbst. Denn wenn man z. B. etwa hohe Werte der Einzelkurven auswählt und in die Mitte der Synchronisierungsmatrix legt, erhält man in der Durchschnittszeile in der Mitte einen überzufällig hohen Wert, und die Durchschnittszeile verliert mit wachsender Anzahl k der Zeilen die Ähnlichkeit mit den Einzelkurven. Solche Überlagerung ausgewählter Epochen der Einzelzeilen gibt freilich – bei empirischen Funktionen – Durchschnittszeilen, an denen man die morphologischen Eigenschaften der Einzelkurven in bezug auf das ausgewählte Ereignis besonders gut studieren kann; zur Beurteilung des statistischen Hintergrundes sind solche Rechnungen deshalb auch bei den Modellfunktionen von Wert.[6,26]

6. *Morphologische Invarianz und Harmonische Analyse.* Da die harmonische Analyse eine lineare Operation ist, gelten die Betrachtungen des vorigen Abschnittes auch für diese. Die einzelnen Schritte lassen sich mit Hilfe der verallgemeinerten Periodenuhr (I, § 6) veranschaulichen; die Sinuswellen der verschiedenen Frequenzen überlagern sich dabei unabhängig voneinander. Solche Betrachtungen werden in der Akustik und Hochfrequenztechnik viel verwendet, wobei dort vor allem die mittleren Amplitudenquadrate (Intensitäten) be-

trachtet werden. Für die *Gestalt* der Kurven sind aber natürlich außerdem Phasenbindungen zwischen den Wellen der verschiedenen Frequenzen von ausschlaggebender Bedeutung; besonders anschaulich sind die Beispiele aus der Gezeitenlehre von W. HORN (im Lehrbuch der Navigation, Bd. 1, Bremen 1943). Falls systematische Phasenbindungen in den Einzelzeilen bestehen, ist im allgemeinen, bei Überlagerung zufällig gewählter Epochen, keine morphologische Invarianz bei Durchschnittsbildung zu erwarten.

Als geophysikalisches Beispiel mögen ferner die Barogramme für eine Station in höheren Breiten dienen. Der systematisch verschiedene Druckverlauf beim Vorübergang von Hoch- und Tiefdruckgebieten ist bekannt: Die Minima sind spitz, die Maxima dagegen flache Bögen. Diese „Arkadenform" der Barogramme bleibt aber bei Synchronisierung mit zufälligen Epochen (also auch z. B. bei den durchschnittlichen Jahreskurven für 30 Jahre) nicht erhalten; denn die Phasenwinkel der konstituierenden Sinuswellen mit hohen Frequenzen, deren Koinzidenzen die spitzen Minima der Einzelkurven ergeben, ändern sich bei jeder Verlagerung des Anfangspunktes um Beträge, die den Frequenzen proportional sind, so daß bei zufälliger Überlagerung, bei nicht zu kleinen Verschiebungen, die Phasenbindung der Einzelkurven verlorengeht.

Wenn man dagegen die Epochen der Maxima oder Minima der Einzelkurven auswählt und systematisch überlagert, kommen die morphologischen Eigenschaften dieser Epochen in der Durchschnittskurve um so klarer heraus, je größer die Anzahl k der überlagerten Einzelkurven ist. Dies bewährte sich schon 1922 in folgendem (damals unveröffentlichten) Fall: SIMPSON[29] (Vol. I, S. 245) hatte aus antarktischen Beobachtungen gefolgert, daß die Druckänderungen an den Stationen Cape Evans und Framheim nicht durch wandernde Zyklonen und Antizyklonen bedingt würden, sondern durch wirkliche Druckwellen, die vom antarktischen Kontinent nach außen wanderten. Bei Überlagerung der von SIMPSON angegebenen Maxima und Minima zeigt der Synchronisierungsversuch jedoch, daß die Maxima flach, die Minima spitz sind, genau so wie an Stationen, bei denen wandernde Tief- und Hochdruckgebiete das Barogramm beherrschen.

H. GIESEKUS[20] hat Funktionen untersucht, die aus statistisch verteilten Elementarfunktionen aufgebaut sind; er untersucht dabei mit Hilfe des FOURIER-Integrals die Beziehungen zwischen Periodogramm und Autokorrelation, ähnlich wie in 1, § 11. Für die geophysikalische Anwendung ist es von Interesse zu betrachten, wie die dort abgeleiteten Grenzwerte schon bei kleinen Anzahlen angenähert werden. Folgender Modellversuch gab darüber Aufschluß: Die Elementarfunktionen waren kongruente rechteckige Dreiecke in zufälligen Abständen aneinandergereiht. Praktisch wurden die Einzelkurven so hergestellt, daß die Ordinatenfolgen 123456789 durch jeweils z Nullen voneinander getrennt wurden, wobei z aus einer Zufallstafel[16] mit gleichförmiger Verteilung der Ziffern 0 bis 9 ausgewählt wurde. Diese extremen „Sägezahnkurven" ergeben schon bei Überlagerung von $k=10$ Einzelkurven solche Durchschnittskurven, denen man durch bloßen Anblick ihre Entstehung nicht mehr ansehen kann; immerhin läßt sich durch genauere Analyse dieser Durchschnittskurven (Überlagerung ihrer Maxima und Minima) nachweisen, daß sie noch die typische Eigenschaft der Einzelkurven (langsamer Anstieg, steiler Abfall) in abgeschwächter Form zeigen, außerdem eine mittlere „Wiederkehrneigung" der Extreme. Bei Überlagerungen von $k=40$ oder 160 Einzelkurven werden die Durchschnittskurven immer weniger asymmetrisch, die Phasenbindungen verlieren sich, nur ihr Spektrum (Periodogramm) behält dieselbe Abhängigkeit der Amplituden von den Frequenzen wie bei der Einzelkurve.

7. *Fortlaufende Summation oder Differenzenbildung.* Bei n-mal wiederholter Integration (oder Differentiation) einer FOURIER-Reihe werden die Amplituden durch die n-ten Potenzen der Frequenzen dividiert (oder mit ihnen multipliziert). Durch fortlaufende – evtl. mehrfach wiederholte oder mit Gewichten arbeitende – Summenbildung, oder durch Glättung, kann man deshalb die längeren Wellen einer Kurve hervorheben, während andererseits Differentiation die hohen Frequenzen heraushebt. Durch LABROUSTE[21, 22] sind diese Verfahren verallgemeinert worden.

In der Meteorologie sind diese Methoden z. B. von WILHELM SCHMIDT[23] empfohlen worden, ferner von WAHL[24] betrachtet und von MOESE[25] zum Nachweis der vieldiskutierten Klimawende um 1900 verwendet worden.

Die suggestive Wirkung solcher Summenkurven beruht auf ihrem glatten Verlauf, der auf säkulare Schwankungen[25] zu deuten scheint. Kritische Betrachtung mahnt jedoch zur Vorsicht, und in zwei Arten von statistischen Demonstrationsversuchen wurden diese Bedenken veranschaulicht:

Zunächst wurde von der bekannten Tatsache ausgegangen, daß zwar das mittlere Periodogramm von Zufallszahlen[16] unabhängig von der Periodenlänge ist, daß aber bei n-facher Integration oder Differentiation ein mittleres Periodogramm entsteht, bei dem die mittlere Amplitude proportional der $(-n)$ten oder $(+n)$ten Potenz der Frequenz ist. Dazu wurden 30 Beispiele gerechnet, bei denen jeweils Reihen von je 36 Zufallszahlen (Ziffern 0 bis 9 in Stichproben aus Gleichverteilung), in Abweichungen vom Mittelwert ausgedrückt, fortlaufend addiert wurden: dabei ergaben sich durchweg regelmäßige Kurven, für die auch eine allgemeine Theorie ausgearbeitet und bestätigt werden konnte. Man bezeichnet die Addition zufälliger Vektoren als „Irrfahrt“ oder „Random walk“; analog könnte man hier, weil die Irrfahrt wieder zum Ausgangspunkt zurückführt, von einer „Odysseusfahrt“ sprechen.

Noch handgreiflicher ist folgende Gruppe von Versuchen: Die Jahresmittel der Temperatur in Berlin für die einzelnen Jahre 1851–1930, in Abweichungen vom 80jährigen Mittel, geben bei fortlaufender Addition eine recht glatte parabelförmige Schwingung, deren Minimum bei 1895 liegt; ganz ähnlich sieht die analoge Summenkurve für Dresden aus, wie bei der Korrelation der Temperaturabweichungen für so nahe Stationen zu erwarten ist. Wenn man nun die Jahre irgendwie zufällig permutiert und dann die Summenkurven der permutierten Abweichungen bildet, erhält man schon unter vier willkürlich gewählten Permutationen eine, bei der die Summenkurve noch regelmäßiger aussieht als bei der zeitlich exakten Anordnung! Nicht ganz so überzeugend ist der Versuch einer Permutation der HELLMANN-KNOCHschen Reihe[27] der Kältesummen für die Berliner Winter 1766/67 bis 1947/48. Aber auch in diesem Fall hebt sich die exakte Summenkurve nicht besonders stark vom Hintergrund der permutierten Summenkurven ab; insbesondere zeigen diese, daß markante Einzelheiten in den Summenkurven, für die man bei der exakten Kurve physikalische Ursachen vermuten würde, auch bei den permutierten Summenkurven vorkommen.

Solche Permutationsversuche geben den statistischen Hintergrund im Sinne der Hypothese, daß die einzelnen Jahreswerte zufällige Stichproben aus einer fest gegebenen Häufigkeitsverteilung wären. Wenn also die exakte chronologische Anordnung keine Summenkurve ergibt, die systematisch von den zufällig „permutierten“ Summenkurven abweicht, so kann man wohl die exakte Kurve nicht als Beweis dafür ansehen, daß die Grundwahrscheinlichkeit sich im Laufe der Jahre geändert hätte.

8. *Berechnung lunarer Gezeitenwirkungen.* Die Kenntnis der morphologischen Eigenschaften geophysikalischer Zeitfunktionen ist von Wert bei der zweckmäßigen Berechnung mondentägiger Gänge. Über diese Fragen ist ausführlich an anderer Stelle[28] berichtet, wo auch ein Prinzip der besten Ausnutzung des Beobachtungsmaterials (efficient sampling) in der geophysikalischen Statistik angedeutet worden ist. Bezüglich der Diskussion, die S. CHAPMAN[29] dieser Arbeit[28] gewidmet hat, ist zu bemerken, daß sich neuerdings, insbesondere bei den lunaren Ionosphärenwirkungen[30], die Vorzüge der „fixed-hour-method“

(Berechnung halbmonatlicher Wellen für feste Sonnenstunden) stärker gezeigt haben.

Bei den lunaren Druck- und Temperaturwellen in Batavia scheint sich zu zeigen, daß die halbmonatlichen Wellen für die Nachtstunden weniger stark streuen als für die Tagesstunden, weil in diesen der Einfluß der verschiedenen Bewölkung stärker ist als nachts. Die fixed-hour-method bewährte sich auch beim Nachweis der merkwürdigen lunaren Welle in der Deklination in Kapstadt-Hermanus[31], die, im Gegensatz zu den erdmagnetischen Gezeiten in Huancayo H, die größten lunaren Amplituden nicht mittags, sondern am Vormittag zeigt.

Zur Zeit läuft ein Versuch, die CHAPMANsche Beschränkung auf barometrisch ruhige Tage bei der Berechnung der lunaren Luftdruckgezeiten an außertropischen Stationen dadurch zu verbessern, daß die barometrische Unruhe jedes Tages nach den Amplituden der 24- und 8 stündigen Wellen beurteilt wird.

Die Variabilität der lunaren erdmagnetischen Gezeiten ist von O. SCHNEIDER[32] an den Punktwolken in Periodenuhren untersucht worden, mit ausführlich behandelten Modellen und Beispielen.

9. *Erdmagnetische Aktivität.* Als Beispiel für statistische Methoden sei hier noch die Standardisierung durch Rangvergleich erwähnt, die den erdmagnetischen dreistündlichen Kennziffern (magnetic three-hour-range indices) zugrunde liegt[33], einschließlich der planetarischen Kennziffern Kp. Als Ergebnis langjähriger Beobachtungsreihen hat sich herausgestellt, daß es nicht zweckmäßig ist, die erdmagnetische Aktivität längerer Zeitabschnitte (z. B. Monate) durch eine einzige Zahl auszudrücken. Ein guter Testfall für derartige Maßzahlen ist der Monat April 1930. Es scheint, als ob Häufigkeitsangaben der verschiedenen Kennziffern am besten sind; das u-Maß (oder eine naheliegende Verbesserung, durch genauere Berechnung der Tagesmittel von H im magnetischen Äquator) kann darüber hinaus Aufschluß über die Schwankungen der Ringstromstärke geben.

Zusammenfassung. Es werden typische Untersuchungsmethoden für geophysikalische Zeitfunktionen an natürlichen Beispielen und mathematischen Modellen diskutiert, und zwar: Synchronisierung und Schüttelversuch am Beispiel der sogenannten Singularitäten in der Witterung; die Invarianz morphologischer Eigenschaften bei Synchronisierungsversuchen; die Beurteilung der Ergebnisse fortlaufender Summation oder Differentiation; statistische Gesichtspunkte bei der Berechnung lunarer Gezeitenwirkungen und bei der Messung der erdmagnetischen Aktivität.

LITERATUR

[1] J. BARTELS, Sitz.-Ber. Preuß. Akad. Wiss. Berlin, Phys.-Math. Kl., 1935, 504–522.

[2] J. BARTELS, „Gesetz und Zufall in der Geophysik", Naturwissenschaften 31, 421–435 (1943); vgl. auch Ann. d. Hydrographie (Hamburg) 71, 104–114 (1943).

[3] J. BARTELS, „Mathematische Statistik in der Geophysik". In „Naturforschung und Medizin in Deutschland 1939–1946", Band 7, Angew. Mathematik, Teil V, herausgeg. von A. WALTHER, S. 92f. Dieterich, Wiesbaden 1948.

[4] S. CHAPMAN und J. BARTELS, „Geomagnetism", Kapitel 16. Oxford Univ. Press 1940.

[5] J. BARTELS, „Erdmagnetische Wirkung solarer Partikelstrahlung". In „Naturforschung und Medizin in Deutschland 1939–1946", Band 17, Geophysik 1, S. 49f. Dieterich, Wiesbaden 1948.

[6] J. BARTELS, „Geomagnetic Data on Variations of Solar Radiation". Terr. Magn. 51, 181–242 (1946).

[7] J. BARTELS, „27-days variations in fF2 at Huancayo". Journ. Atm. Terr. Physics 1 (1950), im Druck.

[8] a) M. G. KENDALL, „The advanced theory of statistics". Vol. 2. London 1946;
b) R. A. FISHER, „Statistical methods for research workers." 10th ed., Edinburgh 1946;
c) H. CRAMÉR, Mathematical methods of statistics. Princeton 1946.

[9] J. BARTELS, „Anschauliches über den statistischen Hintergrund der sogenannten Singularitäten im Jahresgang der Witterung". Ann. d. Meteorologie (Hamburg) 1, 106–127 (1948). Vgl. dazu A. SCHMAUSS, „Der Kampf um die Singularitäten", Ann. d. Meteorologie 1, 232–234 (1948).

[10] F. BAUR, a) „Zur Frage der Echtheit der sogenannten Singularitäten...", Ann. d. Meteorologie (Hamburg) 1, 372–378 (1948);
b) „Die Erscheinungen des Großwetters" in: HANN-SÜRING, „Lehrb. d. Meteorologie", 5. Aufl., 903 bis 976. Leipzig 1949.

[11] H. FLOHN und P. HESS, „Großwetter-Singularitäten im jährlichen Witterungsverlauf Mitteleuropas". Meteorol. Rundschau 2, 258–263 (1949).

[12] H. FLOHN, „Die Wellenstruktur der Singularitäten im Witterungsablauf". Naturwiss. 34, 249f. (1948).

[13] H. FLOHN, Diskussionsbemerkung zu (9), Ann. d. Meteorologie (Hamburg) 1, 252f. (1948).

[14] F. W. P. GÖTZ, „Périodicités dans les phénomènes de la haute atmosphère" in: „Les relations entre les phénomènes solaires et géophysiques" (Extraits des Colloques de Lyon), Éditions de la Revue d'Optique, Paris, 287–292 (1948).

[15] J. BARTELS, „Der jährliche Gang der erdmagnetischen Charakterzahlen 1884–1949" (1950, unveröffentlicht).

[16] J. BARTELS, „Zufallszahlen für statistische Versuche", Ann. der Meteorologie 1, 209–216 (1948).

[17] G. POGADE, „Meteorologische Perioden und Perioden von Zufallszahlen" (Vortrag Bad Kissingen. Okt. 1949, im Druck).

[18] E. EKHART, „Zum Innsbrucker Föhn", Meteorol. Rundschau 2, 276–280 (1949).

[19] G. C. SIMPSON, „Brit. Antarctic Expedition 1910–1913, Meteorology, Vol. I (Discussion). Calcutta 1919; Vol. II (Maps), Calcutta 1919; Vol. III (Tables), London 1923.

[20] H. GIESEKUS, „Morphologisch-homogene Funktionen..." Z. f. angew. Math. Mech. (1950, im Druck).

[21] K. STUMPFF, „Periodenforschung", 332 S. J. Springer, Berlin 1937.

[22] H. LABROUSTE, „Superposition de sinusoides..." 88 pp. Évreux, Impr. Henri Dévé, 1930; ... et Mme LABROUSTE, Terr. Magn. 41, 15–28, 105–126 (1936).

[23] WILHELM SCHMIDT, „Nachweis von Perioden langer Dauer". Meteorol. Z. 28, 401–407 (1911); 30, 392–394 (1913).

[24] E. WAHL, „Die Differenz- -und Summenfunktion von Beobachtungsreihen". Meteorol. Z. 60, 295–303 (1943).

[25] O. MOESE, „Säkulare Schwankungen der Kontinentalität und Zirkulation über Mitteleuropa". (Titel in: Ann. d. Meteorol. 1, 346, 1948).

[26] J. BARTELS, „Statistisch-meteorologische Betrachtungen". Vortrag im Meteorologischen Amt für Nordwestdeutschland, Hamburg, Okt. 1948 (ungedruckt).

[27] K. KNOCH, „Über die Strenge der Winter..." Meteorol. Rdsch. 1, 137–140 (1947).

[28] J. BARTELS und H. F. JOHNSTON, „Geomagnetic Tides in H at Huancayo". Terr. Magn. 45, 269–308, 485–512 (1940).

[29] S. CHAPMAN, „Notes on the lunar geomagnetic tide. I – Its mathematical and graphical representation, and their significance". Terr. Magn. 47, 279–294 (1942).

[30] J. BARTELS, „Ebbe und Flut in der Ionosphäre". Vortrag Tagung Met. Gesellsch. Bad Kissingen, Okt. 1949. (Im Druck.)

[31] J. BARTELS, „L(D) in Hermanus" (1949, unveröffentlicht).

[32] O. SCHNEIDER, „The variability of lunar magnetic variation". Terr. Magn. 46, 283–300 (1941).

[33] Int. Assoc. Terr. Magn. Electr. (in the Int. Union Geodesy Geophysics), Bull. No. 12 B, H. H. HOWE. E. WEISMAN and J. BARTELS, „Geomagnetic Indices, K and C, 1948". Washington 1949. – Vgl. auch BARTELS und VELDKAMP, Journ. Geophys. Research 54, 295–299 (1949).

ERICH THILO

ÜBER DIE FARBE DES RUBINS *

INHALTSANGABE

I. Einleitung und Historisches

Die meisten Edelsteine sind an sich farblose, wohlkristallisierte Mineralien, die durch im allgemeinen nur sehr geringe Mengen von Fremdsubstanzen gefärbt sind. Dabei kann die farbgebende Substanz im Wirtskristall in fester Lösung homogen verteilt oder in Form äußerst kleiner Kriställchen mechanisch eingesprengt sein. Der rote Rubin gehört zur ersten Art und innerhalb dieser zu den wenigen Edelsteinen, deren färbendes Prinzip mit Sicherheit bekannt ist. Die Rubine sind Einkristalle von farblosem Aluminiumoxyd, Al_2O_3, in der rhomboedrisch kristallisierenden Modifikation des Korunds, die, wie M. GAUDIN[1] im Jahre 1837 durch synthetische Versuche zeigte, durch sehr geringe Mengen (erheblich weniger als 1%) von Chromoxyd, Cr_2O_3, ihre allgemein bekannte „rubinrote" Farbe erhalten. Der Befund GAUDINS, der an natürlichen Rubinen später mehrfach analytisch[2] bestätigt wurde, fand seine Krönung in der heute technisch durchgeführten Herstellung der „künstlichen Rubine" durch A. VERNEUIL[3] im Jahre 1902.

Die Tatsache der roten Farbe ist sehr merkwürdig, denn das Chromoxyd ist grün und es ist schwer einzusehen, wieso der in reinem Zustand farblose, was-

* Vorgetragen in der Gesamtsitzung am 12. Januar 1950.

[1] M. GAUDIN, C. r. 4, 999, 1837.

[2] Vgl. z. B. J. O'LEARY und J. PAPISH, American Mineralogist 16, 34, 1931.

[3] A. VERNEUIL, C. r. 135, 791, 1902.

serklare Korund durch Zusatz kleiner Mengen des sattgrünen Chromoxyds tief rot gefärbt werden kann. Das Chrom ist zwar ein Element, das in verschiedenen Wertigkeiten auftritt und verschieden hoch geladene positive Ionen bildet, deren Verbindungen sehr verschiedene Farben haben; aber keine echte Verbindung des Chroms ist bekannt, die die charakteristische rote Farbe des Rubins hat.

Daß das Chrom wie im grünen Chromoxyd auch im Rubin im dreiwertigen Zustand vorliegt, machte als erster LECOQ DE BOISBAUDRAN[1] Ende der achtziger Jahre des vorigen Jahrhunderts dadurch sehr wahrscheinlich, daß er zeigte, daß beim Zusammenglühen von Al_2O_3 und Cr_2O_3 auf hohe Temperaturen Mischkristalle entstehen, ohne daß dabei eine Gewichtsveränderung festzustellen ist. Gleichzeitig beobachtete er, daß diese Mischkristalle nur bei kleinen Chromgehalten rot, bei höheren aber grün sind.

Diesen nun erst recht merkwürdigen Befund suchte CH. W. STILLWELL[2] durch zahlreiche Versuche zu deuten. Unter anderem stellte er sich in der Knallgasflamme Mischschmelzen aus Al_2O_3 und Cr_2O_3 her und erhielt dabei ebenfalls sowohl rote als auch grüne Mischkristalle, und zwar vornehmlich rote bei niederem Chromgehalt der Ausgangsmischung und in oxydierender, vornehmlich grüne bei hohem Chromgehalt der Ausgangsmischung und in reduzierender Atmosphäre. Bei 30 bis 45 % Cr_2O_3 in der Ausgangsmischung erhielt er in oxydierender Flamme rote, in reduzierender Atmosphäre grüne Schmelzprodukte. Aus diesen Beobachtungen und halb quantitativ ausgewerteten DEBYE-SCHERRER-Aufnahmen seiner Präparate kam er zu dem Schluß, daß das Chromoxyd in zwei verschiedenen rhomboedrischen Modifikationen vorkommen müsse, einer roten mit kleinem und einer grünen mit großem Verhältnis der kristallographischen Achsen. Die rote Modifikation sollte dem Aluminiumoxyd gleichen und nur in Form von Mischkristallen mit ihm, die bis zu 45 % Cr_2O_3 enthalten könnten, beständig sein.

II. Herstellung und Reduzierbarkeit der (Al_2O_3-Cr_2O_3)-Mischkristalle; Kritik an der STILLWELLschen Theorie

Diese Deutung ist aber unwahrscheinlich und, wie gezeigt werden wird, auch unrichtig, denn, wie aus Tabelle 1 zu ersehen ist, sind die Elementarzellen von Al_2O_3 und Cr_2O_3 geometrisch gleich gebaut. Beide haben die Raumgruppe D_{3d}^6,

[1] LECOQ DE BOISBAUDRAN, C. r. 103, 1107, 1886; 104, 330, 478, 554, 824, 1887.

[2] CH. W. STILLWELL, Journ. of phys. Chem. II, 30, 1441, 1926.

und besonders die Achsenverhältnisse der reinen Komponenten sind so ähnlich, daß, wenn überhaupt irgend zwei Kristallarten normale Mischkristalle geben können, gerade das Al_2O_3 und Cr_2O_3 dazu besonders befähigt sein müßten. Hier

Tabelle 1

Gitterkonstanten von Al_2O_3 und Cr_2O_3 in Å

	Raumgruppe	hexagonal			rhomboedrisch	
		a	c	c/a	a	α
α-Al_2O_3	D_{3d}^6	4,76	13,01	2,733	5,13	55°16′
Cr_2O_3	D_{3d}^6	4,93	13,51	2,735	5,33	55°09′

setzen unsere, teils von Herrn J. JANDER, teils von Herrn H. SEEMANN ausgeführten Versuche ein, über die nun zu berichten ist.

Zunächst wurden durch 12stündiges Glühen von Gemischen aus Pulvern von reinem Al_2O_3 und Cr_2O_3 bei 1200–1300° in normaler Atmosphäre pulverförmige Mischkristalle hergestellt und einige davon vollständig analysiert.[1] Dabei ergab sich, daß in ihnen pro Atom Chrom im Mittel 1,47 nicht an Aluminium gebundene Sauerstoffatome enthalten sind, das Chrom also in allen Mischkristallen entsprechend dem Befund von LECOQ DE BOISBAUDRAN dreiwertig vorliegt.

Tabelle 2

Analyse der Mischkristalle

Nr.	Mol-% Cr_2O_3	A=Einwaage in mg	gefunden mg Al als Al_2O_3	gefunden mg Cr als Cr_2O_3	gefunden mg $\Sigma\ Al_2O_3 + Cr_2O_3$	Differenz A–Σ in mg	Atomverhältnis Cr: Atome nicht an Al gebundener O
1	5	228,1	218,5	9,6	228,1	0	1,50
2	8,4	190,6	167,6	23,0	190,6	0	1,50
3	10	236,4	216,4	20,5	237,1	—0,7	1,40
							Mittel 1,47

Diese Mischkristalle waren am Tageslicht bis zu einem Gehalt von etwa 8 Atomprozent Chrom rein rot, wurden aber mit zunehmendem Gehalt an Chrom zunächst rötlichgrau, dann rötlichgrün und von etwa 30 Atomprozent Chrom an rein grün. Solange die Herstellung der Präparate in normaler Atmosphäre oder in Stickstoff vorgenommen wird, lassen sich keine am Tageslicht rein roten Präparate mit mehr als etwa 8 Atomprozent Chrom erhalten. Alle

[1] Über das relativ umständliche Analysenverfahren und andere experimentelle Einzelheiten wird in der Dissertation von J. JANDER, Berlin 1950, und in einer späteren Veröffentlichung berichtet.

Präparate mit mehr als 8 Atomprozent Cr sind mit wachsendem Chromgehalt zunehmend stärker grün gefärbt. Arbeitet man in einer Atmosphäre von Wasserstoff bei einer Temperatur von 1300° oder tempert man die schon fertigen grünen Mischkristalle mit mehr als 8 Atomprozent Chrom bei 1300° im Wasserstoffstrom, so nimmt der Chromgehalt mit der Zeit zunächst schnell, dann aber immer langsamer ab. Das Chromoxyd im Mischkristall wird zum Metall reduziert und dieses verdampft. Diese Reduktion und Verdampfung ist aber, wie Figur 1 zeigt, nicht vollständig. Sie führt stets auf den Mischkristall mit 8 Atomprozent Chrom. Die restlichen 8 Atomprozent sind bei dieser Temperatur noch nicht zum Verdampfen zu bringen. In einer Atmosphäre von reinem Stickstoff findet auch aus den grünen Mischkristallen bei dieser Temperatur noch keine merkliche Verdampfung von Chrom statt.

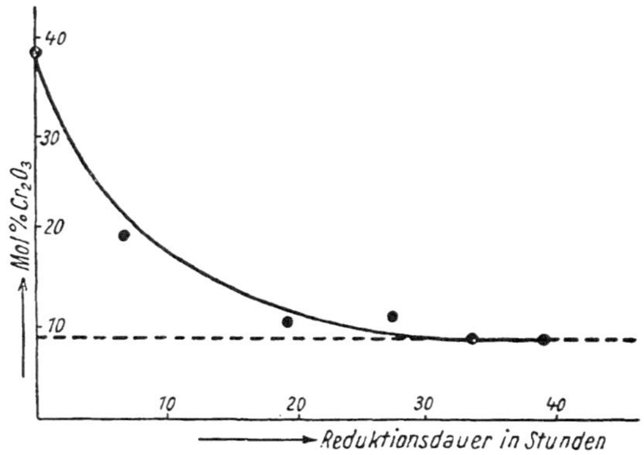

Figur 1. Abhängigkeit des Cr-Gehaltes in (Al_2O_3—Cr_2O_3)-Mischkristallen von der Erhitzungsdauer im H_2-Strom bei 1280°.

Reines Chromoxyd dagegen hat auch schon bei 1100° einen merklichen Dampfdruck. So wird beim Erhitzen in Luft auf diese Temperatur eine zur Pille gepreßte Probe von reinem Al_2O_3 im Kontakt mit einer gleichgroßen aus Cr_2O_3 an der Berührungsfläche grün, auf ihrer ganzen Oberfläche rot gefärbt. Daß es sich dabei nicht um eine Oberflächendiffusion, sondern um eine Reaktion mit der Gasphase handelt, zeigt ein Versuch, bei dem zwei nebeneinander liegende, aber sich nicht berührende Pillen aus Cr_2O_3 und Al_2O_3 im Luftstrom auf 1100° erhitzt werden. Streicht der Luftstrom zunächst über die Cr_2O_3-Pille, dann nimmt die dem Cr_2O_3 zugekehrte Seite der Al_2O_3-Probe Chrom auf, bis nach etwa 6–7 Stunden eine deutliche Rotfärbung erkennbar ist.

Erst bei noch höherer Temperatur verdampft, mit dieser schnell zunehmend, wie Versuche in heißen Knallgasflammen zeigten, aus den roten Mischkristallen das Chromoxyd. Bei etwa 1600° und höher verdampft es aus ihnen in wenigen Minuten. Diese leichte Verdampfbarkeit des Chroms hat STILLWELL bei seinen Versuchen nicht genügend berücksichtigt. Er nahm vielmehr an, daß seine Schmelzen im Knallgasgebläse die Zusammensetzung der Ausgangsmischung unverändert behielten. Da die Temperatur der Knallgasflamme von ihrem Gehalt an Wasserstoff abhängt – wasserstoffreiche sind der guten Wärmeleitfähigkeit des Wasserstoffes wegen erheblich kälter als sauerstoffreiche –, findet in den kälteren Flammen, die STILLWELL als reduzierend bezeichnet, eine sehr viel geringere Verdampfung von Chrom statt als in den heißeren, die STILLWELL oxydierend nennt. Daher erhielt STILLWELL grüne Präparate, wenn er „reduzierend", und rote, wenn er „oxydierend" schmolz. Die roten und grünen Präparate unterscheiden sich aber nicht durch den Oxydationsgrad des in ihnen enthaltenen Chroms, sondern allein durch ihren Gehalt an diesem Element; rote und grüne Präparate gleichen Chromgehaltes existieren nicht.

III. Abhängigkeit der Gitterkonstanten der Mischkristalle von ihrem Chromgehalt

Trotz des Farbunterschiedes der an Chrom armen und reicheren Präparate handelt es sich bei ihnen, wie Röntgenaufnahmen nach dem DEBYE-SCHERRER-Verfahren ergaben, um eine lückenlose Reihe echter Mischkristalle aus Korund und Chromoxyd. Die Schärfe der Interferenzringe zeigte, daß die einzelnen Kristallkörner jedes Präparates in sich homogen zusammengesetzt waren. Niemals zeigten sich Doppellinien, d. h. die einzelnen Kristallkörner desselben Präparates waren unter sich ebenfalls gleich zusammengesetzt. Sehr merkwürdig aber war das Resultat der quantitativen Auswertung. Obwohl die Diagramme aller Präparate nur Linien zeigten, die denen des Al_2O_3 und des ihm isomorphen Cr_2O_3 entsprechen und jeweils mit einem bestimmten Paar von Gitterkonstanten vollständig hexagonal indizierbar waren, obwohl also alle Präparate die Struktur des Korunds hatten, änderten sich die Gitterkonstanten nicht durchgehend linear mit dem Chromgehalt. Als Beispiel ist der Verlauf der Gitterkonstanten *a* in Abhängigkeit vom Chromgehalt in Figur 2 wiedergegeben. Bis

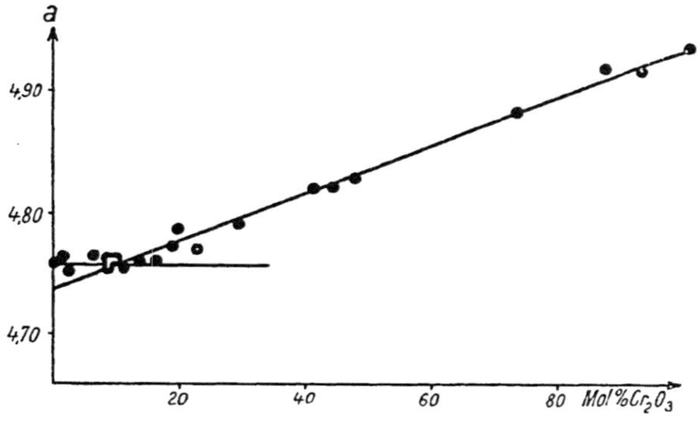

Figur 2. Gitterkonstante *a* der (Al_2O_3—Cr_2O_3)-Mischkristalle in Abhängigkeit vom Chromgehalt

zu einem Gehalt von etwa 8 Atomprozent Chrom im Mischkristall bleiben die Gitterkonstanten innerhalb der Fehlergrenzen gleich dem Wert $a = 4{,}76$ Å für den reinen Korund. Erst bei Gehalten von mehr als 8 Atomprozent Chrom wachsen sie, dem VEGARDschen Gesetz entsprechend, linear mit dem Gehalt an Chrom bis zum Wert $a = 4{,}93$ Å an, der dem reinem Chromoxyd entspricht. Das heißt, in den roten Mischkristallen tritt das Chrom, ohne das Gitter aufzuweiten, an Stelle des Aluminiums in den Kristall ein. Erst wenn mehr als 8 Atomprozent durch Cr ersetzt sind, tritt eine Gitteraufweitung auf, die zu erwarten war, weil bis heute mit GOLDSCHMIDT allgemein angenommen wird, daß das dreiwertige Cr^{3+}-Ion einen Radius von 0,65 Å hat, der um 0,8 Å größer ist als der des Aluminiumions mit 0,57 Å. Besonders auffallend ist, daß die hier auftretende Unstetigkeit bei 8 Atomprozent Cr an der gleichen Stelle liegt, bei der die Mischkristalle grün zu werden beginnen und die Reduzierbarkeitsgrenze bei 1300° im Wasserstoffstrom auftritt. Dasselbe gilt für die Gitterkonstante c.

IV. Die Dichten der Mischkristalle

Zur Bestätigung dieses Befundes wurden die Dichten der Präparate pyknometrisch bestimmt. Treten die schweren Chromionen mit einem Atomgewicht von 52,01 ohne Aufweitung des Gitters an Stelle der leichteren Al-Ionen mit dem Atomgewicht 26,97 in den Mischkristall ein, dann sollte die Dichte der Präparate bis zu 8 Atomprozent Cr steil, von dann ab aber langsamer bis zum Wert des reinen Cr_2O_3 wachsen. In Figur 3 ist der Sachverhalt graphisch wiedergegeben; er entspricht durchaus der Erwartung.

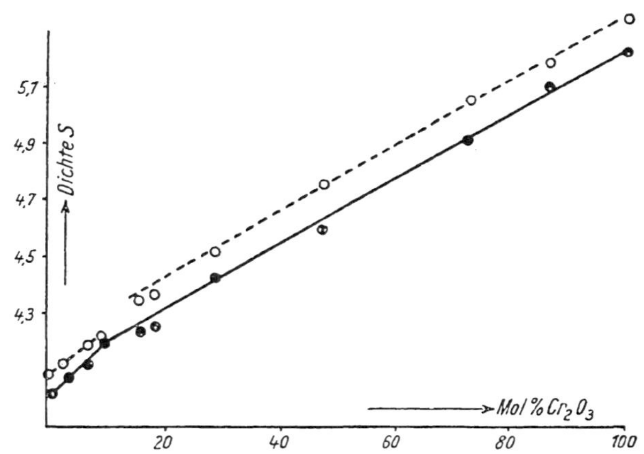

Figur 3. Die Dichten ϱ der (Al_2O_3—Cr_2O_3)-Mischkristalle in Abhängigkeit vom Chromgehalt

Auch hier findet sich der Knick in der Kurve bei einem Gehalt von 8 Atomprozent Cr. Der Gesamtverlauf der Dichten geht durchaus demjenigen parallel, der sich unter der Annahme der Bildung von echten Mischkristallen (gestrichelte

Kurve) mit statistischem Ersatz der Al- durch Chromionen aus den gemessenen Gitterkonstanten und der analytischen Zusammensetzung berechnet. Daß die pyknometrisch bestimmten Dichten durchweg kleiner sind als die berechneten, ist eine allgemeine, auf die Blockstruktur der Realkristalle zurückzuführende Erscheinung, die hier aber insofern von besonderer Bedeutung ist, als sie zeigt, daß in den Rubinen die Chromatome tatsächlich die Al-Atome ersetzen und nicht zusätzlich auf freien Plätzen in das Kristallgitter eingebaut werden.

V. Der Zustand des Chroms in den roten und grünen Mischkristallen. Ihre magnetische Suszeptibilität

Da das Chrom in allen Mischkristallen, sowohl den roten als auch den grünen, dreiwertig und in beiden Arten mischkristallartig in das Kristallgitter eingebaut ist, aber dennoch in zwei verschiedenen Formen, der roten und der grünen, auftritt, liegt der Schluß nahe, daß dieser Unterschied nur auf einer verschiedenen Bindungsart in beiden Formen beruhen kann.

Einen Hinweis darauf, welche Bindungsarten das sein könnten, geben zwei altbekannte Tatsachen:

Erstens: die roten Rubine zeigen bei Bestrahlung mit Kathodenstrahlen oder ultraviolettem Licht eine sehr starke Fluoreszenz. Das Spektrum des Fluoreszenzlichtes haben LECOQ DE BOISBAUDRAN[1] und O. DEUTSCHBEIN[2] untersucht und dabei festgestellt, daß es fast identisch mit dem normalen Absorptionsspektrum des Rubins ist und im wesentlichen aus zwei scharfen roten Linien besteht. DEUTSCHBEIN zeigte, daß diese Linien einem Übergang des ersten angeregten ^2G-Zustandes in den ^4F-Grundzustand des freien Chromions entsprechen. Hiernach muß das Chrom in den roten Rubinen in Form echter Cr^{3+}-Ionen vorliegen.

Zweitens: Das grüne Chromoxyd ist ein relativ guter Leiter für die Elektrizität. Sein spezifischer Widerstand ist bei 345° C mit $1{,}3 \times 10^3\,\Omega$ cm etwa 10^9 mal kleiner als der des Korunds, der bei 400° C etwa $10^{12}\,\Omega$ cm beträgt. Man geht wohl nicht fehl, wenn man annimmt, daß auch die grünen Mischkristalle Halbleiter sind, und daß in ihnen das Chrom zumindest partiell metallisch gebunden ist, d. h. seine Elektronen zum Teil frei beweglich dem Gesamtkristall zur Verfügung stellt.

[1] LECOQ DE BOISBAUDRAN: C. r. 103, 1107, 1886; 104, 330, 478, 554, 824, 1887.
[2] O. DEUTSCHBEIN, Ann. d. Phys. 14, 712, 1932. Z. Physik 77, 489, 1932. Physikal. Z. 33, 874, 1932.

Leider konnten bisher keine Leitfähigkeitsmessungen ausgeführt werden. Herr KLEMM in Kiel, dem hiermit herzlichst gedankt sei, hat aber Herrn SEEMANN die Möglichkeit gegeben, in seinem Institut die Mischkristallpulver auf ihren Magnetismus hin zu untersuchen, der besonders dazu geeignet ist, Aussagen über Bindungsarten zu liefern. Die Resultate der Messungen sind graphisch in Figur 4 wiedergegeben. In dieser Figur sind als Abszisse wie üblich die Chromgehalte in Molprozenten aufgetragen. Als Ordinate die pro Atom Cr in den Mischkristallen gemessenen Suszeptibilitäten bei Zimmertemperatur, und zwar in logarithmischem Maßstab. Es zeigt sich auch hier kein einheitlicher Verlauf. Zunächst fällt die Suszeptibilität mit zunehmendem Chromgehalt steil ab. Dieser Abfall geht wiederum bis zu etwa 8 Atomprozent Cr. Von da ab, d. h. mit dem ersten Auftreten der grünen Farbe in den Präparaten, biegt die Kurve langsam um und geht dann von etwa 30 Atomprozent Cr, dem Auftreten rein grüner Mischkristalle ab, erneut in einen nun langsamer abfallenden, gradlinigen Kurvenast über. Auch hier zeichnet sich deutlich das Vorliegen zweier verschiedener Formen des Chroms in den Mischkristallen ab. Wie die bisher nur an einigen Proben durchführbar gewesenen Messungen der Temperaturabhängigkeit der Suszeptibilität zeigten, werden die Präparate mit zunehmendem Chromgehalt zunehmend stärker antiferromagnetisch, d. h. mit zunehmendem Chromgehalt der Mischkristalle werden erwartungsgemäß zunehmend mehr Elektronen aus ihrer starren Bindung an die Ionen gelöst und unfähig, einen Beitrag zum Paramagnetismus zu liefern. Berechnet man unter der für Oxyde bisher als allgemeingültig befundenen Annahme, daß für den Magnetismus von Ionenverbindungen praktisch nur die Spinmomente S der Elektronen und nicht ihre Bahnmomente verantwortlich sind, die Zahl der pro Chromatom in den Mischkristallen zum Magnetismus beitragenden Elektronen, so findet man (vgl. die rechte Ordinatenskala der Figur 4) für das Chrom in den roten Mischkristallen

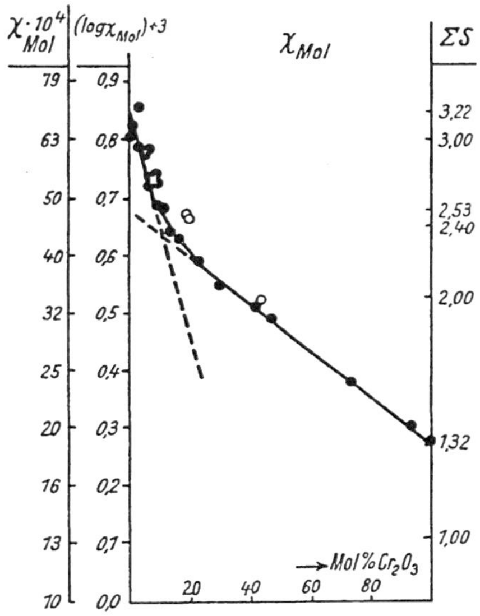

Figur 4. Magnetische Suszeptibilität χ_{Mol} der (Al_2O_3—Cr_2O_3)-Mischkristalle in Abhängigkeit vom Chromgehalt im logarithmischen Maßstab

Werte zwischen 3,2 und etwa 2,5; für das Chrom in den grünen Mischkristallen Werte zwischen etwa 2,2 und 1,3 Elektronen pro Atom. Das reine Chromion sollte, weil es drei Elektronen in der Valenzschale enthält, der Theorie entsprechend eine Suszeptibilität haben, die 3 Elektronen entspricht, ein Wert, dem der hier für die chromärmsten Mischkristalle gefundene recht nahe kommt. Während die den roten Mischkristallen entsprechenden gemessenen Werte stark schwanken[1] und eindeutig nur eine Abnahme der Mol-Suszeptibilität χ_{Mol} mit zunehmendem Chromgehalt erkennen lassen, liegen die Werte für den den grünen Mischkristallen entsprechenden Kurvenast sehr gut auf einer Geraden, die sich durch die Gleichung

$$\chi_{Mol} = 48{,}42 \cdot 10^{-4} \times e^{-0{,}00963\,C}$$

wiedergeben läßt. In ihr bedeutet C die Konzentration des Mischkristalles in Grammatomen Cr. Sie besagt, daß durch eine Konzentrationsänderung von 72 Molprozenten die Suszeptibilität auf die Hälfte ihres Wertes sinkt. Ihre Extrapolation auf den Wert $C = 0$ ergibt

$$\chi_{Mol} = 48{,}42 \cdot 10^{-4},$$

was einem Wert für das magnetische Moment

$$\mu = 2{,}84 \sqrt{48{,}42 \cdot 10^{-4} \cdot 293 \cdot}\ \mu_0 = 3{,}38 \mu_0$$

des Chromatoms in der grünen Modifikation von 3,38 Bohrschen Magnetonen entspricht, der seinerseits 2,53 Elektronenspinmomenten äquivalent ist. Der Verlauf der Suszeptibilitäten der Mischkristalle zeigt also wiederum das Vorliegen des dreiwertigen Chroms in zwei verschiedenen Zuständen, liefert aber zusätzlich Anhaltspunkte dafür, daß das Chrom in den roten Rubinen tatsächlich als echtes Ion vorliegt und in den grünen, durch einen mit dem Chromgehalt zunehmend größer werdenden Bruchteil seiner Elektronen mehr und mehr metallähnlich, d. h. nach PAULING[2] kovalent gebunden wird.

VI. Die Thermochromie der Mischkristalle

Eine Bestätigung für diese Deutung brachte die nähere Untersuchung der für die roten Rubine schon lange bekannten (vgl. z. B. STILLWELL[3]) Thermochromie. Erhitzt man einen Rubin auf Temperaturen von 300–600° C, so färbt er sich

[1] Daß die für die chromarmen Mischkristalle gefundenen Suszeptibilitätswerte so erheblich schwanken, dürfte nicht nur auf die relativ große Fehlerbreite der Messungen in diesem Gebiet zurückzuführen sein. Es liegen Anzeichen für andere Gründe vor, deren Untersuchung in Angriff genommen ist.

[2] L. PAULING, Z. B. Phys. Rev. 54, 899, 1938.

[3] LECOQ DE BOISBAUDRAN: C. r. 103. 1107. 1886; 104. 330, 478, 554, 824. 1887.

grün und nimmt beim Abkühlen streng reversibel wieder seine alte rote Farbe an. Beruht die grüne Farbe der Mischkristalle dem obigen Deutungsvorschlag gemäß tatsächlich darauf, daß Elektronen frei beweglich werden, so ist dieser Befund verständlich, denn ganz allgemein werden mit zunehmender Temperatur die Elektronen in chemischen Verbindungen beweglicher. Bei den Mischkristallen ließ sich leicht die Temperatur messen, bei der die rote Farbe in grün umschlägt. Im Licht einer gewöhnlichen Glühlampe macht sich dieser Punkt durch das kurzzeitige Auftreten einer rein grauen Farbe bemerkbar. Bei der Bestimmung der Abhängigkeit der Temperatur dieses „Graupunktes" vom Chromgehalt ergaben sich die in Figur 5 eingetragenen Werte.

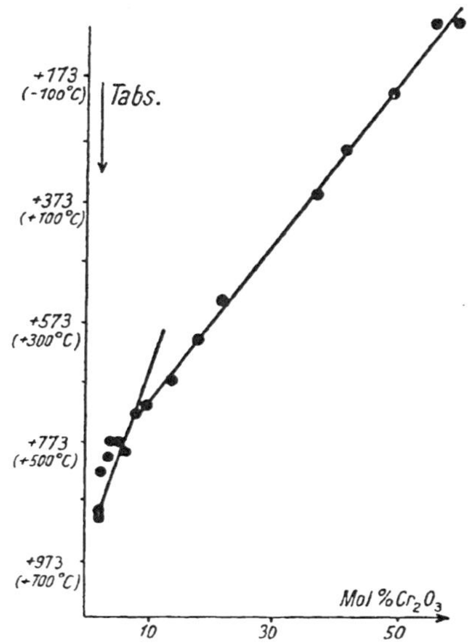

Figur 5. Temperatur des Farbumschlages rot ⇄ grün der (Al_2O_3—Cr_2O_3)-Mischkristalle vom Chromgehalt. Im Licht einer 60 Watt-Glühlampe

Auch hier teilt sich der Kurvenzug in zwei Äste, einen steileren bis zu 8 Atomprozent und einen weniger steilen für die Mischkristalle mit höheren Chromgehalten. Das heißt, die Elektronen werden um so leichter beweglich, je höher der Chromgehalt ist, und das bei den roten Mischkristallen erheblich schwerer als bei den grünen mit schon an sich frei beweglichen Elektronen. Zunächst war eine Beobachtung unerwartet, die nun aber leicht verständlich ist, nämlich die, daß die grünen Mischkristalle bei tieferen Temperaturen rot werden, daß in ihnen die bei Zimmertemperatur frei beweglichen metallischen Elektronen einfrieren. Bei tiefen Temperaturen werden damit die grünen Mischkristalle rubinähnlich, beim Erwärmen nehmen sie reversibel wieder ihre normale grüne Farbe an.

VII. Die Deutung der Beobachtungen aus der Kristallstruktur der Mischkristalle

Wenn es somit festzustehen scheint, daß das dreiwertige Chrom in seinen Mischkristallen mit Korund in zwei Bindungsarten auftritt, so bleibt es zunächst dennoch merkwürdig, wieso dieser Zustandswechsel gerade bei 8 Atomprozent

Chrom auftritt. Eine Deutung hierfür ergibt sich bei der Betrachtung des Korundgitters. Das Kristallgitter des Korundes ist etwas idealisiert in Figur 6 wiedergegeben.

Es besteht aus Sauerstoff- und Aluminiumionen. Die großen Sauerstoffionen, von denen zwei von unendlich viel gleicherweise aufeinandergepackten Lagen durch große punktierte Kreise in der einen und große ausgezogene in der zweiten Schicht angedeutet sind, bilden eine dichteste Kugelpackung. In einer solchen Packung von Kugeln bleiben Lücken frei, und zwar zwei Arten, die eine zwischen je 4, die andere zwischen je 6 Sauerstoffkugeln. Die Aluminiumionen im Korund liegen ausschließlich in solchen Sechserlücken, und das in einer besonderen Verteilungsart. Im Bild sind die Al-Ionen zwischen den beiden Sauerstofflagen durch schwarze Ringe, die in der Schicht unter den beiden Lagen durch große Kreise, die in der Schicht über der oberen Sauerstofflage durch kleine schraffierte Kreise wiedergegeben. Man erkennt, daß die Al-Ionen jeder Schicht immer die Eckpunkte regulärer Sechsecke besetzen, aber diese Sechsecke sind von Schicht zu Schicht regelmäßig gegeneinander verschoben. Greift man ein beliebiges Al-Ion, am praktischsten eines aus der mittleren Schicht, heraus und betrachtet dessen Nachbarschaft, dann sieht man, daß jedes Al-Ion außer seinen 6 Sauerstoffionen 13 nächste Al-Ionen zu Nachbarn hat, 3 in seiner eigenen Schicht, 6 in der unteren und 4 in der Schicht darüber. Werden nun in den Mischkristallen schrittweise die Al-Ionen durch Chromionen ersetzt und nimmt man zunächst an, daß die Verteilung ideal sei, dann bleibt jedes Chromion solange von Sauerstoff- und Al-Ionen umgeben, bis 1 Cr- auf 13 Al-Atome im Gitter enthalten ist, d. h. $^1/_{14}$ der Metallionen aus Cr-Ionen besteht, das sind 7,2 Atomprozent. Bis dahin ist jedes Chromion durch Sauerstoff- und Aluminiumionen gegen die anderen Chromionen abgeschirmt. Würden mehr als 1 Cr-Ion auf 13 Al-Ionen vorhanden sein, dann würden die Chromionen nicht mehr abgeschirmt sein, sondern, wenn z. B. 1 Cr- auf nur 12 Al-Ionen

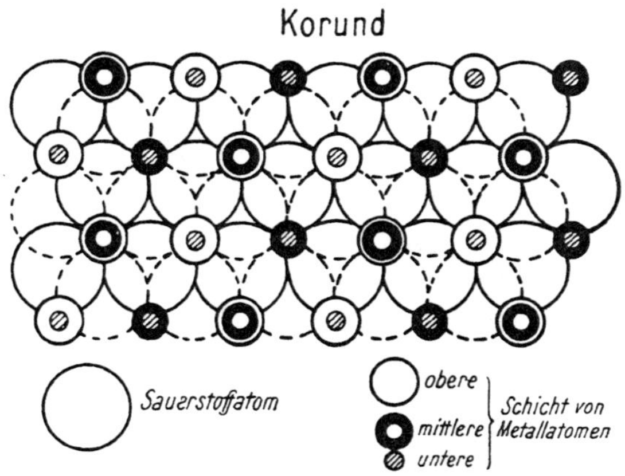

Figur 6. Die Struktur des Korundgitters. Es sind zwei Lagen von Sauerstoff und drei Kationenlagen wiedergegeben

kommt, d. h. wenn $^1/_{13}$ der Al-Ionen oder 7,7 Atomprozent ersetzt sind, dann hätte jedes Chromion mindestens ein anderes als nächsten Kationennachbarn. Die Verteilung ist aber sicherlich nicht ideal, sondern es werden ab und zu auch einmal 1, 2 oder mehr Cr-Ionen direkt benachbart und dann zu zweit oder zu mehr von den anderen Chromionen abgeschirmt sein, dann muß der durchgehende Kontakt bei etwas höheren Chromkonzentrationen auftreten, so daß die Grenze der Abschirmung vielleicht auch theoretisch bei etwa 8 Atomprozent Cr zu erwarten ist.

Das Zusammentreffen der Konzentrationsgrenze zwischen den roten und grünen Mischkristallen bei Zimmertemperatur, der Knickpunkte in den Kurven der Gitterkonstanten, der Dichte, der Suszeptibilität und der Temperaturen des Graupunktes und schließlich der Reduzierbarkeitsgrenze mit dem aus der Gittergeometrie abzulesenden Auftreten der Abschirmung dürften mehr als ein Zufall sein.

Das Chrom ist ein Übergangselement und gehört zu denjenigen, die, wie besonders W. KLEMM[1] gezeigt hat, nicht nur im elementaren Zustand, sondern auch in ihren Verbindungen, besonders in denen mit Schwefel oder Sauerstoff, zur Ausbildung metallischer Bindungen neigen. Die Ausbildung solcher Bindungen läßt sich verstehen, wenn derartige Atome in Kristallen dicht benachbart sind. Wie oben gezeigt, kann dieser Zustand der engen Nachbarschaft in den (Cr_2O_3—Al_2O_3)-Mischkristallen aber erst dann auftreten, wenn in ihnen mehr als 7,2 Atomprozent Cr enthalten sind. Die sich dann ausbildenden Chrom-Chrom-Kontakte ziehen die in den roten Mischkristallen fest an Ionen gebundenen Elektronen heraus und machen sie im Bilde PAULINGS dadurch beweglich, daß sie nun mit dem Chromgehalt zunehmend die Möglichkeit erlangen, von einem zum benachbarten Chromion überzutreten. Es tritt in den Mischkristallen die grüne Farbe und höchst wahrscheinlich metallische Leitfähigkeit auf und die Suszeptibilität sinkt exponentiell mit dem Chromgehalt.

In den roten Mischkristallen sind die Chromionen durch lauter starre, edelgasförmige Ionen voneinander abgeschirmt und bewahren ihren Ionencharakter. Das Absorptions- und das Fluoreszenzspektrum des Rubins sind das Spektrum des Chromions.

Die Tatsache, daß auch in den roten Mischkristallen die Suszeptibilität mit zunehmendem Chromgehalt sinkt, muß besondere Gründe haben. Sie hängt

[1] Vgl. W. KLEMM, Magnetochemie, Leipzig 1936, und viele spätere Arbeiten in Z. f. anorg. u. allg. Chemie.

wahrscheinlich mit der Tatsache zusammen, daß das Absorptions- und Fluoreszenzspektrum des Rubins praktisch identisch sind und beide dem leichten Übergang zwischen dem angeregten und unangeregten Cr^{3+}-Ion entsprechen. Eine exakte Theorie für diese Erscheinung kann aber erst aufgestellt werden, wenn genauere magnetische Messungen an den roten Mischkristallen vorliegen (vgl. S. 90 Anm. 1). Aus der Anfangssuszeptibilität und dem Absorptionsspektrum ergibt sich aber, wie gesagt, daß das Chrom in den roten Mischkristallen als dreifach positiv geladenes echtes Ion vorliegt, und wahrscheinlich befinden sich im ganzen roten Bereich teils normale, teils angeregte Chromionen nebeneinander, die, wie die Gitterkonstanten der roten Mischkristalle zeigen, entgegen der älteren Annahme einen Radius haben, der dem des Aluminiumions gleich ist. Erst mit dem Auftreten der (Chrom-Chrom)-Kontakte bei 8 und mehr Atomprozent bekommt das dreiwertige Chrom ein größeres Volumen und einen wenigstens partiell metallischen Bindungscharakter.

VIII. Schluß

Mit den oben beschriebenen Befunden scheint das Problem der durch das grüne Chromoxyd hervorgerufenen roten Farbe des Rubins seiner endgültigen Klärung einen Schritt näher gebracht zu sein. Rot ist der Rubin darum, weil in ihm wie in keiner sonstigen bisher untersuchten Verbindung des dreiwertigen Chroms auf Grund der besonderen Abschirmung im Korundgitter reine positiv dreiwertige Chromionen vorliegen; in den chromreicheren Mischkristallen liegt es nicht als echtes Ion, sondern mehr oder weniger kovalent bzw. metallisch gebunden vor und erteilt ihnen die grüne Farbe.

HANS STILLE

DER „SUBSEQUENTE“ MAGMATISMUS

INHALT

I. Die plutonische und die magmatische Assoziation

Plutonite sind *Tiefengesteine*, Vulkanite sind *Oberflächengesteine*, – so lautet die übliche Definition der Lehrbücher. Die langsame Erstarrung des Magmas in größeren Tiefen ermöglicht die für die Plutonite charakteristische körnige (granitische) Struktur, während sich die Strukturen der Vulkanite aus der in der Hauptsache relativ schnell sich vollziehenden Kristallisation in oberflächlichen oder doch oberflächennahen Räumen erklären. Treten nun aber vulkanische Gesteine in größeren geschlossenen Massen auf, so können begreiflicherweise Kernkomplexe dieser, da etwas oberflächenferner bleibend, Übergangsstrukturen zu Tiefengesteinen, ja vielleicht gar völlige Tiefengesteinsstrukturen annehmen. Man denke etwa an die jüngsten deutschen Granite, die Zinngranite des Erzgebirges.

Umgekehrt können plutonische Körper in Randregionen, in denen schnellere Erstarrung ermöglicht war, wohl einmal plutonitporphyrische Strukturen statt der ausgesprochen plutonischen zeigen, – dieses besonders dann, wenn der Pluton bis in verhältnismäßig hohe Niveaus aufgedrungen ist. Zum Beispiel bestehen die Intrusionen der bolivianischen Zentralkordilleren („Zinnprovinz"), an die der große Erzreichtum des Landes geknüpft ist, gewiß in der Hauptsache aus granodioritischen usw., aber zum Teil – das gilt besonders für kleinere und deswegen schneller erstarrte Stöcke – auch aus porphyrischen, z. B. dazitischen, Gesteinstypen.

Aber wie man die Gesteine von letzterer Art genetisch von den Plutonen mit echt granitischen Strukturen nicht trennen kann, so auch nicht die Zinngranite des Erzgebirges von den typisch vulkanischen Gesteinen, in denen sie als Erstarrungsprodukte des gleichen Magmas steckengeblieben sind. Eine starre Unterscheidung plutonischer und vulkanischer Phänomene allein nach den Gesteinsstrukturen kann also den geologischen und speziell genetischen Verhältnissen der Eruptivvorkommen in manchen Fällen nicht gerecht werden, sondern kann Gebilde auseinanderreißen, die nach der mineralogisch-chemischen „Blutsverwandtschaft" und nach geologischen Bedingtheiten zusammengehören. Oder soll z. B. der Begriff des Plutons nicht mehr gelten für abweichend plutonische erstarrte Randregionen und derjenige des Vulkanismus nicht mehr für unter gegebenen Sonderverhältnissen mehr granitartig erstarrte Kernregionen vulkanischer Gebilde?

Aus solcherlei Überlegungen heraus hat man längst die Notwendigkeit erkannt, beim „Vulkanismus" Gebilde zu belassen, die nach ihrer Entstehung und nach sonstigen Verhältnissen trotz ihrer „plutonischen" Gesteinsstruktur zum Vulkanismus gehören. In ähnlichem Sinne hat H. CLOOS (vgl. z. B. 1936) von „Subvulkanen" als von solcherlei Eruptivkörpern gesprochen, die für sich betrachtet nach ihrer geologischen Position zwar „Plutone", wenn zumeist auch nur kleine, sind und dabei auch granitische Gesteinsstrukturen zeigen können, die aber nach ihrem – sagen wir zunächst – geologischen Auftreten die Einbeziehung in den Kreis der vulkanischen Phänomene erfordern. So muß man gewiß im geosynklinalen Magmatismus die frei ausgeflossenen Diabase vereinigt lassen mit den petrographisch von ihnen vielfach nicht einmal unterscheidbaren Lagergängen („Sills"), die von den Aufstiegswegen aus in die umgebenden Gesteinsserien, oft in deren Schichtfugen, intrudiert sind und von denen alle Übergänge zu mehr stockartigen, zumeist kleinen, oft aber auch umfangreicheren Intrusionen führen. So gehören auch die klassischen lakkolithischen Intrusionen von Kolorado, Utah und Neumexiko, die schon ihrer Gesteinsart nach vulkanisch (z. B. liparitisch) sind, zum Vulkanismus. So kann man die tiefengesteinsartig erstarrten Kerne des Hohentwiel, des Kaiserstuhl und der britischen Nord-Süd-Zone vom Begriff des Vulkanismus unmöglich ausnehmen, – wie z. B. auch nicht die „Tiefengesteine" der Kap Verden, nachdem man erkannt hat, daß diese nichts anderes sind, als strukturell abweichende Erstarrungsprodukte des gleichen Magmas, das die Kap Verden-Vulkane aufbaut. Und ebenso gehört in den Kreis des Vulkanismus z. B. auch das einst als „Granit" bezeichnet gewesene körnige Gestein der Pazifik-Insel Bora-Bora (Gesellschaftsinseln), das LACROIX dann als eine olivingabbroidische Fazies desselben Olivingesteins bestimmen konnte, aus dem der große Teil der Insel besteht, damit den „Mythos" (MOLENGRAAFF) des Vorkommens von Granit im echt ozeanischen pazifischen Inselbereich beseitigend.

Besonders bemerkenswert hinsichtlich einer den geologischen Verhältnissen gerecht werdenden Unterscheidung von Plutonismus und Vulkanismus ist eine Arbeit von W. Q. KENNEDY & E. M. ANDERSON, deren geologisch-petrographischer Teil auf KENNEDY zurückgeht, während ANDERSON die von KENNEDY gewonnenen Vorstellungen geophysikalisch zu unterbauen versuchte. Auch nach KENNEDY muß jeder Einteilung der eruptiven Phänomene die Erkenntnis zugrunde liegen, daß die intrusive oder extrusive Natur vieler Magmen ein sekundärer und damit für kardinale Unterscheidungen ungeeigneter Charakter ist, gegeben durch „Zufälligkeiten" und „örtliche Bedingungen". In diesem Sinne sind die Intrusionen zu unterscheiden in „*accidentale*", die genetisch zum Kreis der vulkanischen Eruptionen gehören, und in solche, bei denen die intrusive Natur den *Grundcharakter* ausmacht. So spricht er von vulkanischen und plutonischen „*Assoziationen*", wobei zu den vulkanischen mancherlei Intrusionen gehören, die nach bisher vielfach noch üblicher Art als plutonisch klassifiziert werden würden.

II. Die Kriterien der plutonischen und der vulkanischen Assoziationen

Kann die alte Einteilung der Magmatite in Plutonite und Vulkanite nicht mehr voll aufrechterhalten werden, wenn wir zu einer geologisch befriedigenden Übersicht über die Phänomene des Magmatismus gelangen wollen, so fragt sich, nach welchen Gesichtspunkten eine bessere Unterscheidung der beiden großen Gruppen des Magmatismus durchführbar ist. Bei der Beantwortung dieser Frage möchte ich neben den Darlegungen KENNEDYS die von H. CLOOS und A. RITTMANN im Jahre 1939 in Form einer „Unterhaltung" gegebene Zusammenfassung ihrer sich im wesentlichen miteinander deckenden und zum Teil schon in älteren Arbeiten dieser Autoren veröffentlichten Auffassungen in den Vordergrund stellen.

Die Darlegungen von KENNEDY bzw. KENNEDY & ANDERSON sind in der englischen Literatur noch gedeckt durch die Autorität von H. H. READ (1943, 1944, 1949), der sie als „einen der größten Beiträge aller Zeiten zum Fortschritt der Petrogenese" gewürdigt hat.

In etwas tabellarischer Weise stelle ich nachstehend die Kriterien der plutonischen und der vulkanischen Assoziation, wie sie erstens von KENNEDY und zweitens von CLOOS & RITTMANN gegeben worden sind, zusammen, dabei teilweise den Wortlaut dieser Autoren verwendend (im Falle KENNEDY in freier deutscher Übersetzung):

KENNEDY	CLOOS-RITTMANN
1. *Gesteinsmäßige Kriterien:*	
Die *plutonische Assoziation* „besteht fast ganz aus Granodioriten und Graniten, zusammen mit geringeren Mengen basischer Typen".	Die *plutonische Assoziation* umfaßt „pazifische Gesteine",
Die *vulkanische Assoziation* „ist überwiegend basisch und aus basaltischem Magma oder von solchem abzuleitenden Gesteinstypen zusammengesetzt".	die *vulkanische Assoziation* in der Hauptsache basaltische, „doch können durch Assimilation und Differentiation mannigfache Eruptiva entstanden sein, die atlantischen, pazifischen und mediterranen Sippen angehören".
2. *Raummäßige Kriterien:*	
Die *plutonische Assoziation* ist gebunden an die orogenen Zonen. „Noch kein wirklicher Tiefenpluton ist in einem nonorogenen Gebiet gefunden worden."	Die *Plutone* sind an die Orogene gebunden, der *Vulkanismus* (einschließlich der Vulkanoplutone) an „die kontinentalen Hebungs-, Senkungs- und Zerspaltungsgebiete, die Tafel-, Blockschollen- und Bruchländer", – also an die Räume der germanotypen Tektonik. Er findet sich ferner in den geosynklinalen Räumen vor und nach den Hauptfaltungen.
Die *vulkanische Assoziation* findet sich in nonorogenen Gebieten. „Die plutonischen Massen der orogenen Zone vermögen in die Erdkruste bis sehr nahe unter die Oberfläche einzudringen, aber durchbrechen nicht ihr Dach..."[1]	
3. *Zeitliche Kriterien:*	
Der Plutonismus ereignet sich in naher Verbindung mit den orogenen Vorgängen. „Alles in allem scheint kein direkter Nach-	Der *Plutonismus* ist „als Begleiter der orogenen Tektonik" „entstanden im zeitlichen Anschluß an große Faltungspro-

[1] Immerhin wird von KENNEDY wie auch von CLOOS & RITTMANN die Möglichkeit der DALYschen Arealeruptionen als Ausnahmefall noch offengelassen.

KENNEDY

weis für eine nahe Verbindung zwischen plutonischer Tätigkeit und Vulkanismus zu bestehen.“ „Dieses allgemeine Fehlen von Laven zu Zeiten des hohen Aufstieges der Batholithen ist von bemerkenswerter Wichtigkeit.“

CLOOS-RITTMANN

zesse“, und zwar „gleichzeitig mit oder anschließend an die Hauptfaltung“. „Während dieser Zeit besteht kein normaler *magmatischer Vulkanismus*.“ Dieser ist vielmehr vorher und nachher – vorher im Geosynklinalstadium, „später mit Gesamtaufstieg des Faltenstranges unter Bruchzerlegung“ – eingetreten.

4. *Herkunftsmäßige (*genetische*) Kriterien:*

Die *Plutone* können sich im Hinblick auf ihre gewaltigen Dimensionen nicht durch Differentiation aus basaltischen Magmen, sondern nur „aus primär-sauren“ gebildet haben. Ihr granodioritisches Stammagma ist entstanden durch Wiederaufschmelzung im Bereiche der obersten Schale der Erde, der Granitschale, „indem in den orogenen Zonen der basale Teil infolge der tektonischen Krustenverdickung in den Schmelzbereich gebracht wurde“.

Demgegenüber leiten sich die *vulkanischen Assoziationen* „von einem universellen basaltischen Tiefenmagma“ ab, beheimatet unter der Granitschale.

Das Material der *plutonischen Assoziation* ist von palingenem Charakter, entstanden in der sialischen Oberkruste durch „Umwandlung schon vorhandenen Gesteinsmaterials“ durch Stoffzufuhr und Erwärmung.

Das Material der *vulkanischen Assoziation* „stammt aus der unter dem Sial liegenden Magmazone“. Es ist ein „Magma der großen Tiefen“ und „primär-magmatischen“ Ursprungs.

Es ergibt sich aus vorstehender Zusammenstellung, daß bei den herangezogenen führenden Magmatologen weitgehende Übereinstimmung hinsichtlich der beiden Hauptklassen magmatischer Phänomene besteht. Sie erstreckt sich

1. in Bezug auf die *gesteinsartlichen Verhältnisse* darauf, daß die plutonische Assoziation vorwiegend saure und intermediäre Gesteine von pazifischem Charakter umfaßt, die vulkanische aber überwiegend basaltische oder wenigstens von basaltischem Magma abzuleitende;
2. in Bezug auf den *Schauplatz der Vorgänge* darauf, daß die plutonischen Assoziationen an die alpinotyp-orogenen Zonen gebunden sind, die vulkanischen aber an die nichtorogenen;
3. in Bezug auf die *Zeitlichkeitsverhältnisse* darauf, daß der Plutonismus in die Zeiten der großen alpinotypen Faltungsprozesse fällt, der Vulkanismus sich aber im wesentlichen außerhalb dieser Zeiten ereignet;
4. in Bezug auf die *Herkunftsverhältnisse* darauf, daß die plutonischen Magmen der Sialkruste entstammen und aus bereits vorhanden gewesenem Gesteinsmaterial hervorgegangen, also palingener Abkunft sind, während die vulkanischen Magmen aus unterhalb der Sialkruste liegenden Tiefenregionen kommen und primär-magmatischen Ursprungs sind.

Besteht bei KENNEDY und CLOOS-RITTMANN Übereinstimmung also hinsichtlich der Abstammung der plutonischen Assoziation vom Altgestein der äußeren Erdschale (Granitschale), so ist die Auffassung hinsichtlich der speziellen Art der Überführung des Altgesteins in den granitischen Zustand sehr verschieden.

Daß Granite durch *Migmatisierung* („Granitisation"), d. h. durch Veränderung eines älteren und an seinem Platz verbliebenen Gesteinsbestandes unter Wärme- und Stoffzufuhr, entstehen können, ist nicht mehr zu bezweifeln. Ein kaum zu widerlegender Hinweis auf solcherlei Bildungsart ist u. a. in den schemenhaften („nebulitischen") Reliktstrukturen des primären Gesteinsgefüges gegeben (SEDERHOLM). Manche Autoren scheinen sogar so ziemlich die Gesamtheit der Granitkörper durch Granitisation, als „Migmaplutone", deuten zu wollen, indem für sie auch die klar intrusiven Granite letzten Endes mobilisierte Migmatite sind. In dieser Hinsicht sind CLOOS & RITTMANN zu nennen. „Der in situ entstandene, vorerst unbewegte migmatische Pluton wird bei Fortdauer der Ultrametamorphose zum plastisch intrudierenden Diapirit". In diesem Sinne werden sogar die großen Granitintrusionen der nordamerikanischen Kordilleren und der Anden als „Migmaplutone" aufgefaßt. Aber es empfiehlt sich, entgegen einer so weitgehenden Fassung des Begriffes Migmatit diesen auf die Fälle der Granitisation von *in situ bleibendem* Altgestein zu beschränken (WEGMANN 1935, STILLE 1939, GROUT 1941). So definiert auch H. H. READ (1944) die Granitisation als „Prozesse, durch die feste Gesteine in Gesteine von Granitart *ohne Durchschreitung eines magmatischen Zustandes* umgewandelt werden"; und in seiner Systematik der Gesteine rechnet er die Plutonite von solcherlei Entstehung gegenüber den „orogenen" Plutoniten zu den „metamorphic rocks".

Zur Frage, ob gleich den normalen magmatischen Intrusionen auch die Granitisationen in die orogenen Zeiten der Erdgeschichte entfallen, wird im CLOOS-RITTMANNschen Zwiegespräch gesagt, daß sich die migmatischen Plutone, mögen sie in situ oder diapiritisch auftreten, *gleich den Migmatisierungsvorgängen* im mechanischen *und zeitlichen* Anschluß an große Faltungsprozesse gebildet haben. Ferner sei auf die WEGMANNsche Vorstellung (1933) der Auspressung der aufsteigenden und die Granitisation bewirkenden Fraktionen des Tiefenmagmas *durch orogene Kräfte* verwiesen.

In einer unlängst (1949) erschienenen und höchst beachtenswerten Studie über ausgedehnte Granitisationen im Himalaya, entstammend der Feder von P. MISCH, dem Geologen der Deutschen Nanga Parbat-Expedition des Jahres 1934, handelt es sich um die kristallinen Gesteine des den westlichen Eckpfeiler des Himalaya bildenden Nanga Parbat, die aus Altgestein abgeleitet werden, wobei der Höhepunkt der Migmatisierung in den Gneisgraniten des inneren Kernes des Nanga Parbat-Massivs erblickt wird. Daß hier Granitisation und nicht eruptive Intrusion vorliegt, ergibt sich nach MISCH nicht zum wenigsten aus dem Auftreten dünner, aber oft sehr weit aushaltender Marmorbänder, die bei der metasomatischen Granitisation ausgespart geblieben sein sollen und nicht etwa nach dem Prinzip der lit-par-lit-Intrusionen zu erklären sind. Es lägen also, wie man wohl sagen darf, nebulitische Erscheinungen von größeren Dimensionen vor. Noch betroffen von dem regionalen Metamorphismus, mit dem sich die Granitisation verknüpft, ist eine vulkanische Serie von jungkretazisch-alttertiärem Alter. Wie die Metamorphose, so erweist sich nach MISCH auch die Granitisation als eine *synorogene* Erscheinung, d. h. Metamorphismus und Granitisation gehören in den Komplex der großen Gebirgsbildung des Himalaya-Systems.

Gewiß bedarf die Frage der Kontinuität oder der an die orogenen Phasen gebundenen Episodizität der Granitisierungen noch weiterer Behandlung. Aber einstweilen ist jedenfalls festzustellen, daß recht maßgebliche Vertreter des Granitisierungsgedankens, die sich auch die WEGMANNsche Vorstellung des Aufsteigens der „Migmatitfront", d. h. der oberen Grenze des Migmatisierungsbereiches, zu eigen machen, die Granitisierungen als episodische, an die orogenen Phasen gebundene Vorgänge und nicht als einen Dauerprozeß aufzufassen scheinen.

Im Gegensatz zu der CLOOS-RITTMANNschen migmatitischen Deutung der Plutone sieht KENNEDY die Ursache der Mobilisation des Altmaterials in Aufschmelzungsvorgängen, herbeigeführt dadurch, daß in Zusammenhang mit den großen Faltungen bzw. im Anschluß an sie sialische Gesteinskomplexe in tiefere und damit heißere Erdzonen abtauchen.

Die Vorstellung einer Abwärtsbewegung von der Faltung betroffener Gesteinsmaterialien ist die Konsequenz einfacher, an die Schwereanomalien der Erde anknüpfender Überlegungen, die darauf hinauskommen, daß die Gesteinsmassen in den der Faltung unterliegenden Zonen auf verminderten Breitenraum gebracht werden, dementsprechend in der Vertikalrichtung anwachsen und nunmehr nach isostatischen Gesetzen einsinken müssen. In diesem Sinne geht, so sagte ich 1939, das von Flußmitteln (Wassergehalt usw.) durchsetzte Schmelzgut zur Wärme hinab, während bei Deutung der Palingenese als gesteigerter Migmatismus die Wärme zum Schmelzgut hinaufsteigt. Und gewiß führt die orogene Versenkung in heißere Tiefen den vorher festen Gesteinen ganz andere thermische Energien verhältnismäßig „kurzfristig“ zu, als die Anheizung von unten her unter Vermittlung aufsteigender Tiefenderivate. Zugegeben also, daß auch die migmatische Entstehung granitischer Schmelzen ein verbreitetes Phänomen sein mag, so ist doch der ungleich plausiblere Weg für die Entstehung granitischer Schmelze aus Altgestein in der Vorstellung des Absinkens des Altgesteins gegeben, wie sie KENNEDY vertritt und wie sie vor KENNEDY und mir (1939) schon KOSSMAT (1931) und VON BUBNOFF (1931) vorgeschwebt hatte.

In Bezug auf die *mitteleuropäischen variszischen Granite* hat sich E. BEDERKE noch kürzlich (1949) dahin ausgesprochen, daß die allermeisten von ihnen, so die drei großen Granitmassive der Sudeten ebenso wie der große Pluton der Lausitz, die Granite des Erzgebirges und diejenigen des Harzes und Fichtelgebirges, sicher von magmatischer und nicht von migmatischer Entstehung seien, – dabei die Frage der Herkunft des granitischen Magmas unberührt lassend. Er bezweifelt, ob von den karbonischen Granitplutonen Mitteleuropas sehr viele übrigblieben, die sich nicht auf Grund der von ihm dargelegten Kennzeichen magmatischer Gesteine als magmatisch erwiesen, und gewinnt die Überzeugung, „daß in diesem Sektor nicht allzu viel Platz für Granitisation übrigbleibt.“ Das entspricht in Bezug auf den E. BEDERKE vorschwebenden Raum auch meiner Auffassung.

III. Der subsequente Magmatismus in seiner Sonderstellung im Rahmen der Unterscheidung plutonischer und vulkanischer Assoziationen

a) DER BEGRIFF DES SUBSEQUENTEN MAGMATISMUS

In einem Akademie-Vortrage, betitelt „Zur Frage der Herkunft der Magmen“, habe ich 1939 – in Anlehnung an die Gliederung der geotektonischen Zyklen in die geosynklinale, die orogene, die quasikratonische und die vollkratonische Zeit – den Magmatismus eingeteilt in

1. den *initialen* der Geosynklinalperioden,
2. den *synorogenen* der orogenen Phasen,
3. den *subsequenten* der quasikratonischen und
4. den *finalen* der vollkratonischen Zeitperioden.

Diese Gliederung habe ich im Anschluß an die allgemeiner gehaltenen Darlegungen des Jahres 1939 in der Folgezeit auf viele Erdgebiete anwenden.

können, so außer auf weite Teile Europas auf Amerika (1940), auf Ostasien und Australien (1943, 1945 a, b und c) und auf Südafrika (1944).

Gleich KENNEDY und CLOOS-RITTMANN habe auch ich einen *der sialischen Oberkruste entstammenden* Magmatismus von überwiegend sauerer bis intermediärer Art und einen unter der Sialschale *in größeren Erdtiefen* beheimateten von überwiegend basischer Art unterschieden.

Der erstere ist, da aus bereits vorhanden gewesenen Gesteinen entstanden, von – wie ich sagte – „*lithogener*“[1] Entstehung im Gegensatz zur „*hypogenen*“ Abkunft der überwiegend basischen Assoziationen. Hierbei ist das Wörtchen „überwiegend“ nicht zu übersehen. Denn gewiß können aus basischen Schmelzflüssen auf dem Wege der Differentiationen auch mehr saure Gesteinsglieder hervorgehen, wie beim initialen Vulkanismus nicht nur die so häufigen Keratophyre und Quarzkeratophyre, sondern in Ausnahmefällen sogar Gesteine von echt quarzporphyrischer Art; und umgekehrt können aus saueren Schmelzflüssen, z. B. als Frühdifferentiate, basische Gesteinsglieder, wie etwa die Peridotite (Harzburgite) und die Gabbros des Brockenmassivs, entstehen. Aber natürlich steht in Fällen von letzterer Art zu erwarten, daß die basischen Differentiate mengenmäßig stark hinter den normalen saueren Gesteinstypen zurücktreten, – wie umgekehrt die extrem saueren Derivate der initialen Schmelzen gegenüber den basischen. Im übrigen bleibt die Möglichkeit bestehen, daß in Fällen der angedeuteten Art auch einmal palingene Aufschmelzungen von Nebengesteinsmaterial den abweichenden Gesteinscharakter bedingt haben können.

Der von KENNEDY und CLOOS-RITTMANN gegebenen Unterscheidungsart der plutonischen und vulkanischen Assoziationen kann ich mich, wie aus meinen älteren Veröffentlichungen ersichtlich ist, anschließen, *soweit unter den vulkanischen Assoziationen nur die initialen und die finalen Magmatite verstanden sind. Dagegen genügen die subsequenten Vulkanite*, als deren *Typus* der große Rotliegend-Vulkanismus Mitteleuropas gelten mag, *keineswegs den für die vulkanischen Assoziationen gegebenen Kriterien*, indem sie

[1] „Litho*gen*“ ist hier – etwa im gleichen Sinne wie magmato„*gen*“ oder vulkano„*gen*“ in der Lagerstättenkunde oder wie organo„*gen*“, zoo„*gen*“, phyto„gen“ usw. in bezug auf Sedimentationsvorgänge – nicht im Sinne von gesteins„schaffend“, sondern im Sinne von „*aus Gestein geschaffen*“ gebraucht. Man könnte auch im Anklang an die bekannte E. SÜSSsche Unterscheidung der „vadosen“, d. h. aus „seichten“ Tiefen (vadosus = seicht) kommenden und schon länger in den hydrologischen Kreislauf einbezogenen, und der „juvenilen“, d. h. der aus größeren Tiefen stammenden und erst neu im Boden auftretenden Wässer von dem *lithogenen* Magmatismus als einem „*vadosen*“ und dem *hypogenen* Magmatismus als einem „*juvenilen*“ sprechen.

1. (betrifft die gesteinsartlichen Kriterien) vorwiegend sauere bis intermediäre Gesteine und nicht überwiegend basaltische oder von basaltischem Magma abzuleitende umfassen, und indem sie
2. (betrifft die herkunftsmäßigen Kriterien) palingener Abkunft sind und der Sialkruste entstammen, – nicht aber den unterhalb der Sialkruste liegenden simischen Tiefenregionen.

Diese beiden Kriterien haben die subsequenten Magmen mit der plutonischen Assoziation gemeinsam.

Man erkennt, wenn man das Werden der Gebirgssysteme und Kontinente tektonisch und magmatisch nach den Zeitverhältnissen der Ereignisse analysiert, daß in den orogenen Phasen, also in Zeitabschnitten von relativ beschränkter Dauer, aus einem Untergrunde, der durch ganz lange und unmittelbar vorangegangene (geosynklinale) Perioden nur simische oder jedenfalls, wenn ausnahmsweise etwas saurere, so doch aus simischen Schmelzflüssen abzuleitende Eruptive geliefert hatte, sozusagen unvermittelt sialische Magmen in geradezu enormen Mengen aufsteigen, die nicht den Tiefenzonen von basaltischer Zusammensetzung entstammen können. Und findet nun auch der sialische *Plutonismus* mit dem Ausklingen der orogenen Phase, mit der er erst in Erscheinung getreten war, – vorbehaltlich von Wiederholungen in nachfolgenden Phasen (s. Kap. III d) – seinen Abschluß, so ist damit das „sialische Intermezzo" als Ganzes im allgemeinen noch nicht abgeschlossen. Vielmehr setzt es sich *nachorogen* noch fort, wenn auch nicht mehr oder höchstens nur ausnahmsweise in der Form plutonischer, *sondern nunmehr in der Form vulkanischer Ereignisse.* Erst später, und oft sehr viel später, stellt sich dann der normale basische Vulkanismus, nunmehr als der finale, wieder ein, wie auch vor dem sialischen Intermezzo ein solcher, der initiale, bestanden hatte. Die nachorogenen sialischen Vulkanite stimmen chemisch-mineralogisch mit den synorogenen Tiefengesteinen als Quarzporphyre (Liparite), Porphyrite (Andesite), Quarzporphyrite (Dazite) überein, d. h. es setzt sich die durch die Orogenese eingeleitete sialische Magmenepoche *mit blutsverwandten Gesteinen* noch fort. Und auf Grund dieser Blutsverwandtschaft und der zeitlichen Zusammenhänge schien es mir gegeben, die nachorogenen Gesteine genetisch zu den synorogenen Intrusionen als deren *vulkanische Nachläufer* in unmittelbare Beziehung zu bringen und damit auch sie als Aufschmelzprodukte der sialischen Oberkruste unserer Erde aufzufassen. In diesem Sinne habe ich sie 1939 als die zum synorogenen Plutonismus *„subsequenten"* Vulkanite nicht nur wegen ihrer zeitlichen „Nachfolge“, sondern auch wegen ihrer magmatischen Beziehungen zu diesem bezeichnet. „Das Fehlen innerer Beziehungen zwischen den plutonischen und vulkanischen Assoziationen“ gilt also nicht für die „subsequenten“ Vulkanite. Vielmehr sind diese die „effusiven Äquivalente“ der plutonischen Magmatite, dieses allerdings nicht – und darin stimme ich voll mit CLOOS-RITTMANN und KENNEDY überein –, im Sinne einer Gleichaltrigkeit.

Gewiß haben auch CLOOS-RITTMANN und KENNEDY diese subsequenten Vulkanite keineswegs übersehen, aber schon die Zeitbeziehungen zum synorogenen Plutonismus und damit das „subsequente“ des Phänomens nicht oder wenigstens nicht ausreichend gewürdigt und sie dementsprechend auch herkunftsmäßig nicht zu den synorogenen Plutoniten in Beziehung gebracht, sondern wie die Gesamtheit der Vulkanite, so auch sie als Derivate des basaltischen Tiefenmagmas, also als von subsialischer Abkunft, zu deuten versucht. Dabei denken CLOOS und RITTMANN neben den Differentiationen an Assimilationen, die aber nach KENNEDY (1938, S. 31) die beobachteten vulkanischen Gesteinsfolgen nicht zu erklären vermögen. KENNEDY (1933, 1938 usw.) leitet die saueren Magmatite als kalkalkaline speziell aus den tieferen, d. h. den „olivinbasaltischen“ Teilen der zwischen der Sialschale („Granitic Layer“) und dem „Lower Layer“ („Peridotite Layer“) gelegenen Zwischenschale („Indermediate Layer“) ab, deren oberer olivinfreier (tholeiitischer) Teil nach ihm die vulkanischen Alkalimagmen und dabei speziell auch die Gesteine der Tiefseeregionen geliefert hat. Aber er verkennt keineswegs (1938, S. 53), daß die kalkalkalinen Vulkanite die „orogenen“ (wohl richtiger: die bis nicht allzu lange vorher „orogenen“) Zonen, die alkalinen aber die nichtorogenen charakterisieren. Und ebenso hebt er schon hervor, daß ziemlich allgemein die kalkalkaline Entwicklung in späteren Episoden durch die alkaline abgelöst wird, d. h. also, wie ich mich ausdrückte, daß der „subsequenten“ Entwicklung die „finale“ folgt. Er knüpft dabei an das Beispiel des sialischen Midland Valley an, wo der Vulkanismus des Unteren Old Red zu den Kalkalkali-Assoziationen gehört und schon derjenige des Karbons von alkaliner Art ist.

Allerdings möchte ich mich der Ausdrucksweise, daß im Midland Valley zur Zeit des Old Red noch „kaledonische“ Bewegungen geherrscht hätten, während es erst im Karbon einen Teil des variszischen Vorlandes bildete, nicht anschließen. Vielmehr waren die kaledonischen Faltungen im Midland Valley im Devon, wie die mehr oder weniger flache Lagerung des Old Red bezeugt, in ähnlicher Weise schon sozusagen abgeschlossen, wie in Mitteleuropa die variszischen zur Rotliegendzeit, d. h. es bestand im Old Red Schottlands bereits der „quasikratonische“ Zustand, dem dort schon im Karbon der durch den finalen Vulkanismus charakterisierte vollkratonische folgte.

Wie mit jeglichem Vulkanismus so können *subvulkanische „Plutone“* auch mit dem subsequenten verknüpft sein.[1]

b) REST- UND NEUSCHMELZEN BEIM SUBSEQUENTEN MAGMATISMUS

Mit der Deutung der subsequenten Schmelzen als *Restschmelzen* aus der vorangegangenen Zeit der orogenen Vorgänge kommt man schwerlich in den keineswegs seltenen Fällen aus, in denen sich der subsequente Magmatismus über ganz lange geologische Zeiten erstreckt hat oder (s. unten) erst relativ spät dem „präzedenten“ Plutonismus gefolgt ist.

Vielmehr liegt in solchen Fällen der Gedanke einer Erneuerung des Aufschmelzungsvorganges („*Neuschmelzen*“) nahe. Wir dürfen uns vorstellen, daß nach etwaiger Erschöpfung des mit der Faltung entstandenen Magmas die Sohle der Sialschale immerhin noch relativ nahe über den Regionen der Schmelztemperatur des Sials lag und daß somit vielleicht schon verhältnismäßig geringe Absenkungen oder ein verhältnismäßig geringes Ansteigen der Geoisothermen zu neuer Aufschmelzung führen konnten. Und wenn nun auch der alte HAUGsche Gedanke (1907), daß das fortschreitende Einsinken der *orthogeosynklinalen* Zonen zur Bildung granitischer Schmelzen geführt haben könnte, als quantitativ nicht ausreichend abzulehnen ist (STILLE 1939, S. 16 und 1940, S. 17), so mögen doch in Fällen, in denen das Sial im Gefolge der vorangegangenen Orogenesen noch bis nahe zu seinem Schmelzniveau hinabreichte, schon epirogene Absenkungen von Art und Ausmaß jener, die sich in den Spezialundationen des mitteleuropäischen Oberkarbons und Rotliegend innerhalb der ehemals orthotektonischen und mit den variszischen Faltungen quasikratonisch gewordenen Räume zu erkennen geben, für neue Aufschmelzungen ausreichend gewesen sein. Bei diesen späteren Aufschmelzungen handelt es sich also nicht um „unmittelbare“, sondern um „mittelbare“ Auswirkungen der Orogenesen (STILLE 1939, S. 19). Solange aber in der Tiefe das leichtere sialische Magma als Rest- oder Neuschmelze noch oder wieder da war, dürfte im allgemeinen ein unter ihm vorhandenes schwereres (basaltisches) Magma nicht zum Aufstieg gelangt sein, wie umgekehrt die endgültige Ablösung des subsequenten sialischen Magmatismus durch den finalen eintreten mußte, wenn endgültig das Sial nur noch oberhalb seines Aufschmelzungsniveaus lag, also in ganzem Umfange „eingefroren“ war und blieb.

[1] Nicht zum wenigsten solche haben E. BEDERKE (1948) vorgeschwebt, als er im Gegensatz zu einer genetischen und weitgehend auch zeitlichen Trennung von Plutonismus und Vulkanismus ganz allgemein einen engen zeitlichen und räumlichen Zusammenhang dieser beiden Kategorien des Magmatismus darzulegen versuchte. Hierüber an anderer Stelle (STILLE 1950).

Wie der synorogene und dabei lithogene Plutonismus Gesteine von höherer, ja ganz hoher Basizität aufweist – ich brauche nur auf den oben schon herangezogenen Fall des Brockenmassivs zu verweisen –, so finden sich basische und zwar zumeist melaphyrische Gesteinsvarietäten auch innerhalb der im allgemeinen aus saueren bis intermediären Gesteinstypen bestehenden subsequenten Serien, – so in den Sudeten, in Sachsen, im Thüringer Wald, im Harz, im Saar-Nahe-Gebiet usw. Auch diese Melaphyre mögen Differentiationsderivate des palingenen Magmas, das überhaupt die Subsequentite geliefert hat, sein, wie z. B. für den Fall des Thüringer Waldes durch H. HELLMERS (1936) gezeigt worden ist. Auch die randlich aus sauerem und in der Mitte aus basischem Material bestehenden gemischten Gänge[1] führen zur Ableitung beider Materialien aus einem gemeinsamen Stamm-Magma. Doch mag einstweilen noch als nicht völlig ausgeschlossen, wenn auch als nicht sehr wahrscheinlich gelten, daß sich während der Subsequenzperiode auch einmal Ergüsse von hypogener Abkunft in solchen Zeiten ereignet haben könnten, in denen im Sinne der eben gemachten Ausführungen der sialische Magmatismus vorübergehend ruhen mußte.

c) BEISPIELE FÜR EINSETZEN UND ZEITDAUER DES SUBSEQUENTEN MAGMATISMUS

Dafür, daß der sialische Vulkanismus sehr bald nach jenem Plutonismus eingesetzt hat, dem er zuzuordnen ist, sind in Mitteleuropa (näheres bei STILLE 1950) im Schwarzwald, in den Vogesen, im Morvan und in der Bretagne Beispiele gegeben, indem dort der von starken Intrusionen begleiteten intra-unterkarbonischen und zwar vor dem Visé erfolgten Hauptfaltung schon im Visé typische subsequente Vulkanite in zum Teil ganz großen Mengen gefolgt sind. Ebenso sind im Harz und im Saxothuringikum nach der hier vor dem Oberkarbon erfolgten Hauptfaltung von sudetischem Alter die ersten subsequenten Ergüsse schon im Oberkarbon eingetreten. In diesen mitteleuropäischen Gebieten hat der subsequente Vulkanismus noch die Rotliegendzeit umfaßt und bekanntlich gerade in dieser seinen Höhepunkt gefunden, um dann zu erlöschen. In Übereinstimmung mit den Verhältnissen des außeralpinen Mitteleuropas hat auch im Raume der Alpen der nachsudetische subsequente Vulkanismus wenigstens seine Hauptentwicklung erst in der Unterdyas gefunden, doch ist ihm nach erfolgter Regeneration und als bedeutsamer Hinweis auf diese schon im jüngsten Perm und dann im Mesozoikum ein weiterer Magmatismus, nunmehr wieder ein initialer, gefolgt. Damit ist hier

[1] Hinweis von F. DEUBEL bei einer im Thüringer Wald geführten Unterhaltung.

im Gegensatz zum außeralpinen Mitteleuropa, wo überhaupt jeglicher Magmatismus bis hin zur Tertiärzeit unterblieben ist, die Möglichkeit der Abgrenzung der epivariszischen Subsequenzperiode auch zum Hangenden hin gegeben.

Unter den mitteleuropäischen Verhältnissen hat also die epivariszische Subsequenzperiode, soweit es sich um sudetisch gefaltete Räume handelt, etwa 50 Millionen Jahre und, soweit die Hauptfaltung schon unterkarbonischen Alters gewesen ist, vielleicht 65 Millionen Jahre angedauert.

Den bisher genannten Beispielsfällen stehen andere gegenüber, in denen der sialische Magmatismus nach den orogenen Ereignissen, die das sialische Intermezzo eingeleitet hatten, erst sehr spät eingesetzt hat, während in der Zwischenzeit überhaupt kein Vulkanismus eingetreten war. Ein extremer Fall ist darin gegeben, daß in den pazifischen Gebirgen Nordamerikas, wo die Hauptgebirgsbildung und der Hauptplutonismus in die jungjurassische Zeit entfallen sind, zunächst rund 50 Millionen Jahre vulkanischer Ruhe gefolgt waren, bis dann im Tertiär der subsequente sialische Vulkanismus zur Geltung kommen konnte. In den nordamerikanischen Kordilleren ist er heute sozusagen abgeschlossen, während er in den Anden Südamerikas, wo die große Gebirgsbildung erst in die jüngere Kreidezeit entfallen war, noch kräftig fortbesteht.

In Indochina und Nachbargebieten (STILLE 1945 a) ist der im Oberkarbon eingetretenen und von sehr starkem granitischen Plutonismus begleitet gewesenen variszischen Faltung schon im späteren Oberkarbon und dann in der Dyas und der Trias ein hochbedeutsamer sialischer Vulkanismus gefolgt. Seine letzten Ergüsse reichen noch in den Lias hinein. Er hat sich also über einen Zeitraum von schätzungsweise 100 Millionen Jahren erstreckt.

Vorstehende Beispiele mögen zeigen, daß der subsequente Vulkanismus nicht etwa nur eine nebensächliche Erscheinung im Gesamtbild des Magmatismus der Erde ist, die man als örtlichen Ausnahmefall eines im übrigen hypogenen Vulkanismus abtun könnte, sondern ein sich immer wiederholendes und nicht nur räumlich sehr ausgedehntes, sondern auch über recht lange Zeiten sich erstreckendes Phänomen.

d) SUBSEQUENZPERIODEN UND SUBSEQUENTER („INTERZEDENTER") MAGMATISMUS

Die den orogenen Ereignissen gefolgten Zeiten, in denen der Magmatismus noch von subsequenter Art ist, mag man kurzhin als die *Subsequenzperioden* bezeichnen und in diesen Begriff auch die oft langen Pausen zwischen den Einzeleruptionen und die oft langen Zeiten, die nach dem orogenen Plutonismus zunächst frei von Eruptionen gewesen waren, einbeziehen.

Daß nach diesen Subsequenzperioden der Vulkanismus, soweit überhaupt vorhanden, von „finaler“ (simischer) Art gewesen ist, muß gewiß mit allgemeineren Veränderungen der Tiefenverhältnisse zusammenhängen, und zwar speziell in dem Sinne, daß nunmehr die Sialkruste auch mit ihren untersten Teilen über den Tiefenzonen, die ihre Aufschmelzung ermöglicht hätten, verbleiben mußte. Speziell die Verhältnisse Mitteleuropas führen zu der Vorstellung, daß beim Abschluß des sialischen Magmencharakters eine zunehmende Erstarrung des Untergrundes eine Rolle gespielt hat. Denn die Zeit der magmatischen Subsequenz ist in Mitteleuropa zugleich diejenige der „saar-selkischen“ Tektonik, die im Gegensatz zu den vorangegangenen alpinotypen variszischen Ereignissen und entsprechend der durch diese Ereignisse geschaffenen Konsolidation des Untergrundes zwar gewiß schon von klar germanotyper Art gewesen ist, sich aber von der nach ihr einsetzenden echt saxonischen Tektonik noch durch einige an die variszischen Zeiten anklingende Verhältnisse unterschieden hat, die auf eine gewisse Minderstarrheit des Bodens, den „quasikratonischen“ Zustand, verglichen mit dem „vollkratonischen“ der späteren Zeiten, hinweist (STILLE 1939, S. 20). Und im Sinne einer Veränderung der Tiefenverhältnisse nach bzw. mit Abschluß der Subsequenzperiode spricht auch, daß – wenigstens soweit ich die Verhältnisse zu übersehen glaube – das Phänomen der Regeneration, d. h. der Wiedererlangung des orthogeosynklinalen Zustandes nach bereits erfolgt gewesener Konsolidation, abgesehen von dem Sonderfalle des großen Algonkischen Umbruches, nur noch möglich gewesen ist, solange noch der durch die subsequenten Magmatite charakterisierte quasikratonische und nicht schon der die finalen Magmatite aufweisende vollkratonische Zustand bestanden hatte.

Weisen auch die Subsequenzperioden im allgemeinen nur *Vulkanite* von sialischer Zusammensetzung auf, so können sich doch in ihrem Ablauf, und zwar begreiflicherweise wieder in orogenen Phasen, die in die Subsequenzperioden entfallen, sialische *Plutonite* einstellen.

Ich habe in solchen Fällen von einem „*interzedenten*“ Plutonismus gesprochen (1940)[1], doch könnte man ihn kurzhin auch als den „subsequenten Plutonismus“ bezeichnen im Sinne der Aufteilung des subsequenten Gesamtmagmatismus in den gewaltig vorherrschenden subsequenten Vulkanismus und den

[1] „interzedent“ im Sinne von „zwischendurch eintretend“.

weit selteneren Plutonismus. Von mitteleuropäischen Beispielen des letzteren, die an anderer Stelle (1950) behandelt werden, verweise ich auf den aus folgendem magmatotektonischen Zeitschema ersichtlichen Fall des südlichen Schwarzwaldes:

Rotliegend *mit subsequenten Vulkaniten*

Ottweiler Schichten von Hinterohlsbach usw.

germanotype asturische Orogenese

älteres Oberkarbon von Diersburg-Berghaupten *mit subsequenten Vulkaniten*

sudetische Faltung, schon stark germanotyp, *jedoch nochmals Plutonite* (Zweiglimmergranite)

„Oberkulm" *mit starkem subsequentem Vulkanismus*

bretonische Hauptfaltung mit Intrusion der Schwarzwälder Hauptgranite usw.

Dort im Schwarzwald ist der Fall des subsequenten Plutonismus also in den Begleitgraniten der sudetischen Faltung gegeben.

Der subsequente Plutonismus entspricht nicht mehr der Forderung der Gebundenheit an noch echt alpinotype Ereignisse, sondern hat sich, wie überhaupt der subsequente Magmatismus, in bereits konsolidierten, wenn auch erst quasikratonischen Räumen abgespielt. Ihn aber zur „vulkanischen Assoziation" zu stellen, trotzdem vulkanische Phänome von magmatisch übereinstimmender Art vorangegangen und gefolgt sind, verbietet sich schon aus den oft sehr großen Dimensionen solcher Plutone und aus den geologischen Begleiterscheinungen. Zu diesen gehört das Auftreten einer typischen „Granittektonik", die ja, wie CLOOS schon längst nachdrücklich hervorgehoben hat (vgl. auch CLOOS & RITTMANN 1939), den Vulkanoplutonen abgeht. Es ist in dieser Hinsicht nur darauf zu verweisen, daß (siehe unten) einer der klassischen Plutone der CLOOSschen Granittektonik, nämlich derjenige des Riesengebirges, schließlich in den Kreis der interzedenten gehört.

e) SUBSEQUENTER PLUTONISMUS UND ZWITTERTEKTONIK

Die Überlegungen über den subsequenten Plutonismus leiten über zum Begriff der „*Zwittertektonik*" („zwittrige Orogenese"). Ich habe sie (1940, S. 659) definiert als eine nach ihren orogenen Formen zwar bereits *germanotype bis mediotype* Gebirgsbildung, *in die aber durch granitische Plutone ein gewisser alpinotyper Zug hineingetragen wird.* Beispiele dessen ergeben sich in Südamerika im Raume des Puna-Blockes Boliviens und in Nordamerika im südlichen Arizona.

Im Puna-Block sind die hier intratertiären Faltungen nach allen vorliegenden Angaben nicht sehr beträchtlich gewesen, und nur örtlich sind etwas stärkere Zusammenschübe erkennbar; doch waren sie von einem starken Plutonismus begleitet. Im südlichen Arizona befindet man sich (Gebiet von Bisbee usw.) keineswegs schon in echt orthogeosynklinal gewesenen Räumen, sondern erst in Übergangsverhältnissen zu solchen. Hier liegen die starren Gesteinsmassen des weiter nördlich einsetzenden Kolorado-Plateaus noch in relativ geringen Tiefen, und dementsprechend ist das nachunterkretazisch entstandene orogene Bild, im ganzen gesehen, von germanotyper Art. Doch umschließt es sehr ausgedehnte granodioritische Intrusionen.

Im Falle der Zwittertektonik ist der orogene Zusammenschub des Untergrundes so unbeträchtlich gewesen, daß er zur Erklärung starker abwärtiger Abbiegungen der sialischen Oberkruste gewiß nicht ausreicht und somit für das Erscheinen der sialischen Plutonite keine Deutung in der von KENNEDY und mir gegebenen Weise liefern könnte. Aus dieser Überlegung heraus bin ich im Falle einiger Zwitterorogenesen Amerikas (1940) und Ostasiens (1945 c, S. 297) zur Vorstellung subkrustaler und z. T. recht weiter Zuwanderungen sialischer Materialien aus echt alpinotyp gebauten und an bodenständigen synorogenen Plutonen reichen Faltungszonen gekommen. Auch W. LINDGREN (1915, 1933, vgl. STILLE 1940, S. 264) hatte, wenn auch auf anderer Basis, schon weite subkrustale Wanderungen sialischer Magmatite im Untergrunde der nordamerikanischen Kordilleren angenommen. Aber keineswegs muß *jegliche* Zwitterorogenese auf solcherlei Weise erklärt werden, vielmehr ist in sehr vielen anderen Fällen das granitische Magma der Zwitterorogenesen nicht von allochthoner, sondern von subsequent-autochthoner Art gewesen. Hiervon wird gleich noch die Rede sein.

Fälle von Zwittertektonik sind im mitteleuropäischen Variszikum in Niederschlesien (Lugikum) und Böhmen (Moldanubikum), wie auch im Schwarzwald und den Vogesen gegeben. Im Lugikum ist nach weitgehender Konsolidation des Untergrundes durch die kaledonische Faltung die variszische Orogenese nur noch mediotyp bis germanotyp ausgefallen, trotzdem aber von einem großen Plutonismus, so demjenigen des Riesengebirges, begleitet gewesen. Und im Moldanubikum, wo schon seit der assyntischen Faltung germanotype bis mediotype Verhältnisse geherrscht hatten, hat die variszische Faltung die ausgedehnten Intrusionen im Gefolge gehabt, auf die F. E. SUESS die Vorstellung der „Intrusionstektonik" begründete.

Auch die sudetische Faltung des südlichen Schwarzwaldes (s. oben) ist, da sie sich durch die Lagerungsformen des Kulm als germanotyp charakterisiert, aber noch von stärkeren Intrusionen begleitet war, als zwittrig zu bezeichnen, und das gleiche gilt z. B. auch für die asturische Tektonik der Bretagne.

In den Fällen zwittriger Orogenesen hat also die orogene Pressung zwar nur zu germanotypen oder vielleicht mediotypen Gebirgsbildungen geführt, immerhin aber das Entstehen von Intrusionsräumen noch unterstützen können.

In Bezug auf die Definition des Begriffes der plutonischen und vulkanischen Assoziation ist nicht zu übersehen, daß in den Fällen der Zwittertektonik das Kriterium der Gebundenheit des Plutonismus an orogene oder – klarer gesagt – *noch* orogene Räume nicht mehr zutrifft. Vielmehr besagen die für diese Fälle ja charakteristischen germanotypen Lagerungsformen der Gesteinsserien, daß der orthotektonische Zustand des Untergrundes schon überwunden war, in manchen Fällen schon seit langen Zeiten. Wo diese Zwittertektonik sich wie im Schwarzwald in einer Subsequenzperiode eingestellt hat – also in einer Zeit, in der der Untergrund autochthones sialisches Magma führte –, ist die bodenständige Herkunft des Magmas der Zwittertektonik ohne weiteres anzunehmen. Wo das Magma aber einem seit langen Zeiten schon konsolidierten Boden entquollen ist, muß vielleicht, wie oben ausgeführt, an subkrustale Zuwanderung gedacht werden. So glaube ich eine solche auch im Falle der variszischen Granite des Moldanubikums und Lugikums annehmen zu müssen, und gerade diese Kernregionen des variszischen Hauptorogens Mitteleuropas lassen eine solche Auffassung zu, wie an anderer Stelle (1950) gezeigt wird.

f) EINFÜGUNG DER SUBSEQUENTEN ERUPTIVA IN DIE SYSTEMATIK DES MAGMATISMUS

Der subsequente Magmatismus nimmt eine Mittelstellung zwischen den plutonischen und den vulkanischen Assoziationen, wie diese sich bei KENNEDY und CLOOS-RITTMANN charakterisiert finden (s. Kap. II), ein, indem er

gesteinsmäßig (sialische Gesteinstypen oder solche, die aus sialischen Schmelzen abzuleiten sind) und

herkunftsmäßig (palingene Abkunft aus der sialischen Oberkruste) zur *plutonischen* Assoziation,

jedoch in seiner *Haupterscheinungsform* (subsequenter *Vulkanismus*) und nach den *Altersverhältnissen* (keine Gebundenheit an orogene Phasen!) unbedingt zur *vulkanischen* Assoziation zu rechnen ist, – dieses einschließlich der mit ihm, wie überhaupt mit dem Vulkanismus, verbundenen „Subvulkane".

Damit ist also der subsequente Magmatismus der in Kapitel II charakterisierten „Normaleinteilung" des Magmatismus in die plutonische und die vulkanische Assoziation nicht ohne weiteres einzuordnen. Ist er doch zur plutonischen Assoziation der Normaleinteilung nicht zu rechnen, da er

1. in sehr wesentlichen Teilen (subsequenter Vulkanismus) extrusiv und
2. selbst in der Erscheinungsform als subsequenter Plutonismus zeitlich nicht an Orogenesen von alpinotyper Art gebunden ist.

Und spricht doch gegen die Zuteilung zur vulkanischen Assoziation der Normalgliederung, daß er

1. gesteinsmäßig von sialischer Art,
2. herkunftsmäßig von lithogener Abkunft und
3. in der Erscheinungsform als subsequenter Plutonismus „echt“ intrusiv (nicht subvulkanisch) und an die orogenen Phasen gebunden ist.

Auch *je für sich* genügen der subsequente Vulkanismus und der subsequente Plutonismus nicht den von KENNEDY und CLOOS-RITTMANN gegebenen Kriterien der plutonischen und vulkanischen Assoziation; denn der subsequente Vulkanismus ist ja von lithogener und nicht von hypogener Abkunft, und der subsequente Plutonismus ist nicht mit der alpinotypen Hauptfaltung verbunden, sondern dieser erst gefolgt.

Man müßte also die Charakterisierung der vulkanischen und plutonischen Assoziation, wenn man die Einteilung des Gesamtmagmatismus in diese beiden kardinalen Assoziationen aufrechterhalten will, so abändern, daß auch die subsequenten Magmatite mitumfaßt wären. In diesem Sinne hätte man bei der Charakterisierung der vulkanischen Assoziation das gesteinsartliche (bisher „simisch“) und genetische Kriterium (bisher „hypogen“) und bei Charakterisierung der plutonischen Assoziation die Gebundenheit zwar nicht an die orogenen Phasen an sich, wohl aber an die alpinotype Hauptorogenese fallen zu lassen. Man hätte in diesem Sinne etwa zu sagen:

> Die *vulkanische Assoziation* umfaßt die Gesamtheit der extrusiven Magmatite und die mit solchen gesteinsartlich und genetisch eng verknüpften intrusiven (subvulkanischen). Sie ist überwiegend – nämlich als initialer und finaler Vulkanismus – von simischer Art und hypogener Abkunft, doch in größerem Umfange – als subsequenter Vulkanismus – auch von sialischer Art und lithogener Abkunft.
>
> Die *plutonische Assoziation* umfaßt die intrusiven Eruptivmassen (mit Ausnahme der mit dem Vulkanismus gesteinsartlich und genetisch eng verknüpften subvulkanischen). Sie ist von lithogener Abkunft und an die orogenen Phasen gebunden, und zwar in der Hauptsache an die alpinotypen und

nur zurücktretend (subsequenter Plutonismus, Zwitterorogenese) auch an bereits germanotype orogene Ereignisse.

Zu bedenken ist natürlich, daß, soweit die Zwitterorogenesen durch sub- bzw. tiefkrustale Magmenzuwanderungen erklärbar wären, das plutonische Material nicht als *entstehungsmäßig* subsequent aufzufassen ist, sondern sehr wohl in Nachbargebieten bei entsprechend jüngerer Hauptfaltung als echt synorogen entstanden sein könnte und sich dann von dort her in die Gebiete mit damals schon kratonischen Untergrundsverhältnissen verlagert hätte.

Nehmen wir allerdings diese im örtlichen Bilde als subsequent *erscheinenden* Magmatite vom subsequenten Plutonismus aus und rechnen wir zu diesem gleichfalls nicht, wie selbstverständlich, die subvulkanischen subsequenten Intrusionen, so besäße der noch verbleibende echte subsequente Plutonismus wohl keine größere Verbreitung und dementsprechend keine allzu erhebliche Bedeutung.

Will man nun die Normalgliederung des Magmatismus in der in Kapitel II gegebenen bisherigen Weise, d. h. also ohne die im Hinblick auf die subsequenten Magmatite erforderlichen und eben dargelegten Einschränkungen, bestehen lassen, so würde nichts anderes übrigbleiben, als der plutonischen und der vulkanischen Assoziation, verstanden im bisherigen Sinne, *eine dritte Assoziation, die subsequente*, hinzuzufügen, die

1. *gesteinsartlich* als (gleich der plutonischen Assoziation) sialisch bzw. als ableitbar von einem sialischen Magma,
2. nach den *Räumen* und den *Formen der Erstarrung* als ganz überwiegend vulkanisch (einschließlich der Vulkanoplutone), aber z. T. auch als echt plutonisch,
3. nach den *Zeitverhältnissen* als eintretend nach der alpinotypen und die orthotektonische Entwicklung abschließenden Hauptorogenese, und zwar sowohl und hauptsächlich in anorogenen, aber auch in orogenen Zeiten (Subsequenzperiode),
4. *herkunftsmäßig* als (gleich der plutonischen Assoziation) aus Altgestein geworden und der Oberkruste entstammend,

zu charakterisieren wäre.

IV. „Verlängerter" initialer Magmatismus

Unter dem „*verlängerten*" initialen Magmatismus verstehe ich einen solchen von Art und Herkunft der initialen Gesteine, der sich aber, die geosynklinalen Zeiten überdauernd, noch bis in die Zeit der Hauptgebirgsbildung, ja unter Umständen noch etwas über diese hinaus, fortgesetzt hat.

In solcherlei Hinsicht geben schon gewisse Verhältnisse des Rheinischen Schiefergebirges zu denken.

Das bretonische Alter der Hauptfaltung von Teilen des Rheinischen Schiefergebirges ergibt sich z. T. schon daraus, daß Serien, die sich nach ihren Floren als unterkarbonisch erwiesen haben, mit scharfer Diskordanz einen Faltenbau überdecken, der noch Schichtfolgen von devonischem Alter umschließt. Daneben wird ein vorunterkarbonisches Faltungsalter daraus kenntlich, daß Diabasgänge, die unzweifelhaft zum Komplex des devonischen und mit seinen letzten Ausläufern noch in das Unterkarbon hineinreichenden Diabasvulkanismus gehören, also keinesfalls nachunterkarbonisch sein können, den fertigen, das Devon noch umfassenden Faltungsbau durchsetzen, also frühestens einer die Faltung abschließenden magmatischen Aktion zuzuteilen sind.

Der initiale Charakter dieses, einer randnäheren Zone des variszischen Gebirges angehörigen Magmatismus steht im Gegensatz zu dem ausgesprochen sialischen Charakter des annähernd gleichaltrigen Magmatismus der weiter südlich liegenden variszischen Kernregionen (Schwarzwald, Vogesen usw.).

Zur Vorstellung eines synorogenen Magmatismus von hypogener Abkunft bin ich ferner (1945 a) bei der Betrachtung gewisser Verhältnisse der westlichen Außenzonen der hinterindischen Faltungswelt, so des Arakan Yoma, gelangt. Dort handelt es sich um die Zeit der laramischen Faltung, die in den mehr innenwärts gelegenen und im wesentlichen schon älter gefalteten und im Gesamtbau als internidisch zu bezeichnenden Zonen des hinterindischen Faltensystems (Schan-Staaten usw.) bei Bahmo noch zu granitischen Intrusionen geführt hat. Im Bereich des Arakan Yoma hat sich im Anschluß an die laramische Faltung die hochbasische Intrusion der „westburmanischen Peridotitzone“ ereignet, die überwiegend gangartige Bildungen von z. T. Riesendimensionen aufweist, so im Osten des Manipur-Gebirges nach der Untersuchung CHHIBBERS einen gangförmigen Gesteinszug von rund 65 km Länge und durchschnittlich 1,6 km Breite. Daneben treten langgestreckte domartige Eruptivkörper auf. Außer den weitgehend serpentinisierten Peridotiten von verschiedenster Art finden sich sehr zurücktretend Gabbros und Diorite, während granitische und syenitische Gesteine gänzlich fehlen. Die Eruptiva erweisen sich als jünger als die Oberkreide, deren stark gefaltete Schichten sie durchsetzen und kontaktmetamorph beeinflußt haben, und älter als das Alttertiär, das sie diskordant überdeckt und in dessen Konglomeraten sie in Geröllform auftreten. In einzelnen Fällen findet man die Serpentine auch noch im tiefsten Alttertiär, dessen nummulitenführende Kalke sie verändert haben können. Den Intrusionen ist in der Mehrzahl der Verbreitungsgebiete der Serpentine ein geringer extrusiver basaltischer Vulkanismus in Form von Agglomeraten und Tuffen und zurücktretend auch noch von Laven gefolgt.

Die südliche Fortsetzung der Verhältnisse des westburmanischen Gebirgssystems ist auf den Inselgruppen der Andamanen und Nikobaren auch hinsichtlich der Serpentinvorkommen und des Auftretens von Geröllen dieser in den Konglomeraten des Tertiärs und hinsichtlich des Vorhandenseins basischer Tuffe auch noch im tiefsten Tertiär gegeben. Auch in anderen Außenzonen der südostasiatischen Inselwelt wird man bei Betrachtung der tektonischen und magmatischen Verhältnisse zur Vorstellung eines synorogenen Magmatismus von basischer Art geführt (STILLE 1945 a, S. 141).

An die hinterindischen Verhältnisse erinnert die Sachlage (STILLE 1945 b, S. 253), daß die erst nach dem Alttertiär erfolgte Hauptfaltung Neukaledoniens, einer Außenzone des neoaustralischen Orogens, von großen Massen basischer Intrusionen begleitet gewesen ist, während synorogene sauere Eruptiva fehlen oder höchstens ganz beschränkt auftreten.

Auch in Neuseeland mögen im Bereiche der die Hauptformation der dortigen Gebirge bildenden ungemein mächtigen mesozoischen Hokonui-Formation außer den sehr verbreiteten initialen Eruptiven der Geosynklinalzeit solche von erst synorogenem oder gar nachorogenem Alter bei auffällig starkem Zurücktreten granitischer Plutone vorhanden sein, doch bedürfen die Verhältnisse noch weiterer Klärung (STILLE 1945 b, S. 240 und 253).

Der Weg zur Deutung der Fortdauer des basischen Magmatismus von initialer Art auch noch in der orogenen Phase, ja noch über diese hinaus, ist dadurch angezeigt, daß es sich in den wohl als sicher zu betrachtenden Beispielsfällen (Rheinisches Schiefergebirge, Hinterindien, Neukaledonien) um mehr oder weniger *externidische Regionen* der Orogene, also um solche handelt, in denen die Faltung im allgemeinen weniger intensiv als in den internidischen Zonen gewesen ist. Damit hat, so können wir uns vorstellen, die Faltung eine Versenkung sialischer Altgesteine bis in die Tiefenbereiche, in denen sie der Aufschmelzung verfallen wären, nicht einleiten können. War aber ein sialisches Magma nicht verfügbar, so ließe sich wohl denken, daß das unter dem Sial liegende Sima, wie es schon vorher in den Geosynklinalperioden aufgestiegen war, so auch noch in den orogenen Phasen, ja ein wenig selbst noch nach diesen, den Weg aufwärts fand.

SCHRIFTTUM

BEDERKE, E., Grundfragen des Vulkanismus. Geolog. Rundsch. 35, 1948, 127–133. – Kennzeichen magmatischer Gesteine. Nachr. Akad. Wiss. Göttingen, Math.-phys. Kl., Math.-phys.-chem. Abteilg., 1949, 4.

BUBNOFF, S. VON, Grundprobleme der Geologie, Berlin 1931.

CLOOS, H., Einführung in die Geologie, Berlin 1936.

CLOOS, H., und RITTMANN, A., Zur Einteilung und Benennung der Plutone. Geol. Rundsch. 30, 1939, 600–608.

GROUT, F. F., Formation of igneous-looking rocks by metasomatism. Bull. Geol. Soc. Am. 52, 1941, 1525–1576.

HAUG, É., Traité de géologie I. Paris 1907.

HELLMERS, H., Die Differentiation der Eruptivgesteine der Blätter Ilmenau und Unterneubrunn. Jahrb. Pr. Geol. L. 57, 1936, 151–164.

KENNEDY, W. Q., Trends of differentiation in basaltic magmas. Am. Journ. Sc. 5. Ser. XXV, 1933, 239 bis 256. – „KENNEDY 1938“ siehe unter KENNEDY und ANDERSON. – Crustal Layers and the origin of ore deposits. Schweiz. miner.-petr. Mitt. XXVIII, 1948, 1–8.

KENNEDY, W. Q., und ANDERSON, E. M., Crustal layers and the origin of magmas. Bull. volcanolog., Part I, Serie II, Bd. III, 1938, 24–82.

KOSSMAT, F., Das Erdbild und seine Veränderungen. Handb. d. Experimentalphysik 25, II, 1931.

LINDGREN, W., Igneous geology of the Cordilleras. Probl. Am. Geol., New Haven 1915, 234–286. – Differentiation and ore deposits, Cordilleran region of the United States. Am. Inst. Min. Metall. Erg. 1933, 152–180.

READ, H. H., Meditations on granite. Part. 1. Proc. Geolog. Association LIV, 1943; Part. 2, ebenda LV, 1944. – Überreichung der Bigby-Medaille an W. Q. KENNEDY. Proc. Geol. Soc. London, 1944, 73–74.

STILLE, H., Zur Frage der Herkunft der Magmen. Abh. Pr. Ak. Wiss., Math.-naturw. Kl., 1939, Nr. 19. – Einführung in den Bau Amerikas. Berlin 1940. – Malaiischer Archipel und Alpen. Abh. Pr. Akad. Wiss., Math.-naturw. Kl., 1943, Nr. 1. – Geotektonische Gliederung der Erdgeschichte. Ebenda 1944, Nr. 3. – Die tektonische Entwicklung der hinterindischen Festlands- und Inselgebiete. Geotekt. Forsch. Heft 7/8, 1945, 34–153 (1945 a). – Die tektonische Entwicklung der neoaustralischen Inselwelt. Ebenda, 210–260 (1945 b). – Die zirkumpazifischen Faltungen in Raum und Zeit. Ebenda, 261–323 (1945 c). – Das mitteleuropäische Variszikum im Rahmen des gesamteuropäischen. Erscheint in Abh. Deutsch. Ak. Wiss. für 1950.

WEGMANN, C. E., Zur Deutung der Migmatite. Geol. Rundsch. 26, 1935, 305–350.

SERGE VON BUBNOFF

DIE GESCHWINDIGKEIT DER SEDIMENTBILDUNG UND IHR ENDOGENER ANTRIEB

---

1. *Die Fragestellung*

Zu den Grundfragen erdgeschichtlicher Betrachtung gehört das Problem der Stetigkeit oder Episodizität erdgeschichtlicher Prozesse. Zwar sind wir heute weit über die Katastrophentheorie CUVIERS hinausgewachsen, aber auch die gegenteilige Annahme eines stets gegenwartsgleichen Tempos der Krustenbewegungen, wie sie aus einer, meines Erachtens unzulässigen Verallgemeinerung des Aktualitätsprinzips gefolgert wurde, hat sich keineswegs durchgesetzt. Im Gegenteil, die letzten drei Jahrzehnte erdgeschichtlicher Forschung standen ganz ausgesprochen unter der Herrschaft der besonders von STILLE begründeten Lehre von der Episodizität der gebirgsbildenden Prozesse, welche damit direkt zu Zeitmarken der Erdgeschichte gestempelt wurden. Wenn sich in letzter Zeit verschiedentlich Zweifel an der universellen Gültigkeit der Episodizität diastrophischer Vorgänge bzw. des orogenetischen Zeitgesetzes von STILLE zu Worte melden, so darf das nicht als Rückkehr zu früheren Anschauungen gedeutet werden, sondern eher als Versuch, den Gegensatz im Sinne einer höheren Synthese zu überwinden.

Ich habe mich zu dieser Frage 1931 in den Grundproblemen der Geologie geäußert und hatte auch keine Veranlassung, in der soeben erschienenen zweiten Auflage meine Stellungnahme zu ändern. Da aber inzwischen das Problem durch einige neue Momente eine gewisse Komplikation erfahren hat und einiger zusätzlicher Begriffsbestimmungen und detaillierterer Analyse bedarf, möchte ich auf diese besonderen Aspekte der Fragestellung noch etwas ausführlicher eingehen, um zur weiteren Klärung beizutragen.

Ich meine damit insbesondere die von einigen amerikanischen Geologen (J. BARRELL 1917, H. P. WOODWARD 1926, CH. SCHUCHERT 1931) aufgestellte Theorie einer Beschleunigung der erdgeschichtlichen Prozesse vom Kambrium bis zur Gegenwart.

Diese Beschleunigung wurde abgeleitet aus der angeblich zunehmenden Geschwindigkeit der Sedimentbildung im Verlaufe der nachalgonkischen Zeit, welche sich aus einer Unstimmigkeit zwischen der in den einzelnen Perioden abgelagerten Sedimentmenge und der aus dem radioaktiven Zerfall abgeleiteten absoluten Zeitdauer dieser Perioden ergibt.

So berechnete SCHUCHERT in Nordamerika folgende maximale Sedimentmächtigkeiten der drei nachalgonkischen Formationsgruppen:

känozoisch . . . . 18 911 m
mesozoisch . . . . 26 672 m
paläozoisch . . . . 34 189 m

Diesen tatsächlichen Mächtigkeiten[1] stehen die theoretisch aus dem Verhältnis der Dauer der drei Ären (1 : 2 : 5) und aus der heute gültigen Sedimentationsgeschwindigkeit abgeleiteten Werte gegenüber:

känozoisch . . . . 18 911 m
mesozoisch . . . . 37 822 m
paläozoisch . . . . 94 555 m

Anders gesagt, bedeutet das, daß im Jahr in Nordamerika abgelagert wurden:

im Känozoikum . . 0,41 mm
im Mesozoikum . . 0,20 mm
im Paläozoikum . . 0,13 mm

Nach einer neuen Berechnung von HOLMES (1947) für die gesamte Erde könnten diese Zahlen so modifiziert werden:

Känozoikum 0,5 mm (Pliozän) . . . 0,35 mm (Eozän)
Mesozoikum 0,28 mm (Kreide) . . . 0,25 mm (Trias)
Paläozoikum 0,26 mm (Perm) . . . . 0,15 mm (Kambrium)

Eine solche Beschleunigung der Sedimentbildung in den Trögen wäre nur denkbar im Sinne einer Beschleunigung der Abtragung in den korrelaten Hochgebieten, d. h. im Zusammenhang mit einer Intensivierung des Reliefs, die wiederum in beschleunigten und verstärkten Krustenbewegungen (Hebungen) wurzeln müßte.

Gegen diese Ausdeutung und im Zusammenhang damit gegen die Episodizität der Gebirgsbildung überhaupt hat vor kurzem GILLULY (1949) schwerwiegende Einwände erhoben, welche es angezeigt erscheinen lassen, das Problem nochmals auf erweiterter Basis zu diskutieren, zumal da mir, aus anderen Er-

[1] Wie weiterhin noch gezeigt wird, ist die Diskrepanz noch größer, da sich nach neuen Angaben ergeben: Känozoikum 22,7 km, Mesozoikum 37,8 km, Paläozoikum 35,6 km.

wägungen heraus, eine Beschleunigung des krustalen Entwicklungsprozesses doch recht wahrscheinlich zu sein scheint. Darauf wird später noch einzugehen sein. Zunächst möchte ich einen anderen Weg einschlagen und an Hand einer Neuberechnung der maximalen Mächtigkeiten der europäischen Sedimentfolge einen Vergleich zwischen den amerikanischen und den europäischen Resultaten durchführen, in der Hoffnung, aus der Gegenüberstellung einige neue, wegweisende Gesichtspunkte zu erhalten. Ehe aber eine solche Neuberechnung für Europa versucht wird, muß festgestellt werden, welche Daten für die absolute Zeitdauer der Erdgeschichte und für ihre einzelnen Abschnitte am wahrscheinlichsten sind, da sich hier seit der SCHUCHERTschen Berechnung einiges geändert hat.

2. *Die absolute Alterstafel*

Die absolute Zeitzählung auf der Grundlage des radioaktiven Zerfalles ist durch die Isotopenforschung, insbesondere durch die Arbeiten von NIER, in ein neues Stadium getreten. Die neueren Daten hat HOLMES 1947 zusammengestellt. Leider muß gesagt werden, daß die Grundskala wirklich zuverlässiger Bestimmungen heute noch recht weitstufig ist und vielfach verschiedene Deutungen zuläßt. So passen z. B. die (nach Mitteilung von E. BEDERKE recht zuverlässigen) Angaben für die Pechblende von Schmiedeberg (rd. 260–269 Mill. Jahre) nicht ganz in das Schema hinein, wenn man für sie frühestens asturisches Alter (Riesengebirgsgranit) annimmt und wenn man zugleich die vermutlich saalische Pechblende von Joachimstal mit 212–225 Millionen Jahre einsetzt. Es würde dann der Zeitraum vom Beginn des Gotlandiums bis zum Ende des Westfals 95 Millionen Jahre betragen, der Zeitraum vom Beginn des Stefans bis zur Mitte des Rotliegenden 35 Millionen Jahre. Das ist offenbar wenig wahrscheinlich, so daß mir die aus den Samarskiten von Portland (Connecticut) abgeleiteten Isotopenwerte wahrscheinlicher vorkommen, nach denen die Zahl von 254–266 Millionen Jahre dem Ende des Devons oder dem Ende des Unterkarbons (Mississippian) entspricht; dabei scheint die letzte Annahme wahrscheinlicher zu sein. Ob dann die Zahl von Schmiedeberg einer Modifikation bedarf oder ob die dortige Pechblende vielleicht auf eine ältere, vorgranitische Mineralisierung zurückgeht, kann erst die Zukunft zeigen.

Im übrigen habe ich an der HOLMESschen Zeitskala von 1947 einige kleine, mir wahrscheinlich scheinende Modifikationen vorgenommen. Ich habe nämlich den Eindruck, daß die HOLMESschen Schätzungen vielfach durch die Angaben der relativen Sedimentmächtigkeit beeinflußt werden. Diese Angaben unterliegen aber regional einem starken Wechsel, so daß die Gefahr vorliegt, daß man bei ihrer Verwendung für die Zeitskala in bezug auf die Sedimentationsgeschwindigkeit gerade das voraussetzen würde, was man beweisen möchte. Ein solcher Zirkelschluß muß vermieden werden, und daher scheint es mir vorläufig richtiger, die Zeitskala ohne direkte Rücksicht auf die Sedimentation aus den wenigen Fixpunkten und aus allgemeinen Erwägungen über die Dauer der Perioden unter Berücksichtigung der tektonischen und biologischen Ereignisfolgen abzuleiten. Die Unterschiede gegenüber der Schätzung von HOLMES sind aber, wie die folgende Tabelle zeigt, gering und überschreiten nicht den Wert von 7 Millionen Jahren. Zur Beurteilung seien die beiden Grenzschätzungen von HOLMES (Zeitskalen A und B) beigefügt.

	Dauer in Millionen Jahren	Ende vor Millionen Jahren	Nach HOLMES A	1947 B
Kambrium	80	430	430	430
Ordovizium	75	355	350	350
Gotlandium	30	325	318	313
Devon	45	280	275	255
Karbon	55	225	220	203
Perm	30	195	196	182
Trias	35	160	167	152
Jura	35	125	140	127
Kreide	65	60	68	58
Paläogen	35	25	32	26
Neogen	25	—	—	—

Tabelle 1. Absolute Zeitskala der Erdgeschichte

Es scheint mir, daß diese Verteilung mit den uns bekannten Tatsachen nicht in Widerspruch steht und für die Ereignisse biologischer, stratigraphischer und tektonischer Art innerhalb der einzelnen Perioden genügend Zeitraum läßt. Das Verhältnis der drei Ären ist mit 315 : 135 : 60 nahezu dasselbe wie bei den früheren Schätzungen (5 : 2 : 1). Selbstverständlich sind im einzelnen noch Veränderungen möglich, sie werden aber kaum die Größenordnung von 5–7 Millionen Jahre überschreiten und sind damit, wie man aus den weiteren Berechnungen ersehen wird, für die erstrebten Resultate belanglos.

3. *Einige Grundfragen der Mächtigkeitsberechnungen*

Bevor ich die ermittelten Zahlen bespreche, müssen einige Feststellungen über die Berechnungsart gemacht werden.

1. SCHUCHERT hat bei seiner Berechnung der nordamerikanischen Sediment-

mächtigkeiten die Geosynklinalen zugrunde gelegt (pazifisch, kordillerisch und appalachisch), der allgemein anerkannten Voraussetzung folgend, daß in den permanent sinkenden geosynklinalen Räumen die größten Sedimentmächtigkeiten aufgespeichert werden. Das dürfte im allgemeinen zutreffen; nur darf man nicht vergessen, daß der Begriff der Geosynklinale verschiedene Bautypen umfaßt. Neben der echten Orthogeosynklinale, deren Existenz mit einer alpinotypen Gebirgsbildung abschließt, kennen wir die Parageosynklinalen, zu denen auch die labilen Schelfe meiner Begriffsbestimmung gehören, ferner die Innen- und Saumsenken alpinotyper Gebirge. Das Tempo der Sedimentbildung in diesen verschiedenen Elementen ist, worauf auch STILLE 1944 hinwies, verschieden. Ich möchte betonen, daß die Sedimentation in den Innen- und Saumsenken (Molassen) ganz besonders hohe Werte erreicht. Hierbei ist noch folgendes zu berücksichtigen:

Die spätorogenen Molassetröge sind verhältnismäßig schmale Senken, deren Achse sich im Verlauf der Senkung senkrecht zum Streichen des Troges verschiebt. Infolgedessen werden auch die Gebiete maximaler Sedimentmächtigkeit während der Lebensdauer des Troges sich nicht überdecken, so daß die differenziell für die einzelnen Zonen berechnete theoretische Gesamtmächtikeit jedenfalls größer sein wird, als die effektive Mächtigkeit der Sedimente an jeder beliebigen Stelle des Troges (vgl. Abb. 1). Für die vororogenen und synorogenen Sedimente der breiten Orthogeosynklinalen braucht das nicht zu gelten, da hier der Raum des Troges mehr oder weniger permanent bleibt, d. h. seine Achse sich nicht oder nicht in gleichem Maße gleichsinnig verschiebt. Höchstens kann man im Laufe der Entwicklung eine Verschiebung der maximalen Mächtigkeiten von den Trogrändern nach dem Troginneren beobachten. Im allgemeinen scheint aber hier die Zone der größten Sedimentmächtigkeit während eines längeren Zeitraumes mehr oder weniger festzuliegen, so daß eine differenzierte Betrachtung kaum größere Unterschiede gegenüber der Pauschalberechnung zeitigen würde.

Diese Feststellung ist notwendig angesichts des an sich berechtigten Einwandes von GILLULY, wonach eine Summierung der Mächtigkeiten kurzer Stufen im Tertiär nicht ohne weiteres mit den Pauschalberechnungen längerer Zeiträume der Altzeit vergleichbar ist und irrtümliche Resultate in bezug auf die Sedimentationsgeschwindigkeit ergibt. Dieser Einwand, auf den noch gleich zurückzukommen sein wird, dürfte also vor allem gelten, wenn es sich um einen Vergleich von Sedimentfolgen in Trögen verschiedener geotektonischer

Stellung handelt, z. B. in Orthogeosynklinalen und Saumsenken. Versuchen wir das an einem Beispiel klarzulegen.

Das Oberkarbon des Ruhrgebietes, d. h. eine Molasse, hat eine Mächtigkeit von 5900 m, getrennt gemessen in folgenden Abteilungen:

Flözleeres	1000 m
Untere Magerkohle	450 m
Obere Magerkohle	550 m
Fettkohle	700 m
Gaskohle	300 m
Untere Gasflammkohle	400 m
Obere Gasflammkohle	500 m
Piesbergzone	2000 m
	5900 m

Wenn man die Länge des Oberkarbons mit 35 Millionen Jahren veranschlagt, so kommen auf das Ruhrkarbon (Namur-Westfal) unter Berücksichtigung des fehlenden Stefans 25 Millionen Jahre. Bei einer Unterscheidung von acht Stufen entspricht jede derselben durchschnittlich einem Zeitraum von 3,1 Millionen Jahren. Wir wollen diese Zahl als Stufenwert der Berechnung bezeichnen. Die Sedimentation würde durchschnittlich also

$$\frac{5\,900 \text{ m}}{25 \text{ Millionen Jahre}} = 0{,}23 \text{ mm pro Jahr}$$

betragen. Ähnliche Werte ergeben Gorny Śląsk (Oberschlesien) und Donezgebiet.

In geosynklinaler Fazies erreicht das Oberkarbon des Urals (Namur-Stefan) nur 3000 m. Das würde einem Jahresabsatz von 0,08 mm entsprechen. In Schelfgebieten ist die Mächtigkeit noch wesentlich geringer (unter 1000 m).

Nehmen wir zum Vergleich das Jungtertiär Südeuropas, welches einem Zeitraum von 25 Millionen Jahren entspricht. Das mächtigste Pliozän ist aus Rumänien bekannt, wo man drei Stufen (Pont, Daz, Levantin) unterscheiden kann. Die Mächtigkeit erreicht 4000 m. Veranschlagt man die Dauer auf 10 Millionen Jahre, so würde der Stufenwert fast der gleiche sein wie im Oberkarbon. Der jährliche Sedimentationsbetrag wäre hier 0,4 mm.

Nimmt man das Miozän hinzu, so kann man verschiedene Berechnungen anstellen:

Das Gesamtmiozän in der Vorsenke des Apennin, in drei Stufen gemessen (Burdigal, Helvet-Torton, Sarmat), hat 5300 m Mächtigkeit. Bei einer Gesamtdauer von 15 Millionen Jahren, also mit fünf Millionen Jahren Stufenwert, macht das 0,35 mm pro Jahr aus. Nimmt man ein kombiniertes Profil mit maximalen Mächtigkeiten des Untermiozäns im Apennin = 4100 m und des Obermiozäns im Kaukasus = 3450 m, so würde das einer durchschnittlichen Sedimentation von 0,5 mm pro Jahr entsprechen. Die Berechnung ist in diesem Falle in sechs Stufen durchgeführt, mit 2,5 Millionen Jahren Stufenwert. Zählt man Mio- und Pliozän zusammen, dann ergeben sich 0,48 mm pro Jahr in neun Stufen mit 2,7 Millionen Jahren Stufenwert, wenn man Apennin, Kaukasus und Rumänien kombiniert. Kombiniert man nur Apennin und Rumänien, dann ergeben sich für sechs Stufen von 4,1 Millionen Jahren Stufenwert 0,37 mm pro Jahr.

Leider kann man im Jungtertiär keine Nachprüfungen der geosynklinalen Mächtigkeiten durchführen.

Man ersieht also aus dieser Gegenüberstellung, daß erstens bei stärkerer Differenzierung tatsächlich höhere Werte herauskommen und daß zweitens bei annähernd gleicher Länge der einzelnen Meßabschnitte die Geschwindigkeit der Sedimentbildung im Oberkarbon 0,23 mm pro Jahr, im Jungtertiär 0,35 bis 0,5 mm pro Jahr beträgt. Hierbei sind die gleichen geotektonischen Typen der Tröge (Saumsenken) berücksichtigt worden. Daraus scheint sich zu ergeben, daß zwar eine schwache Beschleunigung der Sedimentation im Jungtertiär gegenüber dem Karbon vorliegt, daß aber die Größenordnung der Zahlen ungefähr die gleiche bleibt.

2. Aus dem soeben Gesagten geht hervor, daß bei einem Wandern der Beckenachse die maximale kombinierte Mächtigkeit stets größer sein wird als die effektive maximale Mächtigkeit einer Formation an einer bestimmten Stelle. Die Diskrepanz wird bei schneller Wanderung der Achse, d. h. in Zeiten der Bodenunruhe und bei niedrigen Stufenwerten am größten sein. Nun kommt es aber darauf an, und das ist meines Erachtens bisher nicht genügend berücksichtigt worden, zu welchem Zweck man die Mächtigkeiten zusammenstellt. Will man lediglich die maximale Sedimentationsgeschwindigkeit während eines bestimmten Zeitabschnittes feststellen, dann liefert die absolute maximale Mächtigkeit (in Metern), dividiert durch die Dauer (in Jahren) einigermaßen zureichende Werte. Geht man dagegen von der Voraussetzung aus, daß die beschleunigte Sedimentation auf einer verstärkten Senkung beruht, dann sind offenbar die maximalen kombinierten Werte kein Maß für den Senkungsbetrag, da sie nirgends an einer Stelle verwirklicht sind.

Es ist eine auffallende Tatsache, die sich allerdings aus dem Wandern der Beckenachse und aus onerarisostatischen Gründen leicht verstehen läßt, daß die

Pauschalmächtigkeit einer Formation innerhalb eines Beckens auf weite Strecken ziemlich gleich bleibt, auch wenn die einzelnen stratigraphischen Zonen lokal stark variieren. Als Beispiel sei auf das Gotlandium Schottlands und Nordenglands verwiesen, wo im Valentium die größte Mächtigkeit in der Saumregion des Beckens liegt, während im Salopium umgekehrt das Zentrum des Beckens die größte Sedimentmächtigkeit aufnimmt.

Bei einem solchen Prozeß (Abb. 1), der wohl den häufigsten Fall darstellt, wird der Betrag der Senkung offensichtlich durch die Schichtsumme $a_1 b_1 + b_1 c_1 = c_1 d_1$ wiedergegeben, welcher den Summen $a_2 b_2 + b_2 c_2 + c_2 d_2$ und $a_3 b_3 + b_3 c_3 + c_3 d_3$ annähernd gleich ist, aber kleiner sein wird, als die maximale Mächtigkeit $a_1 b_1 + b_2 c_2 + c_3 d_3$. Letztere ist kein Maß der Senkung, da es sich bei ihr um nebeneinander gelegene und nacheinander sinkende Streifen handelt.

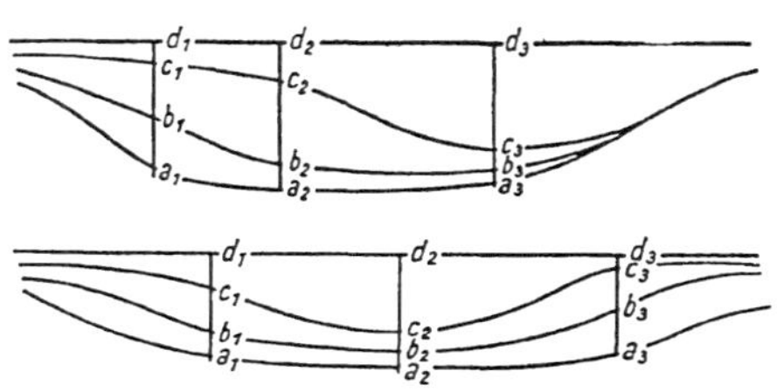

Abb. 1

Will man also zu Vorstellungen über die Senkungsbeträge in einer bestimmten Zeit kommen, so darf man nicht die kombinierten absoluten Maximalzahlen zugrunde legen, sondern muß die an *einem* Punkte gemessenen effektiven Mächtigkeiten einer Formation als Grundlage benützen. Da, wie gesagt, diese Gesamtwerte einer Formation innerhalb eines Troges weniger variieren, entfällt auch der Einwand von GILLULY, daß in den älteren Formationen besonders hohe Werte der Beobachtung entzogen sein könnten.

Wenn auch diese Rechnung nur eine erste Annäherung darstellt und ein gewisses willkürliches Moment enthält, so scheinen mir die im folgenden stets auch berücksichtigten effektiven Mächtigkeiten für die Beurteilung der Stärke der Krustenbewegungen maßgebender zu sein als die Maximalzahlen.

3. Ein weiterer Punkt, welcher Erwähnung verdient, betrifft die petrographische Natur der Sedimente. Die amerikanischen Berechnungen gehen von einer verschiedenen Sedimentationsgeschwindigkeit der klastischen Bildungen, Tone und Kalke aus. Insbesondere soll der Kalk eine wesentlich langsamere Bildungsgeschwindigkeit besitzen, die mit $^1/_4$ bis $^1/_6$ der Ablagerungszeit der Klastika veranschlagt wird. Ich kann dieser Annahme nicht folgen. Wie schon SCHUCHERT selbst erwähnt, muß für die Riffkalke ein schnelles Wachstum zugegeben werden. Aber auch andere Kalksedimente, wie Kalksandstein, Schreibkreide usw. haben gelegentlich bestimmt ziemlich hohe Ablagerungsgeschwin-

digkeiten. So sind z. B. die rein kalkigen Ablagerungen des Obersilurs auf Gotland wesentlich mächtiger als die Schwarzschiefer des Beckeninneren in Schweden, obwohl sie nur zum Teil aus Riffkalken bestehen. Die Schreibkreide im Zentrum des ostdeutsch-polnischen Beckens und die Kreidemergel im Becken von Münster sind bedeutend mächtiger als die sandige Fazies der Beckenränder. Würde man die ostalpine Trias oder den Weißen Jura Deutschlands mit vier- bis sechsfachen Werten in Rechnung setzen, so käme man zu ganz unwahrscheinlichen Zahlen. Die Kalkbildung und ihre Geschwindigkeit sind zum Teil ein klimatisches Problem und dürfen nicht als Sonderfall gewertet werden.

4. *Die maximale Mächtigkeit der Sedimente in Europa*

Die größten Mächtigkeiten der altpaläozoischen Sedimente in Europa dürften in der kaledonischen Geosynklinale liegen, und zwar in ihrem westlichen, britischen Teil. Als Standardwert kann man hier die Mächtigkeiten in Wales betrachten. Ich gehe von den Angaben von O. TH. JONES (1938) aus.

Im *Kambrium* ist es kaum möglich, die differentielle Betrachtung ins Einzelne zu treiben. Drei, bestenfalls fünf Abteilungen lassen sich unterscheiden (Cairfai, Menevian, Solva, Lingula-flags, Dolgellystufe). Bei einer Gesamtdauer von 80 Millionen Jahren würde also der Stufenwert 16–20 Millionen Jahre betragen. Das scheint etwas viel zu sein; indessen zeigen die paläogeographischen Bilder, daß die maximalen Mächtigkeiten keineswegs an den Trogrändern, sondern in deren Mitte liegen, so daß kaum die Wahrscheinlichkeit besteht, daß Bereiche mit nennenswert höheren Mächtigkeiten durch Erosion oder Überdeckung der Beobachtung entzogen sind. Die Gesamtmächtigkeit erreicht 4864 m, also rund 5000 m, d. h. 0,06 mm pro Jahr. Im Ural wird eine Mächtigkeit des Kambriums von 5500 m angegeben; das würde nicht wesentlich mehr, d. h. kaum 0,07 mm pro Jahr ausmachen. Die maximale Mächtigkeit in Amerika erreicht 8662 m, d. h. 0,1 mm pro Jahr. Zum Vergleich seien einige Mächtigkeiten des Kambriums in Schelfgebieten angeführt: Baltikum 270 m, Böhmen (nur Unter- und Mittelkambrium) 1500 m. Das ergibt also Jahreswerte von 0,003–0,02 mm. Die in *einem* Profil verwirklichte effektive Mächtigkeit erreicht 3500–4200 m, d. h. einen Jahreswert von 0,04–0,05 mm.

Das *Ordovizium* hat in Wales eine maximale Mächtigkeit von 4620 m, gemessen in drei Abteilungen, d. h. mit 25 Millionen Jahren als Einheit. Hier gilt wieder dasselbe wie beim Kambrium: Die Verteilung der Mächtigkeiten ist nicht derart, daß man einen wesentlichen Schätzungsfehler nach unten annehmen möchte. Der Jahreswert wäre also auch hier 0,06 mm. In Amerika sind die entsprechenden Werte 8823 m bzw. 0,11 mm pro Jahr. Im Schelfgebiet hat das Ordovizium Mächtigkeiten von 500 m (Oslo) bis 1500 m (Böhmen), d. h. Jahreswerte von 0,006–0,02 mm. Die effektive Mächtigkeit eines Profils übersteigt kaum 4000 m, was einem Jahreswert von 0,05 mm entspricht.

Das *Gotlandium* der kaledonischen Geosynklinale erreicht 6159 m. Die Mächtigkeitsschätzung verteilt sich auf vier Abteilungen, d. h. bei einer Annahme von 30 Millionen Jahren Gesamtdauer auf vier Stufen von 7,5 Millionen Jahren Durchschnittslänge. Der Jahreswert ist hier also 0,2 mm, d. h. dreimal so hoch wie in den vorhergehenden Formationen. In Nordamerika ist dagegen die Gesamtmächtigkeit nur 1966 m, was einem Jahreswert von 0,06 mm entspricht. Das Verhältnis in den beiden Kontinenten hat sich also umgekehrt. Das ist in diesem Falle nicht die Folge einer differenzierteren Betrachtung in Europa, sondern einfach der Ausdruck der Tatsache, daß in Amerika die jungkaledonische Tektogenese stark an Bedeutung zurücktritt. In Europa ist also das Gotlandium bis zu einem gewissen Grade schon ein frühorogener Abschnitt, während diese Stellung in Nordamerika dem Ordovizium zukommt. Unter Berücksichtigung dieser Tatsache werden die Unterschiede verständlich. Auffallend ist es nur, daß in Amerika anscheinend eine kaledonische Saumsenke überhaupt nicht vorhanden ist, es sei denn, daß sie im SO lag und heute im Atlantik verborgen ist.

Der Schelf zeigt im Gotlandium Mächtigkeiten bis zu 1200 m (Schonen), d. h. 0,04 mm pro Jahr. Die effektiven Mächtigkeiten erreichen in Wales 3700 bis 5400 m, entsprechend einem Jahreswert von 0,12–0,18 mm.

Die Umkehr der Verhältnisse ist noch deutlicher im *Devon*. Hier kommen in Europa die maximalen Mächtigkeiten zweifellos dem Rheinischen Schiefergebirge zu. Eine differenzierte Berechnung verdanke ich Dr. HOEPENER (Bonn). Sie gründet sich auf Angaben von KEGEL und PAECKELMANN und ergibt:

Gedinne, südliche Ardennen...	2000 m
Siegener Stufe, südl. Ardennen	4000 m
Unterkoblenz b. Koblenz	2300 m
Oberkoblenz, Sauerland	1200 m
Cultrijugatusschichten	400 m
Eifelstufe	2000 m
Givetstufe, Süd-Ardennen	2000 m
Frasnestufe, Sauerland	800 m
Famennestufe	1000 m
	15700 m

In der uralischen Geosynklinale sind die Werte zwar geringer, erreichen aber doch 8000 m. Es muß hier berücksichtigt werden, daß der Rheinische Trog im Unterdevon als Vorsenke der Kaledoniden aufgefaßt werden kann. Die größte Mächtigkeit entfällt ja auch auf das Unterdevon (9500 m). Wenn also hier auch nicht direkt von einer Molasse gesprochen werden kann, so bildet der Rheinische Trog doch einen Sonderfall und es muß daran erinnert werden, daß auch in den kaledonischen Innensenken ganz gewaltige Molassemächtigkeiten aufgehäuft werden; soll doch das Old Red von Röragen in Norwegen bis zu 20000 m mächtig werden!

Im Falle des Rheinischen Schiefergebirges hätten wir also neun Zeitabschnitte des Devons von durchschnittlich je fünf Millionen Jahren Dauer[1] mit einer jährlichen Sedimentation von 0,35 mm. Berechnet man die jährliche Sedimentation getrennt für das untere und für das mittlere + obere Devon, dann erhält man 0,63 bzw. 0,20 mm. Im Falle des Urals hat man drei Abschnitte zu je 15 Millionen Jahren mit einer durchschnittlichen Sedimentation von 0,17 mm. Das könnte sehr wohl dem Unterschied zwischen einer Saumsenke und einer Geosynklinale entsprechen. Es ist auch hier kaum wahrscheinlich, daß die maximale Gesamtmächtigkeit an einer Stelle verwirklicht ist. Überschlagsrechnungen ergeben als effektive Mächtigkeiten etwa 8000 m, was der Schätzung im Ural entspricht. Die durchschnittliche Geschwindigkeit wäre dann 0,15 mm pro Jahr.

Der Schelf dagegen ergibt:

Unterdevon Böhmen	340 m
Mitteldevon Rußland	770 m
Oberdevon Rußland	500 m
Summe:	1610 m

d. h. 0,03 mm pro Jahr.

Die Zahlen in Amerika sind wesentlich niedriger: 3930 m, d. h. 0,08 mm pro Jahr.

Im *Karbon* ist es empfehlenswert, Unter- und Oberkarbon getrennt zu berechnen, da das Unterkarbon in Westeuropa noch meist in synorogener Geosynklinalfazies (Kulm) vorliegt, während das Oberkarbon Molassefazies hat. Das Unterkarbon Westfalens kann auf 2200 m veranschlagt werden, wovon der größte Teil auf die Stufe III entfällt. Größenordnungsmäßig gleiche Werte ergeben der Ural und Südwales (Bristol), wo auch positionell eine ähnliche Lage

[1] Wenn man den 9 Stufen gleiche Länge zuspricht, was allerdings nicht ganz zutreffen dürfte.

vorhanden ist. In Westfalen erfolgte die Zählung in vier Abteilungen (I + II, IIIα, IIIβ, IIIγ), d. h. in Abschnitten von durchschnittlich fünf Millionen Jahren. Im Mährischen Gesenke werden höhere Werte angegeben (nach PATTEISKI bis 4800 m), doch sind diese Zahlen nicht sicher. Es scheint mir, daß der Wert von 2200 m, d. h. von 0,11 mm pro Jahr, dem normalen Geosynklinalwert, bzw. dem effektiven Wert entspricht, während der aus Mähren abgeleitete Wert von 0,24 mm pro Jahr vielleicht für die Gebiete gilt, welche infolge bretonischer Tektogenese schon im Oberkulm die Molassefazies von Vorsenken haben.

Die Berechnung für das Oberkarbon ist schon oben durchgeführt worden. Sie ergab für Westfalen eine jährliche Sedimentation von 0,23 mm bei einem Stufenwert von 3,1 Millionen Jahren. Hierbei waren allerdings nur Namur und Westfal berücksichtigt. Rechnet man noch das Stefan hinzu, welches in Europa allerdings meist nur in der Fazies der Innensenken vorliegt, so erhält man weitere 2500 m (Saargebiet) und insgesamt also für das Oberkarbon 8400 m, d. h. ebenfalls 0,24 mm pro Jahr. Wiederum ist zu bemerken, daß diese Mächtigkeit wohl nirgends an einer Stelle verwirklicht ist. Die größte lokale Mächtigkeit dürfte 6000 m kaum überschreiten, entsprechend einem Jahreswert von 0,15 mm.

Wie gesagt, ergeben Gorny Śląsk (Oberschlesien) und Donezbecken ähnliche Werte, während die Geosynklinalfazies des Urals nur 3000 m oberkarbonischer Sedimente erreicht, d. h. 0,08–0,09 mm pro Jahr. Als maximale Geschwindigkeit für das Gesamtkarbon erhält man damit 0,15–0,24 mm pro Jahr. Für den Schelf (Rußland) erhält man dagegen nur 0,02 mm pro Jahr.

Das Karbon Amerikas ergibt ähnliche Zahlen:

Mississippian Kalifornien	2032 m
Mississippian Oquirrh-Range ...	1786 m
Pennsylvanian Oquirrh-Range ..	5544 m
Pennsylvanian Oklahoma	7500 m

Die Gesamtmächtigkeit erreicht also in Amerika 9700 m, d. h. 0,17 mm pro Jahr. Getrennt berechnet ergibt das 0,1 mm im Unterkarbon und 0,21 mm im Oberkarbon, also entsprechend den europäischen Werten.

Die Berechnung des *Perms* begegnet einigen Schwierigkeiten, da marines Perm in Westeuropa kaum bekannt ist, mit Ausnahme der Karnischen Alpen, welche aber eigentlich Schelffazies besitzen. Geht man von der westeuropäischen außeralpinen Ausbildung aus, dann erhält man für das Rotliegende 3400 m, für den Zechstein 910 m, d. h. insgesamt 4310 m. Zu wesentlich höheren Werten kommt man bei Berücksichtigung des geosynklinal-synorogenen Unterperms des Urals und der Molassefazies des Oberperms im Uralvorlande. Hier haben wir:

Sakmarastufe	1100 m
Artinskstufe	4500 m
Kungurstufe	1500 m
Ufastufe	2000 m
Höheres Perm ...	1000 m
Summe	10100 m

Das sind Maximalwerte, während die Durchschnittswerte ziemlich genau den westeuropäischen Beträgen entsprechen. Die maximale Mächtigkeit ist also 2,5 mal größer als die Durchschnittsmächtigkeit, wobei zu berücksichtigen ist, daß im Ural die saalische Phase die größte Intensität besitzt.

Es ergeben sich also für das Perm Jahresbeträge von 0,13–0,33 mm. In der Schelffazies Rußlands ist der Wert 0,02–0,03 mm. Ähnliche Werte haben die Karnischen Alpen. Die effektive Mächtigkeit einzelner Profile übersteigt auch im Ural kaum 4500 m, d. h. 0,15 mm pro Jahr. Die Werte in Amerika sind wesentlich niedriger, da dort maximal 2774 m angegeben werden, entsprechend einem Jahreswert von 0,09 mm.

Stellen wir die Zahlen zusammen:

	Europa maximal	Schelf	Amerika maximal	Mittel
Kambrium............	0,07	0,02	0,1	0,08
Ordovizium...........	0,06	0,02	0,11	0,08
Gotlandium	0,20	0,04	0,06	0,13
Devon	0,35	0,03	0,08	0,21
Unterkarbon	0,11–0,24	0,02	0,10	0,17
Oberkarbon...........	0,24	0,02	0,21	0,22
Perm.................	0,13–0,33	0,03	0,09	0,20

Tabelle 2. Sedimentationsgeschwindigkeit im Paläozoikum in mm/Jahr

Die Unterschiede in der Entwicklung beider Kontinente sind nicht unbeträchtlich. Im Altpaläozoikum ist die größere Sedimentationsgeschwindigkeit in Nordamerika verwirklicht. Im Gotlandium kehrt sich das Verhältnis um, und besonders im Devon zeigt Europa wesentlich höhere Werte. Im Karbon gleichen sich beide Gebiete an, während im Perm wieder Europa die höheren Werte liefert. Betrachtet man jedes Gebiet für sich, so kann von einer fortschreitenden Beschleunigung kaum die Rede sein. Insbesondere ist auffallend, daß die Schelfgebiete durchaus konstante Werte besitzen, welche den dritten bis zehnten Teil der Geosynklinalwerte ausmachen. Nimmt man das Mittel beider Kontinente, so ist es allerdings auffallend, daß der vorkaledonische Zyklus durchweg niedrigere Werte aufweist als der vorvariszische Zyklus (0,08 gegen 0,2 im Durchschnitt).

Die Berechnungen für das *Mesozoikum* stoßen auf wesentlich größere Schwierigkeiten, da in den mesozoischen, alpidisch ausgefalteten Geosynklinalen Europas, insbesondere in ihren am tiefsten absinkenden Teilen (Metamorphiden) die mächtigen, metamorphen und fast fossilleeren Serien (Series compréhensives) abgesetzt werden, welche sich meistens einer genaueren Schätzung der Mächtigkeit entziehen. Vorerst wollen wir das Bekannte festlegen.

In der *Trias* liefern die Ostalpen einige genauere Daten, wobei aber im Auge behalten werden muß, daß die Fazies hier durchaus nicht geosynklinalen Charakter trägt, wie besonders die mächtigen Riffkalke zeigen. Aus einer Zusammenstellung von M. FRANK (1935) ergeben sich für die nördlichen Kalkalpen aus der Kombination verschiedener Profile folgende maximale Daten:

Scyth, Silvrettadecke ...	500 m
Anis, Inntaldecke	600 m
Ladin, Karwendel	1500 m
Karinth, Ducangruppe .	900 m
Nor, Lechtaldecke	1600 m
Rhät, Ducangruppe ...	650 m
Summe:	5750 m

Bei einer Dauer der Trias von 35 Millionen Jahren ergibt das einen Stufenwert von 5,8 Millionen Jahren und 0,16 mm Sediment pro Jahr. Es scheint, daß andere Geosynklinalgebiete Europas eher kleinere Mächtigkeiten aufweisen. So ist z. B. nach R. B. BEHRMANN (briefliche Mitteilung) im Apennin das Scyth maximal 100–300 m mächtig. Das Karinth erreicht 700–1000 m, das Nor + Rhät 1300–1500 m (Zentralapennin), während Anis und Ladin unsicher erscheinen, aber in der Schichtenfolge der Grezzoni, die vom Anis bis zum Lias reicht, kaum 700 m überschreiten. Insgesamt ist hier also die Trias kaum über 3500 m mächtig.

Im dinarischen Trog ist nach PILGER (schriftliche Mitteilung) das Scyth 950 m mächtig (Werfener + Macerschichten); für Mittel- und Obertrias werden 2000 m angegeben (Prenj-Planina). Die geosynklinale Schieferhornsteinformation, welche nach PILGER von den Werfener Schichten bis ins Karinth reicht, ist über 2000 m mächtig und wird von wenig mächtigen Megalodonkalken der Obertrias überlagert.

Eine Kombination der drei Geosynklinalen ergibt 6300 m Trias, d. h. 0,18 mm pro Jahr. Für die Gestaltung im Schelf kann man mit gewissem Vorbehalt die Mächtigkeiten der germanischen Trias einsetzen; bei 1950 m ergibt das 0,05 mm pro Jahr. In Spanien dürften die Werte noch niedriger sein. Als effektiver Wert sind kaum über 3000 m Trias anzunehmen, d. h. ein Jahresbetrag von 0,08 mm dürfte den richtigen Durchschnitt darstellen.

In Nordamerika sind die Zahlen höher. In West- und Zentralnevada (Kordilleren-Geosynklinalen) geben MULLER und FERGUSON (1930) 8000 m marine Trias an, was also einem Werte von 0,23 mm pro Jahr entspricht.

Im *Jura* sind die maximalen Mächtigkeiten noch unsicherer. Der Lias hat in den Abruzzen 1500 m, in Umbrien 1000 m Mächtigkeit (nach BEHRMANN). Im Trog des Dauphiné werden 1000 m Lias angegeben. Wesentlich mächtiger könnten die Glanzschiefer der penninischen Zone in der Schweiz sein, welche ALBERT HEIM auf 3000 m, vielleicht sogar auf 5000 m veranschlagt. Allerdings ist ihr stratigraphischer Umfang noch unsicher. Für den höheren Jura liegen noch weniger gesicherte Daten vor, soweit es sich um Geosynklinalgebiete handelt. Ganz allgemein scheinen die Mächtigkeiten aber geringer zu sein als im Lias. Nach ALBERT HEIM kann man für die helvetische Zone der Schweiz maximal 750 m Dogger und 1120 m Malm annehmen. Im Zentralapennin erreichen Dogger + Malm kaum 800 m. Es ist mir kein typisches Geosynklinalgebiet mit größeren Mächtigkeiten des Oberen Jura bekannt. Daraus ergibt sich eine maximale Mächtigkeit bis zu 5000 m (vielleicht bis zu 7000 m), d. h. ein jährlicher Sedimentationsbetrag von 0,14 (bis 0,2) mm. Der Schelf in Deutschland besitzt Juramächtigkeiten von etwa 1500 m, d. h. 0,04 mm im Jahr. Die Werte liegen also etwas tiefer als in der Trias. Als durchschnittliche Daten für lokale Profile sind wie in der Trias 3000 m bzw. 0,08 mm pro Jahr zu veranschlagen. In Nordamerika erreicht die maximale Mächtigkeit des Jura 6840 m, d. h. eine Geschwindigkeit von 0,9 mm pro Jahr. Wieder sind hier die Werte höher als in Europa.

In der *Kreide* ist es ebenfalls nicht ganz einfach, maximale Daten zu erhalten. Die größten Werte für die Unterkreide ergeben sich im Balkangebirge (Šumen, nach ZANKOW, zitiert nach KOCKEL, 1933); hier werden 3000 m angegeben. In der Schweiz erreicht die Unterkreide 1500 m, im Vocontischen Trog 2000 m. Im

Apennin sind die größten Mächtigkeiten in der ligurischen Einheit vorhanden, wo nach BEHRMANN 2000 m Unterkreide einschließlich Tithon zu verzeichnen sind. In Kantabrien, wo die tiefste Unterkreide fehlt, gibt KARRENBERG 2380 m (bis Mittelcenoman) an. Kombiniert man das tiefere Neokom der Schweiz mit dem kantabrischen Apt und Alb, so erhält man 3500 m. Allerdings scheinen die Mächtigkeiten in Kantabrien südlich von Bilbao noch größer zu sein. Laut brieflicher Mitteilung von LOTZE erreicht hier die Unterkreide 10000 m, einen für Europa ganz ungewöhnlichen Betrag. Es ist in diesem Fall kaum möglich, getrennte Werte für Maximalzahlen und für effektive Mächtigkeiten von Einzelprofilen anzugeben. Deutlich scheinen aber zwei Typen vorzuliegen: im eigentlichen alpidischen Bereich übersteigen die Werte kaum 3000 m, in den außeralpidischen, kimmerisch stärker bewegten Gebieten wird dagegen ein Vielfaches an Mächtigkeit erreicht. Das ist in Amerika, wie wir gleich sehen werden, noch deutlicher.

In der Oberen Kreide erreichen die Mächtigkeiten in der alpidischen Flyschzone 840 m, im ligurischen Apennin 1300 m, im Kaukasus 2050 m, in Kantabrien nach KARRENBERG 2450 m. LOTZE (briefl. Mitteil.) gibt dort allerdings wieder den hohen Betrag von 5000 m an. Im innerdinarischen Trog erreicht die Mächtigkeit der Oberkreide 1000 m nach PILGER. Man kann also normalerweise die maximale Mächtigkeit der gesamten Kreide auf 6600 m veranschlagen, während im Sonderfall Kantabriens Mächtigkeiten bis zu 15000 m vorhanden sind. Die durchschnittliche Sedimentationsgeschwindigkeit in der Kreide beträgt also 0,09 mm bzw. 0,23 mm. Größenordnungsmäßig ist das dasselbe wie im Jura. Nach den beiden Abteilungen getrennt ergeben sich für die Unterkreide 0,1 bzw. 0,28, für die Oberkreide 0,08 bzw. 0,16 mm. Die Schelfgebiete ergeben 0,04 mm in Norddeutschland und 0,02 mm in Südrußland.

Ganz anders liegen die Verhältnisse in Nordamerika, wo im Bereich der Great Valley 15000 m Unterkreide (nach F. M. ANDERSON, 1938) und im Diablogebiet (North-Franciskan Area, zitiert nach STILLE, 1940) 8000 m Oberkreide angegeben werden. Das macht zusammen 23000 m, d. h. 0,35 mm pro Jahr (bzw. 0,42 mm für die Unterkreide, 0,26 mm für die Oberkreide). Das sind doppelt so hohe Geschwindigkeiten wie in Europa. Es muß gleich betont werden, daß auch hier wieder die Unterkreide besonders mächtig wird und daß diese sich in Nordamerika in Saumsenkenfazies befindet, im Zusammenhang mit der kimmerischen (nevadischen) Faltung. Diese spielt ja in Europa eine geringere Rolle.

Wir kommen damit für das Mesozoikum zu folgenden Jahreswerten:

	Europa	Schelf	Amerika	Mittel
Trias	0,16–0,18	0,05	0,23	0,21
Jura	0,14	0,04	0,19	0,17
Kreide	0,09–0,23	0,04	0,35	0,22–0,29

Tabelle 3. Sedimentationsgeschwindigkeit im Mesozoikum in mm/Jahr

Wir stellen also fest: Die maximalen Werte in Europa liegen im Mesozoikum tiefer als im Jungpaläozoikum, aber höher als im Altpaläozoikum, wobei zu bemerken ist, daß im Mesozoikum, ebenso wie im Altpaläozoikum orthogeosynklinale Sedimente vorliegen (mit Ausnahme der kantabrischen Kreide), während im Jungpaläozoikum Molasseablagerungen weitgehend mitverwertet worden sind. Im Schelf liegen die Durchschnittswerte im Mesozoikum durchweg etwas höher als früher. In Amerika sind die Werte in der Trias und im Jura nur wenig höher als in Europa. Es handelt sich hier auch um geosynklinale Serien. Dagegen schnellt der Wert in der Kreide stark empor, entsprechend einer Beteiligung von Molasseablagerungen. Die Mittel beider Kontinente zeigen Werte, welche kaum von denen des Paläozoikums abweichen.

Bei den Schätzungen des *Känozoikums* ist der Tatsache Rechnung zu tragen, daß hier typische geosynklinale Sedimente der vororogenen Phase kaum bekannt sind. Synorogene (Flysch) und spätorogene bzw. postorogene (Molasse) Absätze wiegen vor. Entsprechend sind von vornherein hohe Werte zu erwarten. Man kommt zu folgenden Schätzungen: Die höchsten Werte für das Paläozän + Eozän liefert der Apennin (nach BEHRMANN):

Untereozän = Unterlutet (Nordapennin) ...	800 m
Mittellutet (Nordapennin)	1000 m
Oberlutet-Auvers (Südapennin)	1000 m
Barton (Hochapennin)	1300 m
Summe:	4100 m

Demgegenüber ergibt der Kaukasus (nach BELOUSSOFF) nur 1000 m, die alpine Folge in der Schweiz (nach ALBERT HEIM) 640–1500 m. Das Eozän im Schelf erreicht 640 (Paris) bis 900 m (Norddeutschland).

Das Oligozän gehört in den Alpen, vielleicht mit Ausnahme des Sannoisien (Unteroligozän), der Vorsenke an.

Die Werte steigen damit sehr hoch:

Lattorfstufe nach ALB. HEIM	2000 m
Rupelstufe, Bayern	1000 m
Bunte Molasse und Promberg-schichten, Bayern	3000 m
Summe:	6000 m

Demgegenüber zeigt der Kaukasus nur 1570 m (nach BELOUSSOFF), der Apennin 2500 m (nach R. BEHRMANN). Die Mächtigkeit im Schelf erreicht nur 200 bis 500 m.

Insgesamt zeigt also das Paläogen eine maximale Mächtigkeit der Saumsenkenfazies von 10100 m. Die Gliederung umfaßt sieben Zeiteinheiten für 35 Millionen Jahre, d. h. hat einen Stufenwert von fünf Millionen Jahren. Die synorogene Flyschfazies dürfte demgegenüber nur etwa 4000 m erreichen, der Schelf maximal 1400 m. Das entspricht einer Jahressedimentation von 0,28 mm bzw. 0,11 bzw. 0,04 mm. Als größte Mächtigkeit an einem Orte kann man wohl 6000 m (Kantabrien, nach LOTZE) annehmen; das sind 0,17 mm pro Jahr.

Die Zahlen für die pazifische Geosynklinale Nordamerikas bewegen sich in den gleichen Grenzen. Das „mächtigste Tertiär der Welt" (READ) in Ventura enthält etwa 6000 m Paläogen. Größer erscheint die Mächtigkeit, wenn man das Eozän von Britisch-Kolumbien (oregonische Küstenkordillere) nach CH. E. WEAVER mit dem Oligozän Kaliforniens (nach SCHUCHERT, 1931) kombiniert. Das ergibt:

Eozän	6000 m
Oligozän	4620 m
Summe:	10620 m

Das ist fast dasselbe wie in Europa. Der Jahreswert ist 0,3 mm.

Gehen wir nun zu dem Neogen über, von dem nur Sedimente von Außensenken zum Vergleich vorliegen. Eine geosynklinale Fazies des Jungtertiärs ist mir jedenfalls im europäischen Raume nicht bekannt.

Für das Miozän haben wir sehr hohe Werte im Kaukasus (nach BELOUSSOFF, 1940):

Tschokrak	1200 m
Karagan-Konka..	480 m
Untersarmat	700 m
Mittelsarmat	850 m
Obersarmat	1100 m
Mäot	800 m
Summe:	5130 m

Der Apennin liefert nach BEHRMANN Werte von 4600–5300 m. Die alpine Vorsenke in der Schweiz ergibt nach ALBERT HEIM 3300 m, unter Berücksichtigung der Nagelfluhen und Einbeziehung des Aquitans 3730 m. Man kann also wohl 5300 m als Maximalzahl annehmen. Allerdings würde, wie oben S. 123 gezeigt, eine kombinierte Schätzung höhere Werte ergeben:

Aquitan (Alpenvorland)	730 m
Burdigal-Torton (Apennin) ...	4100 m
Sarmat-Mäot (Kaukasus)	3450 m
Summe:	8280 m

Das mächtigste Pliozän Europas ist in Rumänien bei Mountenia vorhanden (nach KREJCI-GRAF):

Pont	650–1100 m
Daz	320– 400 m
Levantin ...	2000–2500 m
Summe:	2970–4000 m

Der Kaukasus ergibt nach BELOUSSOFF ähnliche Werte:

Pont	1200 m
Aktschagyl	1400 m
Aptscheron	1000 m
Summe:	3600 m

Auch in Ungarn erreicht das Pliozän nach TAEGER (1940) 3000 m. Im Apennin beträgt die Mächtigkeit über 1900 m. Der Wert von 4000 m kann also als brauchbarer Maximalwert angesehen werden, so daß man für das ganze Neogen 9300 m bis 12 280 m bekommt. Der Jahresbetrag erreicht hier also 0,37–0,40 mm. Der Stufenwert ist etwa 2,7 Millionen Jahre.

Die Sedimentationsmächtigkeiten im Schelf sind schwerer anzugeben. Unter Vergleich der norddeutschen und holländischen Verhältnisse kann man vielleicht für das Miozän 720 m, für das Pliozän 370 m als Maximalzahlen veranschlagen, also insgesamt 1090 m, d. h. 0,04 mm im Jahr. Diese Werte sind denen im Paläogen fast gleich.

Für Nordamerika gibt STILLE (1940) 6160 m Miozän (Venturabecken) und 6000 m Pliozän (San Joakintal) als Maximalzahlen an. Das würde 0,48 mm im Jahr ausmachen, d. h. fast genau das gleiche wie in Europa, wobei allerdings die Betonung in Europa auf dem Miozän liegt, während in Amerika die Verteilung gleichmäßiger ist.

Wir kommen also zu folgender Tabelle der Absatzgeschwindigkeiten für das Känozoikum:

	Europa	Schelf	Amerika	Mittel
Paläogen	0,11–0,28	0,04	0,3	0,29
Neogen	0,37–0,49	0,04	0,48	0,42–0,48

Tabelle 4. Sedimentationsgeschwindigkeit im Känozoikum in mm/Jahr

Gegenüber dem Mesozoikum zeigt sich zwar eine deutliche Zunahme der Sedimentationsgeschwindigkeit, aber nur dort, wo die Molassefazies vorliegt. Hier ist sie im jungaktiven Bereich Kaliforniens am größten, ebenso wie die junge Faltung Rumäniens in den großen pliozänen Mächtigkeiten deutlich zum Ausdruck kommt. Gegenüber der oberkarbonischen, variszischen Vorsenke Europas besteht im Paläogen keine Zunahme; im Neogen ist eine solche vorhanden, wie schon oben festgestellt wurde, indessen ist daran zu erinnern, daß schon im Devon ähnlich hohe Werte auftraten. Auch die Schelfsedimentation weist kaum höhere Werte auf als im Mesozoikum; hier sind erst die paläozoischen Zahlen deutlich niedriger.

5. Das Ergebnis der Mächtigkeitsberechnung

Das Ergebnis der Berechnung der Mächtigkeiten und der aus ihnen abzuleitenden maximalen Sedimentationsgeschwindigkeiten läßt sich am besten in Gestalt einer Kurve zusammenfassen, welche auf der Abszisse die absolute Dauer der Perioden in Millionen Jahren, auf der Ordinate die zugehörige Mächtigkeit in Kilometern verzeichnet (Abb. 2). Solche Kurven hat HOLMES (1947) für Nordamerika und für seine Veranschlagung der maximalen Weltmächtigkeiten gezeichnet. Ich gebe demgegenüber neben der Kurve für Nordamerika, welche bis auf kleine Veränderungen mit der HOLMESschen Kurve übereinstimmt, eine Kurve für Europa und eine kombinierte Kurve mit den maximalen Mächtigkeiten beider Erdteile[1]. Ferner ist noch, entsprechend dem früher Gesagten, eine Kurve der an einer Stelle gemessenen effektiven Mächtigkeiten der einzelnen Formationen eingetragen und endlich eine Kurve für die Schelfe, welche aber nur orientierende Bedeutung hat, da hier maximale Mächtigkeiten schwer einzusetzen sind und man meist auf Durchschnittsmächtigkeiten angewiesen ist. In tabellarischer Form ist dasselbe nochmals in der Tabelle 5 wiedergegeben.

[1] Diese beiden Kurven zeigen zwei Varianten.

Auf den ersten Blick scheint nun die deutlich nach links unten gerichtete Konvexität der Kurven tatsächlich eine einwandfreie Beschleunigung der Sedimentbildung im Verlaufe der Erdgeschichte zu ergeben. Dabei fällt allerdings die

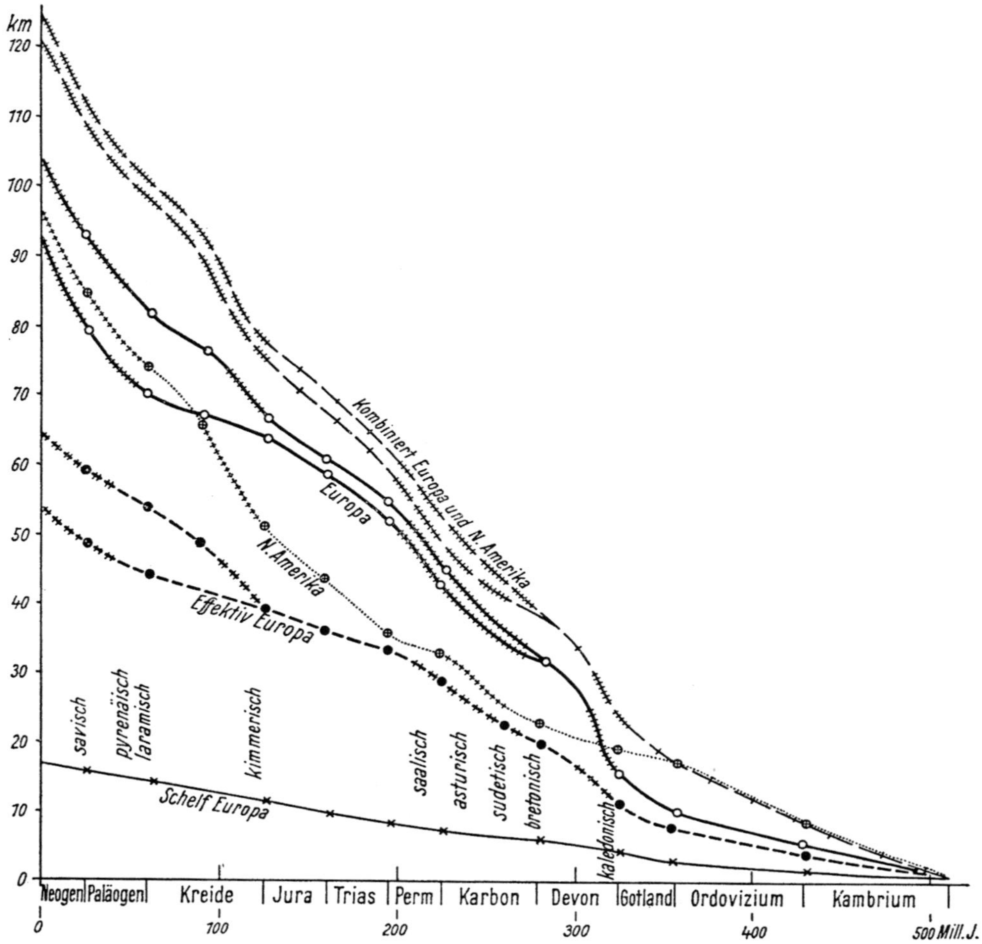

Abb. 2

unregelmäßige, stufige Gestaltung der Kurven auf, besonders deutlich in der Kurve für Europa und in der kombinierten Kurve. Das allein widerlegt natürlich noch nicht die Beschleunigung, da ja die Tangenten zu den Stufen (Ausgleichskurve) doch keine gerade Linie, sondern eine nach unten links konvexe Kurve bilden. Es zeigt aber bei genauerer Betrachtung, daß zwei Sedimentationstypen vorliegen: Der geosynklinale Typus mit geringerer und der Saumsenkentypus mit größerer Absatzmächtigkeit. In den Kurven sind die dem letzten Typus angehörenden Abschnitte mit Querstrichen versehen.

Diese Kurvenstücke mit Versteilung der Kurve schließen sich deutlich an die großen Perioden der Tektogenese an. Ganz offensichtlich kommt nun die zunehmende Versteilung der Kurven dadurch zustande, daß die Zahl der tektogenetischen Phasen im Laufe der Erdgeschichte zunimmt, bzw. daß die orogenetisch bewegten Zeitabschnitte häufiger werden. Wieweit daneben eine Intensivierung des Reliefs mitwirkt, läßt sich vorerst schwer beurteilen. Aus den Tabellen ergibt sich aber schon, daß die Sedimentation in der Geosynklinale durchschnittlich den drei- bis fünffachen Betrag derjenigen im Schelf ausmacht, daß aber in den Saumsenken die Sedimentation 7–12mal so rasch vor sich geht wie im Schelf. Es ist natürlich, daß dort, wo die Saumsenkenbildung längere Zeit andauert bzw. immer wieder neu einsetzt, eine Versteilung der Kurven eintreten muß. Demgegenüber zeigt die Kurve für die Schelfe einen auffallend gleichmäßigen Verlauf. Eine gewisse, davon unabhängige Beschleunigung ist höchstens darin zu erkennen, daß die Maximalwerte in der Geosynklinalfazies beim Kambrium und Ordovizium durchweg tiefer liegen als in den späteren Zeiten. Beginnend mit dem Devon sind aber die Werte bis zum Tertiär recht konstant, was ja sogar aus der Berechnung von HOLMES hervorgeht, da nach ihm die Absatzgeschwindigkeit vom Karbon bis zur Kreide nur von 0,23 auf 0,28 mm ansteigt. Im Tertiär ist dann eine echte Geosynklinalfazies eigentlich kaum vertreten; es handelt sich dort vorwiegend um Saumsenken, d. h. um Parageosynklinalen.

Offensichtlich genügt also diese Differenz nicht, um ein autonomes Beschleunigungsgesetz daraus abzuleiten, zumal ja in dem langen altpaläozoischen Zeitabschnitt eine differentielle Betrachtung innerhalb der Geosynklinale kaum durchzuführen ist. Es ist also denkbar, daß die Werte hier etwas zu niedrig liegen. Daneben ist aber nicht zu vergessen, daß die ganze Zeit vom Beginn des Kambriums bis zur takonischen Phase in der Tat orogenetisch ziemlich ruhig gewesen ist; bis auf die sardische Phase sind hier stärkere Tektogenesen nicht bekannt. Im Grunde bestätigen also Kambrium und Ordovizium die Regel, daß die Sedimentationsgeschwindigkeit eine Funktion der Häufigkeit und der Länge tektonischer Phasen ist. Vermutlich könnte man bei differentieller Betrachtung auch für das Tertiär einen stufigen Verlauf der Kurven erhalten. Indessen häufen sich hier die Tektogenesen so sehr, daß eine differenzierte Betrachtung kaum möglich und auch wenig gesichert erscheint.

Aufschlußreich ist auch eine andere Art der Darstellung, bei der man auf der Abszisse die absoluten Zeiten in Millionen Jahren, auf der Ordinate die Sedimentationsgeschwindigkeiten in 0,1 mm einträgt, letztere immer auf die Mitte des Zeitabschnittes bezogen (Abb. 3). Dabei sind Unterdevon, Unter- und Oberkarbon, Untere und Obere Kreide in Varianten differentiell behandelt worden. In besonderer Kurve sind die Geschwindigkeiten für alle Weltteile nach HOLMES eingetragen. Man sieht, daß diese letzte Linie eine Art Ausgleichskurve darstellt, die aber vielleicht die Gefahr in sich birgt, das eigentliche Wesen des Prozesses zu verschleiern. Denn dieses Wesen darf man im welligen Verlauf sehen, in der Steigerung der Geschwindigkeit am Ende einer tektogenetischen Periode,

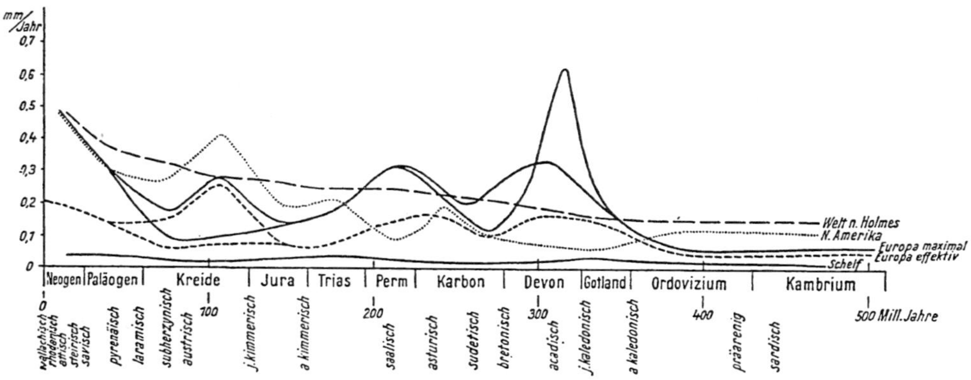

Abb. 3

während die Tangenten an die Hoch- und Tiefpunkte der Kurve eigentlich keine einsinnige Steigerung der Geschwindigkeit offenbaren. Es ist indessen bemerkenswert, daß auch die Ausgleichskurve einen schwach stufigen Verlauf besitzt, mit rascherem Ansteigen in der Zeit der variszischen und alpidischen Tektogenesen.

Dagegen treten in der Ausgleichskurve die unterdevonische (postkaledonische) und die unterkretazische (postkimmerische) Steigerung nicht selbständig in Erscheinung. Die anderen Kurven zeigen, daß diese beiden Zeiten relativ kurz waren, während im Permokarbon die „Wellenlänge“ wesentlich größer wird. Größenordnungsmäßig beträgt sie in den ersten beiden Fällen 15–20 Millionen Jahre, in den beiden letzten 60–65 Millionen Jahre. Das heißt: Die beiden letztgenannten Orogenesen (variszisch und alpidisch) hatten eine längere Dauer und bewirkten daher auch längere Zeit eine Beschleunigung der Sedimentation.

Dagegen ist es kaum möglich, aus der Amplitude der Schwankungen auf die Intensität der Orogenese zu schließen. Zwar ist, wie schon oben erwähnt, die Sedimentation von den vertikalen Krustenbewegungen abhängig, aber es ist wohl gelegentlich übersehen worden, daß die maximale Mächtigkeit einer Formation noch kein Maß für die Absenkung während der entsprechenden Periode darstellt. Dieser Absenkungsbetrag war bestimmt geringer und ist proportional der maximalen effektiven Sedimentmächtigkeit an einem bestimmten Punkt der Geosynklinale (siehe S. 125). Aus der obigen Zusammenstellung geht aber hervor, daß diese effektive Mächtigkeit innerhalb einer Geosynklinale, ja sogar in verschiedenen Geosynklinalen in bestimmten Perioden ähnliche Werte erreicht, so daß man in den effektiven Mächtigkeiten und den daraus abgeleiteten mittleren Sedimentationsgeschwindigkeiten einen brauchbaren Anhaltspunkt für die vertikalen Krustenverschiebungen haben dürfte. Aus der Tabelle 6 geht hervor, daß diese Werte zwischen 0,05 und 0,20 mm pro Jahr schwanken, wobei die niedrigen Beträge der geosynklinalen Fazies, die höheren der Saumsenkenfazies angehören. Darauf hat STILLE 1944 für den peripazifischen Raum hingewiesen und die obige Zusammenstellung zeigt, daß dieses Prinzip wohl universelle Gültigkeit besitzt. Die Tabellen zeigen, daß die so ermittelten Werte nur $^3/_4$ bis $^1/_2$ der maximalen kombinierten Mächtigkeiten, aber doch das Vielfache der Schelfmächtigkeiten erreichen. Sie liegen damit auch höher als die Werte, die STILLE 1944 für den peripazifischen Raum als jährlichen Senkungsbetrag angibt (0,025 mm).

	Europa			Nordamerika
	Maximal	Effektiv	Schelf	Maximal
Kambrium	5500	4000	1500	8660
Ordovizium	4620	4000	1500	8820
Gotlandium	6160	4500	1200	1970
Devon, unteres	9500	8000	1610	3930
mittleres und oberes	6200			
Karbon, unteres	2200–4800	2000	1030	2030
Karbon, oberes	8400	6000		7500
Perm	10100	4500	1050	2770
Trias	6300	3000	1950	8000
Jura	5000	3000	1500	6840
Kreide, untere	3500–10000	3000–10000	2800	15000
Kreide, obere	2500–5000	2000–5000		8000
Paläogen	10100	6000	1400	10620
Neogen	12280	5200	1090	12160

Tab. 5. Die maximalen kombinierten und effektiven Mächtigkeiten der Formationen in Metern.

Man kann danach sagen, daß die maximalen Kurven der Abbildungen 2 und 3 uns über die Sedimentationsgeschwindigkeit und über die Dauer von Zeiten beschleunigter Sedimentation unterrichten (Periode), die effektiven Kurven aber ein Maß der zugrunde liegenden Absenkung darstellen. Es muß dabei im Auge behalten werden, daß die dabei ausgerechnete Absenkungsgeschwindigkeit einen Mittelwert darstellt, daß also faktisch diese Absenkung entweder an- und abschwellend, oder überhaupt ruckweise erfolgen konnte. Welche von beiden Möglichkeiten zutrifft, ist aus den Kurven allein nicht zu entscheiden.

	Europa			Nordamerika
	Maximal	Effektiv	Schelf	Maximal
Kambrium	0,07	0,05	0,02	0,11
Ordovizium	0,06	0,05	0,02	0,12
Gotlandium	0,20	0,15	0,04	0,06
Devon, unteres	0,63 } 0,35	0,17	0,03	0,08
Devon, mittl. und oberes	0,20 }			
Karbon, unteres	0,11–0,24	0,10 }	0,02	0,10 } 0,17
Karbon, oberes	0,24	0,17 }		0,21 }
Perm	0,33	0,15	0,03	0,09
Trias	0,18	0,08	0,05	0,23
Jura	0,14	0,08	0,04	0,19
Kreide, untere	0,10–0,28	0,08–0,28 }	0,04	0,42
Kreide, obere	0,08–0,16	0,06–0,16 }		0,26
Paläogen	0,28	0,17	0,04	0,30
Neogen	0,49	0,20	0,04	0,48

Tabelle 6. Die Sedimentationsgeschwindigkeiten in den einzelnen Formationen in mm/Jahr

Wichtig ist aber, daß die Kurve der effektiven Mächtigkeiten zwar deutlich den durch orogene Zeiten bedingten stufigen Verlauf besitzt, aber eine Beschleunigung im Verlaufe der Erdgeschichte kaum, oder nur in einem ganz geringen Maße erkennen läßt. Die Werte für Orthogeosynklinalen liegen stets zwischen 0,05 und 0,08, die Werte für Saumsenken bei 0,17–0,20 mm. Darin liegt ein Hinweis darauf, daß die scheinbare Beschleunigung der Sedimentation weniger von der Amplitude als von der Periode, d. h. von der Dauer der Krustenbewegungen abhängig ist.

5. *Sedimentation und Krustenbewegungen*

Kurz muß noch die Frage erörtert werden, ob eine allfällige Beschleunigung der Sedimentation andere Ursachen als Krustenbewegungen haben könnte. Es ist hierbei folgendes zu berücksichtigen:

Beobachtungen von Jahresschichten im Silur von Nordengland (MARR) und im Kulm von Thüringen (KORN) haben eine durchschnittliche Mächtigkeit der Warven von 2 mm ergeben, während Beobachtungen im Tertiär des Kubangebietes (ARCHANGELSKI) und der Voralpen (BERSIER) nur einen Durchschnittswert von 0,2 mm ergaben (siehe BUBNOFF, 1947). Der erste Wert ist um ein Vielfaches höher als die im Vorstehenden abgeleiteten maximalen Sedimentationsgeschwindigkeiten, während der Wert für das Tertiär größenordnungsmäßig unseren Werten entspricht. Dem steht gegenüber, daß die aus der Warvenauszählung sich ergebende Dauer des Silurs und Unterkarbons um ein Vielfaches kürzer ist als die aus dem radioaktiven Zerfall abgeleitete Länge dieser Perioden, während wiederum im Tertiär eine recht gute Übereinstimmung beider Zeitmessungen vorliegt. Ich habe schon an anderer Stelle (1947) darauf hingewiesen, daß diese auffallende Unstimmigkeit sich vielleicht durch eine Verkürzung des astronomischen Jahres, d. h. durch eine Beschleunigung des Erdumlaufes im Verlaufe der Erdgeschichte erklären läßt. Es ist nämlich anzunehmen, daß bei wechselnder Länge des Jahres die in einem Jahreszyklus gebildete Sedimentmenge nicht einfach proportional der absoluten Länge des Zyklus ist, sondern bei Abnahme der Jahresdauer weniger schnell abnimmt. Das läßt sich auch so ausdrücken: Wenn man die absolute Länge des Jahres im Paläozoikum mit l_1, im Känozoikum mit l_2 bezeichnet, die Zahl der astronomischen Jahre in einem Zeitabschnitt des Paläozoikums mit t_1, in einem gleich langen Abschnitt des Känozoikums mit t_2, und die in einem astronomischen Jahr gebildete Sedimentmenge mit m_1 bzw. m_2, so ist zwar bei gleich langen (absolut gerechnet) Zeitabschnitten $l_1 \cdot t_1 = l_2 \cdot t_2$, aber $t_1 \cdot m_1 < t_2 \cdot m_2$. Es scheint mir nicht unmöglich, daß die schwache Zunahme der Sedimentationsgeschwindigkeit, welche man vielleicht aus den durchschnittlichen Geschwindigkeitswerten im Paläozoikum und im Mesozoikum (insbesondere in den Kurven der Abb. 3) ableiten könnte, mit dieser „exogenen“ Ursache zusammenhängen. Für die Gesamterscheinung, insbesondere für den stufenförmigen Verlauf der Kurven auf Abb. 2 und die wellenförmige Gestalt der Kurven auf Abb. 3 kommt diese Erklärung offenbar nicht in Frage, da hier eine deutliche Beziehung zu den Zeiten endogen bedingter Krustenverschiebungen besteht. Ja, diese Beziehung kann direkt als *Beweis* für das Bestehen von Zeiten beschleunigter Krustenbewegungen gelten, also im allgemeinsten Sinne für eine Episodizität der orogenetischen Prozesse. Das gilt allerdings zunächst nur für eine *orogenetische Periode* als Ganzes (kaledonisch, variszisch, kimmerisch, alpidisch), während die Kurven über die episodische oder stetige Natur der einzelnen Deformations*phasen* nichts aussagen und nichts aussagen können, weil die Zeitskala noch viel zu grob ist. Indessen lassen sich im Anschluß an die durchgeführte Berechnung einige Überlegungen anführen, welche mir für die richtige Bewertung dieser Frage nicht unwichtig erscheinen.

Bei der Kontroverse über den stetigen oder episodischen Charakter der Krustenbewegungen scheinen mir verschiedene begriffliche Voraussetzungen eine nicht unwesentliche Rolle zu spielen. Während z. B. STILLE scharf zwischen den säkular wirksamen epirogenetischen und den episodischen orogenetischen Bewegungen unterscheidet, scheint GILLULY diese Trennung überhaupt leugnen zu wollen. Ich möchte in diesem Fall einen vermittelnden Standpunkt einnehmen. Insofern Epirogenese und Orogenese Reaktionen auf einen Spannungszustand der Erdrinde darstellen (Streß), sind sie natürlich qualitativ gleichen Ursprungs und nur quantitativ verschieden. Im Verlaufe des Prozesses wird aber dieser quantitative Unterschied entscheidend, da die größere Beschleunigung bei der Orogenese zu einem Überschreiten des Schwellenwertes dauernder Deformation führt: die umkehrbare Epirogenese wird zur nicht umkehrbaren orogenetischen Deformation. Das Merkmal der *Umkehrbarkeit* betrachte ich damit als wesentlich für die Begriffsbestimmung.

Nun ist aber der Übergang von der quasielastischen zur dauernden Deformation nicht nur von der Intensität der Spannung, sondern auch vom Material abhängig. Dieser Übergang kann sich sehr wohl sprungweise vollziehen, braucht aber gewiß nicht überall gleichzeitig zu erfolgen, da ja die Kruste inhomogen ist. Wir können also mit einer absoluten Gleichzeitigkeit des orogenetischen Impulses nicht rechnen, sondern müssen von vornherein für den Spannungsausgleich eine gewisse Dauer einsetzen. Mit anderen Worten: die orogenetische Phase setzt sich aus zahlreichen Einzelrucken zusammen, von denen jeder örtlich gebunden ist, oder wenigstens sein kann. Das ist aber dasselbe, was ich im Vorhergehenden aus der Gegenüberstellung von absoluter und effektiver Maximalmächtigkeit abgeleitet habe. Für die Tatsache als solche habe ich seinerzeit aus dem Randgebiet des innersudetischen Kohlenbeckens unmittelbare Beobachtungsergebnisse angeführt, welche zeigen, daß die asturische Phase sich schon in oberwestfälischer Zeit durch Einzelrucke bemerkbar machte und eben aus einer Summierung solcher Einzelrucke besteht. In ähnlicher Weise läßt sich dafür anführen, daß die pyrenäische Phase im Pyrenäenvorland schon im Obereozän begonnen hat (Palassoukonglomerate). Mit den besten Beweis liefert aber GILLULY selbst durch Zusammenstellung der tatsächlich beobachteten Inkonformitäten im Neogen des Kalifornischen Troges. Wenn man diese 42 Inkonformitäten genauer betrachtet (Abb. 4), so zeigt es sich, daß sie sich im wesentlichen zu sechs bis sieben Häufungen zusammenballen, außerhalb derer nur wenige liegen; ja, stellenweise kann man sogar zu- und abnehmende Verdichtungen erkennen. Diese Häufungen, als Ganzes betrachtet, entsprechen aber recht genau den Stilleschen Phasen altsteirisch, jungsteirisch, attisch, wallachisch, rhodanisch und pasadenisch. Damit ist jede dieser Phasen zwar länger, als Stille, zunächst wohl nur überschlagsmäßig, angenommen hat, bleibt aber doch ein episodischer Prozeß im Sinne einer zeitweiligen Beschleunigung der Bewegung. Ob der Spannungsausgleich dabei kontinuierlich oder in Einzelrucken erfolgt, soll dahingestellt bleiben, ist auch prinzipiell gleichgültig. Tatsächlich ist wohl beides der Fall, wie die Feinnivellements in den Erdbebengebieten Kaliforniens zeigen. Folgendes ist aber zu berücksichtigen. Nach Gilluly sind gegenwärtig in Kalifornien Bewegungen mit einem Betrag von vier Fuß in 100 Jahren beobachtet worden. Das sind 12 mm im Jahr, also 24mal mehr als der Maximalbetrag neogener Sedimentbildung und 60mal mehr als die effektive Sedimentationsgeschwindigkeit, die wir als Maß der Bewegung kennengelernt haben. Läßt man diesen Wert nur für das Pleistozän gelten, so würde das eine Verstellung um 12000 m ergeben – offenbar eine unmögliche Vorstellung! Es ist also zwar Gilluly darin recht zu geben, daß gegenwärtig in Kalifornien keine Bodenruhe herrscht, aber, wie er selbst zugibt, ist eine gleichmäßige Fortdauer dieser Bewegung über längere Zeiträume nicht wahrscheinlich, weder in der Zukunft, noch, wie ich hinzufügen möchte, in der Vergangenheit. Wenn wir also zu den errechneten Mittelwerten kommen wollen, so müssen wir ein An- und Abschwellen der Bewegung voraussetzen, das heißt ein Alternieren von Zeiten der (relativen) Ruhe und von Zeiten beschleunigter Bewegung. Damit ist aber eine Episodizität der Orogenesen anerkannt, allerdings in einem gegenüber Stille modifizierten Sinne,

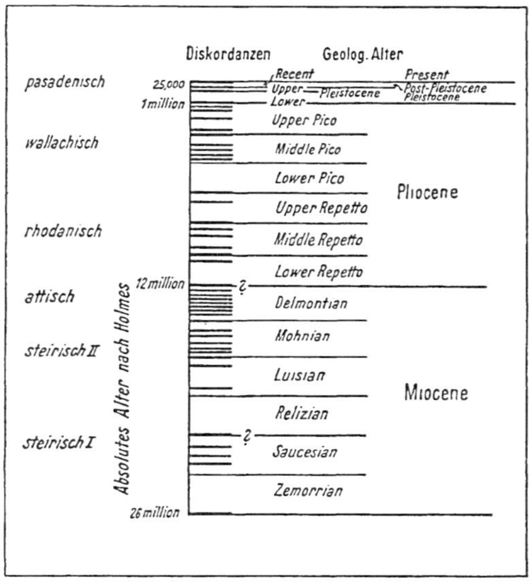

Abb. 4

indem sich die Episode über einen längeren Zeitraum verteilt und aus einer Summe von – nicht unbedingt örtlich gleichzeitigen – Rucken besteht.

Nach diesem theoretischen Exkurs kehre ich zu der Auswertung der Sedimentmächtigkeiten zurück. Zunächst sei festgestellt, daß die Epirogenese sich zwar in der Verteilung der Sedimentations- und Erosionsräume entsprechend dem vorhandenen allgemeinen „Streßplan“ abbildet, daß sie aber in den Sedimentmächtigkeiten keine Abbildung besitzt. Ihre wichtigsten Etappen, die großen Transgressionszeiten (Ordoviz, Mitteldevon, Callovien, Cenoman, Mitteloligozän) treten in unseren Kurven überhaupt nicht hervor. Mit aller Deutlichkeit zeigt sich dagegen die Bindung der Mächtigkeitszunahmen an die orogenetischen Zeiten. Hierbei fällt allerdings etwas auf: die Geschwindigkeit der Sedimentationszunahme ist „subsequent“ in bezug auf die orogenetische Zeit als Ganzes, d. h. sie erfolgt im wesentlichen in ihren letzten Phasen. Besonders deutlich ist das bei der kaledonischen und kimmerischen Gebirgsbildung (größte Beschleunigung der Sedimentation im Unterdevon und in der Unterkreide), kann aber auch bei der variszischen und alpidischen Orogenese beobachtet werden, da dort die Hauptsteigerung erst nachbretonisch und nachpyrenäisch erfolgt. Das wird verständlich, wenn man sich vergegenwärtigt, daß die Orogenese sich aus zwei Vorgängen zusammensetzt: der Gefügedeformation oder Tektogenese und der Anpassung des veränderten Krustenstückes an die Gleichgewichtsverhältnisse der Gesamtkruste. Den letzteren Vorgang, welcher einen weitspannigeren Charakter trägt und infolge seiner vorwiegend vertikalen Bewegungstendenz morphogenetisch besonders wirksam ist, habe ich als Diktyogenese bezeichnet. Es ist die Diktyogenese, welche sich vor allem in der Sedimentation abbildet und für die Entstehung und Ausgestaltung der Saum- und Innensenken maßgebend ist. Wenn ich sie innerhalb des orogenetischen Zyklus der Geosynklinalen als subsequent bezeichne, so geschieht das in bewußter Anlehnung an STILLES Gliederung des magmatischen Zyklus, da hier tiefere Zusammenhänge vorliegen dürften.

Es ist heute nicht möglich, die Kurvendarstellung so stark zu differenzieren, daß sich jede Phase der Orogenese in dem Verlaufe der Kurve abbildet, etwa in Gestalt eines kleinstufigen Wechsels von Tektogenesen und Diktyogenesen. Es ist sogar fraglich, ob das je durchgreifend möglich sein wird; zwar kann man örtlich oft einzelne Rucke an dem Wechsel grob- und feinklastischer Sedimente in der Molasse erkennen, aber eine regionale Parallelisierung derselben wird, wie aus dem Vorhergehenden ersichtlich, selten möglich sein und besonders in den jüngeren Zeiten mit ihrer Häufung tektonischer Phasen wird eine Überschneidung tektogenetischer und diktyogenetischer Prozesse immer öfter vorkommen. So kann man im Oberkarbon der Saum- und Innensenken noch vielfach an Sedimentzyklen (Konglomerat-Sandstein-Schiefer-Kohle) tektonische Einzelrucke erkennen, in den voralpinen Nagelfluhen, deren bis 3000 m mächtige Konglomeratmassen vom Aquitan bis zum Sarmat reichen, ist eine Unterscheidung von Phasen aber nicht mehr möglich. Die Sedimentationsgeschwindigkeit bildet eben den orogenetischen Prozeß nur verschwommen ab, und infolge der zeitlichen Streuung und des lokalen Intensitätswechsels der Phasen und Einzelrucke wird nur die Gesamtdauer und die Gesamtintensität der Orogenese einen Ausdruck in der Sedimentationskurve finden. Hierbei ergeben sich allerdings einige bemerkenswerte Feststellungen, so vor allem die Zunahme der Absatzgeschwindigkeit proportional zur Häufigkeitszunahme tektonischer Phasen, die Beziehung maximaler Sedimentation zu den Saumsenken und Innensenken, die Subsequenz der Sedimentationsbeschleunigung gegenüber der Tektogenese und, nicht zuletzt, der deutliche Unterschied zwischen den langen Zeiten beschleunigter Sedimentbildung im vielphasigen variszischen und alpidischen Zyklus und den relativ kurzen Zeiten subsequenter Sedimentationssteigerung nach der kaledonischen und kimmerischen Orogenese. Größenordnungsmäßig beträgt die Dauer der beschleunigten Sedimentation in den ersten beiden Fällen 60–70 Millionen Jahre, in den beiden letzten 15–20 Millionen Jahre. Diese sind auch regional beschränkter und zeigen manche weiteren Unterschiede positioneller und chronologischer Art.

Ich glaube, die vorgebrachten Tatsachen verdienen Berücksichtigung, wenn man die angebliche Beschleunigung der Sedimentation für geotektonische Grundtheorien auswerten will.

SCHRIFTTUMSVERZEICHNIS

BARRELL, J., Rhythms and the measurments of geologic time. – Bull. geol. soc. of America, 28, 1917.

B. BEHRMANN, R., Die Faltenbögen des Apennins. – Abh. Ges. d. Wiss. Göttingen. III. Folge, Heft 15, 1936.

BELOUSSOFF, W., Der große Kaukasus. Transact. geol. and prospect. Inst. Moskau, 121, 1940.

– Fazies und Mächtigkeit sedimentärer Serien des europäischen Teiles der UdSSR. Arbeiten Akad. d. Wiss. USSR, 76, 1944.

BUBNOFF, S. VON, Die westfälische Sedimentation und die asturische Phase in der innersudetischen Mulde. – Fortschritte d. Geol. u. Pal. 29, 1931.

– Grundprobleme der Geologie. Berlin 1931, 2. Aufl. Halle 1949.

– Geologie von Europa, Bd. II. Teil 1–3. Berlin 1930–1936.

– Rhythmen, Zyklen und Zeitrechnung in der Geologie. – Geol. Rund. 35, 1947.

– Einführung in die Erdgeschichte, Bd. 1 und 2. – Halle 1949.

FRANK, M., Zur Fazies und Bildung der Trias in den nördlichen Kalkalpen zwischen Rhein und Salzach. Neues Jahrb. f. Min. usw. Beil. Bd. 74 B, 1935.
Geological map of the Ural 1:500000. Explanatory note. Moskau 1940.
GILLULY, J., Distribution of mountain building in geologic time. – Bull. geol. soc. of America, 60, 1949
HEIM, ALBERT, Geologie der Schweiz. Leipzig 1919–1922.
HERTISCH, F., Die Stratigraphie der geolog. Formationen der Ostalpen. Paläozoikum. Berlin 1943.
HOLMES, A., The construction of a geological time-scale. – Transaction geol. soc. Glasgow, XXI, 1947.
JONES, O. TH., The evolution of a geosyncline. – Quart. Journ. geol. soc. London, XCIV, 1938.
KARRENBERG, H., Die postvariscische Entwicklung des Kantabro-asturischen Gebirges. – Abh. Ges. d. Wiss. Göttingen, III, 12, 1934.
KOCKEL, C. W., Zur Stratigraphie und Tektonik Bulgariens. – Geol. Rund. 18, 1927.
– Die Randsenke des Ostbalkans. – Geol. Rund. 24, 1933.
KREJCI-GRAF, K., Der Bau der rumänischen Ölgebiete. – Geol. Rund. 16, 1925.
– Stratigraphie und Paläontologie des Obermiozäns und Pliozäns von Muntenia. – Zeitschr. Deutsche Geol. Ges. 83, 1931.
PILGER, A., Der innerdinarische Trog im Profil von Serajewo. – Zeitschr. Deutsche Geol. Ges. 91, 1939.
– Paläogeographie und Tektonik Jugoslawiens zwischen Una und dem Zlatiborgebirge. – Neues J. f. Min. usw. Beil. Bd. 85 B, 1941.
– Die Stellung des innerdinarischen Troges im alpinen Orogen. – Neues J. f. Min. Beil. Bd. 86 B, 1942.
SCHAFFER, F. X., Geologie der Ostmark. – Wien, 1943.
SCHUCHERT, G., The age of the earth. – Nat. Research Council, Washington, Bull. 80, 1931.
STILLE, H., Grundfragen der vergleichenden Tektonik. – Berlin 1924.
– Der derzeitige tektonische Erdzustand. – Sitz.-Ber. Preuß. Akad. d. Wiss. 1935.
– Einführung in den Bau Amerikas. – Berlin 1940.
– Geotektonische Probleme des pazifischen Erdraumes. – Abh. Preuß. Akad. d. Wiss. 1944.
TAEGER, H., Ungarn. – Geol. Jahresberichte II, 1940.
WOODWARD, H. P., The essential results of H. P. WOODWARD 1926. – Bull. 80 Nat. Res. Council, Washington, 1931.

WALTHER GOTHAN

ÜBER DIE MERKWÜRDIGEN FEIGENARTIGEN KIESELKNÖLLCHEN AUS DEM VERSTEINERTEN WALD DES CERRO CUADRADO IN PATAGONIEN*

Unter den jetzt schon berühmt gewordenen verkieselten Pflanzenresten des „Versteinerten Waldes des Cerro Cuadrado“ in Nord-Patagonien befinden sich auch eigentümliche kleine Knollen, die bisher kaum Beachtung gefunden zu haben scheinen. Soviel ich gesehen habe, sind sie in dem Werk von G. R. WIELAND über die Zapfen des versteinerten Waldes überhaupt nicht erwähnt (G. R. WIELAND 1935). Dagegen hat WEHRFELD (1935) von ihnen eine ganze Musterkollektion abgebildet mit der Unterschrift: „Una novedad cientifica. Una serie de araucarias fosiles reproduciendo la mitad del tamaño natural“ (Eine wissenschaftliche Neuheit. Eine Reihe von fossilen Araucarien in $^1/_2$ der natürlichen Größe; vgl. Tafel I, 1). Sie können unter den dortigen Verkieselungen nicht selten sein, denn sie sind mit den anderen Resten der verkieselten Pflanzen in mehr oder weniger großer Anzahl in verschiedene Sammlungen gelangt. Außer verkieselten Stämmen finden sich zwei Arten von Koniferenzapfen, am häufigsten *Araucaria mirabilis* SPEG. = *A. Windhauseni* GOTHAN, und andere kleinere schmalere Zapfen, die WIELAND irreführend als Para-Araucaria bezeichnet hat, außerdem zahlreiche verkieselte Stammstücke, die nach der früheren Untersuchung des Verfassers die Struktur des Araucarienholzes haben. Stücke der obengenannten Knollen finden sich in der Sammlung, die nach Berlin an das Geologische Institut und an die Geologische Landesanstalt gelangt ist, weitere bemerkte ich im vorigen Jahre in der Sammlung der Paläobotanischen Abteilung des Naturhistorischen Reichsmuseums in Stockholm, ferner in einer anderen Privatsammlung, und sicher sind in anderen Sammlungen noch mehr davon vorhanden. Der äußeren Form nach erinnern die Stücke an Feigenfrüchte, mit denen sie aber nichts zu tun haben können, da Früchte von der Konsistenz derartig weicher Früchte fossil nicht erhaltungsfähig sind. Wie aus den Abbildungen Tafel I, 1, 2, 3 hervorgeht, haben die Stücke die Form von vertikal etwas zusammengedrück-

* Vorgetragen in der Gesamtsitzung vom 12. Januar 1950.

ten Knollen verschiedener Größe und am Gipfel eine kleine Einsenkung. An der Basis sind sie allmählich zusammengezogen zu einem kurzen stumpfartigen Stiel. Die Oberfläche zeigt eine Anzahl von vertikal verlaufenden, wenig ausgeprägten Streifen, die am Gipfel oben in der Mitte zusammenlaufen. Die Stücke in Berlin hatten mich bereits gereizt, sie näher zu untersuchen, obwohl man der Meinung sein kann, daß es sich in den Objekten mehr um Kuriositäten handle. Da man auf Grund ihrer äußeren Gestalt nicht entscheiden kann, was sie überhaupt vorstellen, hielt ich eine nähere Untersuchung für lohnend und erwünscht. Ich ließ daher ein Stück durchschneiden und einen Dünnschliff davon herstellen. An dem Berliner Stück zeigte sich, daß die Knolle ein sehr schlecht erhaltenes Gewebe enthielt, dessen einzelne Zellen fast nicht mehr differenziert waren; in der Mitte war ein länglicher, vertikal verlaufender Hohlraum von Markcharakter sichtbar (Tafel I, 4). Der Querschnitt zeigte einen holzartigen Charakter, im Längsschnitt konnte man durch eine streifige Struktur einen Verlauf insoweit bemerken, als das Gewebe nach Maßgabe des Randes der Stücke in geschwungenem Verlauf von der Basis, der Trace des Randes folgend, zum oberen „Pol" umbog und auf das Zentrum des Objekts zulief. Irgendwelche Spuren von etwaigen Leitbündeln und anderen Geweben waren nicht zu bemerken.

Bei einem Aufenthalt in Stockholm im Frühjahr 1948 stieß ich auf die Knollen auch in der dortigen Sammlung und habe mich bemüht, sie weiter zu enträtseln. Ich danke meinem Freund Prof. HALLE und Herrn Präparator SAMUELSON, daß sie mich durch Anfertigung einiger Schliffe bei diesen Bemühungen unterstützt haben und auch die Ausführung der nötigsten Photos dort ermöglicht haben. Unter den dortigen Stücken befand sich eins, das die Struktur besser bewahrt zu haben schien als die anderen. Die Präparate zeigten nun deutlich, daß das Innere der Knöllchen ursprünglich von typischem Holzgewebe erfüllt war, das aber an den meisten Stellen unkenntlich geworden war und offenbar ziemlich zart, vielleicht etwas „schwammig" gewesen zu sein scheint (Tafel I; Tafel II, 1–3). Der Querschnitt zeigte an verschiedenen Stellen die normale Beschaffenheit eines harzganglosen Koniferenholzes. Der Tangential- und Radialschliff wiesen dementsprechende Strukturen eines Koniferenholzes auf. Die Markstrahlen sind auffallend niedrig und fast alle nur eine Zelle hoch (Tafel II, 3). Es gelang mir aber an keiner Stelle, Reste von Hoftüpfeln zu finden, die nicht erhalten waren, aber sicher dagewesen sein müssen. Es waren ja normale, vertikal verlaufende Tracheiden und horizontal verlaufende Markstrahlen in derselben Verteilung wie in einem gewöhnlichen Koniferenholz vorhanden (Tafel II, 2).

Das ganze Gewebe hatte aber auffallend zarte Zellwände, und es haben sich daher auch an diesem Stück sicher viele Details nicht erhalten. Ich erwartete, araukaroide Hoftüpfel zu finden, aber auch an dem untersuchten Stück leider vergebens. Wie dem nun auch sei, die Koniferenholznatur ist klar erwiesen, und es ist wahrscheinlich gemacht, daß sie mit den Holzstämmen in Zusammenhang stehen müssen, die dort in größerer Menge mit den Zapfen zusammen vorkommen und die sämtlich Araukarienstruktur haben, soweit sie untersucht sind. Es mag sein, daß beim Schleifen weiterer Stücke schließlich auch noch die Hoftüpfel gefunden werden, aber dafür hätte eine größere Anzahl Knollen aufgeschliffen werden müssen; da das Resultat nach dem vorigen zweifelhaft war und auch die nötige Zeit fehlte, wurde diese Arbeit unterlassen. Auch WIELAND hat übrigens nachgewiesen, daß die dort vorkommenden Koniferenstämme Araukarienstruktur haben. Sie gehören sicher zu den Zapfen, von denen die eine Art ja echte Araukarienzapfen darstellt.

In dem markartigen zentralen Hohlraum der Knollen befanden sich stellenweise auch markartige Zellen, sonst war nichts Besonderes zu bemerken. Irgendwelche Rindenteile an der Außenseite der Knöllchen waren nicht bemerkbar; wenn eine Rinde vorhanden gewesen sein sollte, was ich annehmen möchte, so wäre ihr Verschwinden nicht weiter wunderbar, da die fossilen Koniferenhölzer sich gewöhnlich ohne Rindenreste erhalten zeigen. Die Rinde löst sich vom Holz bei längerer Durchnässung an der Kambiumregion leicht los, und die Hölzer und Holzteile sind ja bei der Verkieselung sicher lange Zeit hindurch von Wasser durchtränkt gewesen. Ferner war in den Knollen keine Spur von Harzkörpern zu sehen, und eine Verharzung des Holzkörpers der Knollen hat sicher nicht stattgefunden, so daß das zarte Gewebe sich entsprechend leicht zersetzt hat. Der Mangel an Harzgehalt hat also bei der Erhaltung der Struktur nachteilig gewirkt.

Bei dieser Sachlage kam ich auf den Gedanken, daß es sich um gallenartige Bildungen handeln könne, obwohl man gerade bei Koniferen bei derartigen Bildungen einen stärkeren Harzfluß zu sehen gewohnt ist. Da auf diese Weise die weitere Richtung der Untersuchung die Frage nahelegte, was für traumatische und teratologische Bildungen bei heutigen Araukarien vorkommen, war ich genötigt, mich an Stellen zu wenden, die über die Schädlinge der Araukarien und etwaige sonstige Abnormitäten beim Araukarienholz orientiert sind.

Bei einem Vortrag in der Deutschen Botanischen Gesellschaft äußerte Prof. MELCHIOR die Vermutung, daß es sich um Endknospen der Zweige einer Araukaria handeln könnte, mit denen er sich früher einmal beschäftigt hat. Solche Knospen sind zunächst weich und fallen ziemlich leicht ab; das Gewebe in diesen Knospen ist natürlich zunächst zart, wie es auch bei den vorliegenden verkieselten „Knospen" der Fall gewesen ist. Um solche Knospen kann es sich aber kaum handeln, da dann an den fossilen Knollen wenigstens einzelne daranliegende Blätter oder Teile davon sichtbar sein müßten, was nicht der Fall ist, sondern es liegt ein zusammenhängendes holziges Gewebe vor. Ich habe mich daher an einen zisandinen argentinischen Forstbotaniker gewandt und ihn um Auskunft oder Vermittlung einer solchen in der Sache gebeten. Die Korrespondenz ist aber bisher resultatlos verlaufen, und es bietet sich vielleicht später Gelegenheit, die Hilfe anderer südamerikanischer Botaniker in Anspruch zu nehmen. Die Annahme einer Gallenbildung mit hypertrophisch angeschwollenem Holzkörper scheint mir noch das Wahrscheinlichste zu sein; das leere Zentrum der Knöllchen kann recht gut eine Larve beherbergt haben, von der aber erklärlicherweise nichts zu sehen ist. Die Objekte, die durchaus den Eindruck von Terminalgebilden der Koniferenzweige machen, müssen schließlich leicht abgefallen sein, da sie in ziemlicher Anzahl als isolierte Knöllchen in verkieseltem Zustande gefunden worden sind. Wenn nun auch die Natur dieser Knöllchen nicht restlos gelöst werden kann, so ist doch schon mit der Erkenntnis, daß es sich um Holzgewebe enthaltende Bildungen handelt, eine ganze Menge gewonnen, und man hat eine Basis, auf der sich die weiteren Untersuchungen zu bewegen haben werden. Ich werde weiter versuchen, eine Verbindung mit südamerikanischen Botanikern wieder aufzunehmen, und hoffe dann, das Endresultat später bekanntgeben zu können. Die Korrespondenz mit Südamerika ist für uns noch sehr umständlich und zeitraubend, und ich möchte die Publikation des bis jetzt Erreichten nicht weiter aufschieben.

ANHANG

Über die als *Araucaria mirabilis* SPEG. bzw. *A. Windhauseni* GOTHAN beschriebenen Zapfen

Als ich meine frühere Arbeit von 1925 auf Grund des Materials von DR. WINDHAUSEN schrieb, war dieser der Ansicht, daß die Zapfen triassischen Alters seien, und zwar speziell der mittleren Trias entstammen dürften. Ich habe ihm damals gleich gesagt oder geschrieben, daß ich die Zapfen für jünger halten müßte, da

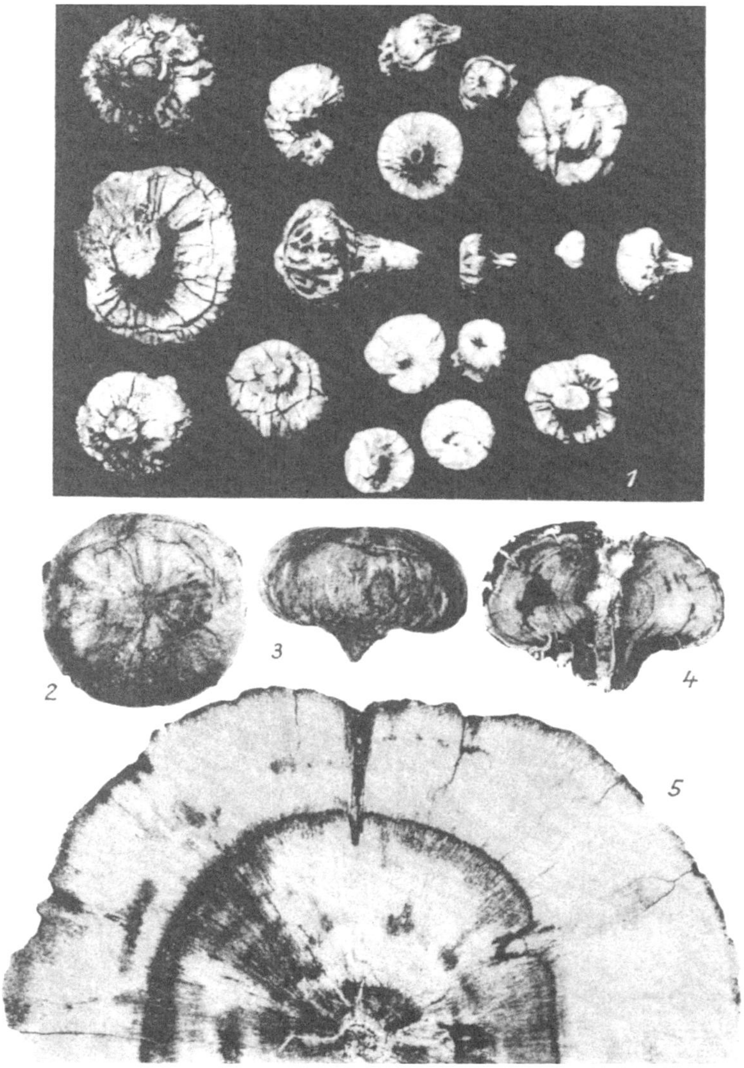

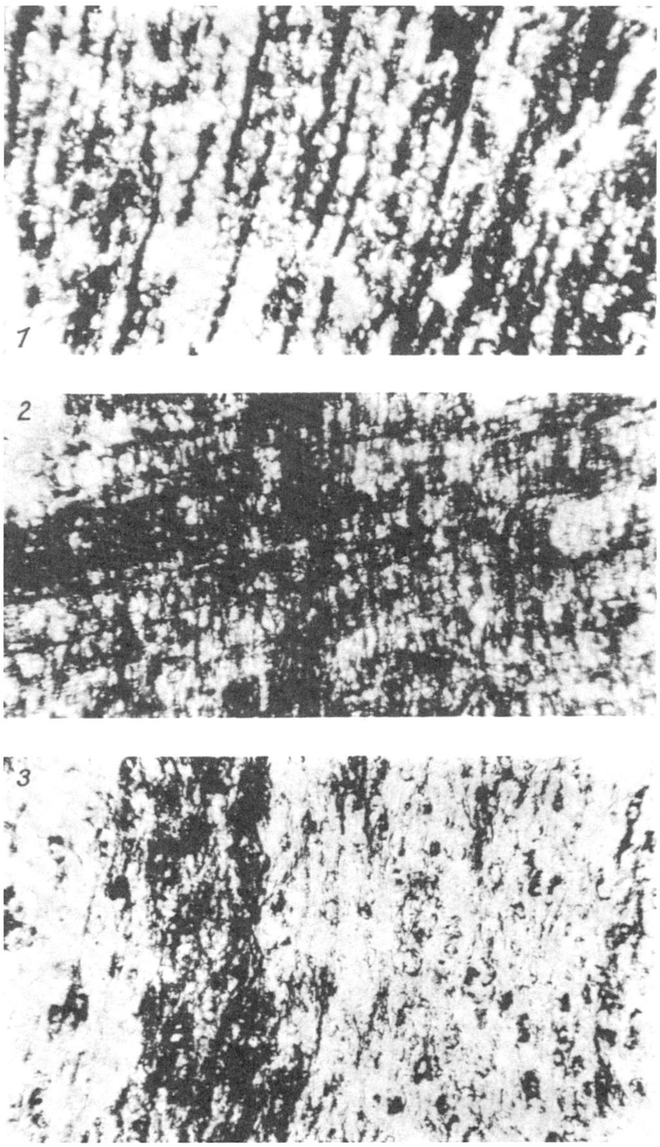

sie verwandtschaftlich den beiden südamerikanischen Arten relativ nahe ständen; er glaubte es aber nicht. Es hat sich aber inzwischen herausgestellt, wie es auch in der großen Publikation von WIELAND zum Ausdruck kommt, daß die Verkieselungen mit jüngeren Tuffen von Eruptiva (Porphyriten) in Verbindung stehen und wahrscheinlich tertiären Alters sind. Ich habe damals die strukturellen und sonstigen Unterschiede und Eigenheiten der Zapfen auseinandergesetzt, aber sowohl WIELAND wie auch ich selber haben einen Umstand übersehen, der die verkieselten Zapfen von denen der heutigen *Araucaria imbricata* und *A. brasiliensis* etwas entfernt, nämlich das *Nichtzerfallen* der fossilen Zapfen. Wenn die fossilen Arten bei der Reife zerfallende Zapfen wie die heutigen südamerikanischen Arten der Araukarien gehabt hätten, wäre wohl praktisch kein einziger zusammenhängender Zapfen fossil erhalten geblieben. Es ist bekannt, daß die fossilen Reste von Araukarienzapfen nur aus einzelnen Fruchtschuppen mit einem Samen oder Samenabdruck bestehen und schon zur Jurazeit usw. die Eigenschaft des Zerfallens bei der Reife besessen haben müssen. Bei den Verkieselungen von Patagonien sind aber, soviel mir bekannt, einzelne Zapfenschuppen überhaupt nicht gefunden worden, sondern nur zusammenhängende, ganze Zapfen, wie man es z. B. bei den heutigen *Picea*- und *Pinus*-arten usw. gewohnt ist. Niemals würde man z. B. hoffen können, ausgewachsene derartige Araukarienzapfen als Ganzes fossil erhalten zu sehen, ebensowenig etwa Abies-Zapfen, da man wegen des Zerfallens dieser Zapfen selbst bei den lebenden Arten solche als Ganzes nur durch besondere Konservierungsmaßregeln beim Sammeln bekommen kann. Diese, wie mir scheint, nicht unbeträchtliche Verschiedenheit würde auch die Festhaltung der besonderen Gattung *Pro-Araucaria* WIELAND rechtfertigen, nicht aber die strukturellen Eigentümlichkeiten der Zapfen allein, für die ich deswegen damals wie SPEGAZZINI einfach den Namen der rezenten Gattung *Araucaria* verwandte. Außerdem sei hier erwähnt, daß die kleinen, schmalen Zapfen unter den Verkieselungen, die ich damals noch nicht kannte und die WIELAND mit dem Namen *Para-Araucaria* benannt hat, überhaupt nicht als *Araucaria* bezeichnet werden sollten, da sie mit den Araucariaceen offenbar nichts zu tun haben schon wegen der Zweisamigkeit der Fruchtschuppen; sie verdienen sicher einen besonderen Gattungsnamen ohne Verwendung des Namens *Araucaria*. Ich will aber keinen Gattungsnamen dafür vorschlagen, weil ich dann näher auf diese Zapfen eingehen müßte, wozu mir genügendes Material fehlt; wahrscheinlich wird wohl FLORIN im weiteren Verlauf seiner Koniferenstudien darauf näher eingehen.

SCHRIFTENVERZEICHNIS

GOTHAN, W., Sobre restos de plantas fosiles procedentes de la Patagonia. Bol. Acad. Nac. Cienc. Rep. Argentina, 28, 2a, S. 197ff., T. I–X. 1925.

WEHRFELD, Patagonia, el gran Acervo de fosiles de la Argentina. Revista Geographica americana Ano II, Vol. IV, Nr. 23, S. 117–130. 1935.

WIELAND, G. R., The Cerro Cuadrado petrified forest. Publ. 449, Carneg.-Inst. of Washington. 1935.

ZUSAMMENFASSUNG

In dem sogenannten versteinerten Wald des Cerro Cuadrado im nördlichen Patagonien kommen neben den verkieselten Zapfen und Araukarienstämmen eigentümliche verkieselte Knöllchen vor, die äußerlich etwas an eine Feigenfrucht erinnern. Die mikroskopische Untersuchung dieser Knollen hat ergeben, daß sie von einem ziemlich zarten Koniferenholzgewebe erfüllt sind und in der Mitte einen kanalförmigen Hohlraum enthalten. Verfasser spricht die Vermutung aus, daß es sich um gallenartige Bildungen an den Enden der Zweige handelt. Seine Bemühungen, von südamerikanischen Botanikern Auskunft über etwaige analoge Bildungen bei heutigen Araukarien zu bekommen, waren bisher ohne Erfolg und wurden auf später vertagt. Hoftüpfel wurden auf den Holzzellen der Knöllchen nicht bemerkt; vermöge der Zartheit des Gewebes ist die Erhaltung im allgemeinen sehr schlecht. Die Markstrahlen sind meist nur eine Zelle hoch.

Anhangsweise kommt der Verfasser auf die früher von ihm und später von WIELAND bearbeiteten Araukarienzapfen von dort zurück und bemerkt, daß diese durch Nichtzerfallen von den heutigen ähnlichen Araukariazapfen abweichen, so daß sie wohl als einer besonderen Gattung angehörend angesehen werden können.

ABBILDUNGSERKLÄRUNGEN

Tafel I. Fig. 1. Eine Anzahl der Kieselknöllchen in etwa 1/2 nat. Gr. Nach WEHRFELD.
Fig. 2. Ein Knöllchen von oben etwa 1/1.
Fig. 3. Desgl. von der Seite. Etwa 1/1.
Fig. 4. Ein Knöllchen längs durchschnitten. Etwa 1/1.
Fig. 5. Ein halber Querschnitt eines Knöllchens, in Aufsicht photographiert etwa 4/1.

Tafel II. Fig. 1. Querschliff eines Knöllchens mit typischen Koniferenholzzellen.
Fig. 2. Radialschliff eines solchen. Die Vertikalzellen und die horizontal verlaufenden Markstrahlzellen sind sichtbar.
Fig. 3. Tangentialschliff eines solchen. Die nur eine Zelle hohen Markstrahlquerschliffe sind deutlich sichtbar.
Fig. 1–3 in etwa 60/1.

EILHARD WIEDEMANN

GRUNDSÄTZLICHE FRAGEN DER FORSTLICHEN ERTRAGSKUNDLICHEN FORSCHUNG

Nachdem hier zum erstenmal die Forstwissenschaft in dem großen Rahmen der Deutschen Akademie der Wissenschaften zu Worte kommen soll, möchte ich nicht irgendeine Spezialfrage behandeln, sondern an Hand der Geschichte des forstlichen Versuchswesens in Norddeutschland – ich durfte 17 Jahre lang die ertragskundlichen Untersuchungen der Preußischen Forstlichen Versuchsanstalt leiten – eine Reihe grundsätzlicher Fragen der forstlichen Forschung in ihrer geschichtlichen Entwicklung besprechen, um so einen Eindruck von den besonderen methodischen und sachlichen Problemen dieser Wissenschaft zu geben.

1. *Methodische Fragen*

Als vor etwa 70 Jahren das forstliche Versuchswesen in Norddeutschland organisiert wurde, stand es vor zwei großen Aufgaben. Einerseits sollte es für die Ermittlung der Ertragsleistung der verschiedenen Holzarten statistische Grundlagen schaffen, die gleichzeitig die Bestandesentwicklung der Hauptholzarten in Form von „Normalertragstafeln" wirklichkeitsgemäß wiedergaben. Andererseits sollte es die Zweckmäßigkeit der verschiedenen Methoden der Bestandesbegründung und der weiteren Behandlung der Waldbestände klären; es sei nur an die Einflüsse von Saat und Pflanzung, von Bodenbearbeitung, Bestandesdichte usw. erinnert. Eine weitere Aufgabe war damals die Festlegung der Schäden der Streunutzung, die sehr umstritten war.

Schon nach zehn Jahren mußte man einsehen, daß man zwar wertvolle Erkenntnisse über den Aufbau und die Entwicklung des „verbleibenden Bestandes" gesammelt hatte, daß aber eindeutige Zahlen über die Zuwachsleistung nicht zu gewinnen waren, weil man nicht sehen konnte, wie dick die in der Zwischenzeit entnommenen Stämme waren, und wieweit daher die Verschiebung der Durchmesserverteilung während der zehnjährigen Beobachtungszeit auf dem Dickenwachstum der verbleibenden Stämme und auf der Durchmesserverteilung des ausscheidenden Bestandes beruhte.

Der einzige Weg zur Klärung lag darin, daß man jeden einzelnen Baum numerierte und in bestimmten Zeitabständen an einer immer gleichbleibenden Meßstelle auf Millimeter genau vermaß. Mit dieser Steigerung der Anforderungen an die Genauigkeit der Unterlagen ergab sich eine Fülle von Schwierigkeiten:

In der Landwirtschaft braucht die Einzelpflanze einen Raum von nur wenigen Zentimetern oder Dezimetern Durchmesser. Das Leben einer Pflanzengemeinschaft ist meist innerhalb eines Jahres abgeschlossen. Exakte Versuche können unter Ausschaltung der Witterung im Gewächshaus durchgeführt werden, und es macht keine Schwierigkeiten, einen Boden von außerordentlicher Gleichmäßigkeit herzustellen. Im Walde dagegen hat ein älterer Baum oft eine Kronenausdehnung von fünf und mehr Metern, so daß zum Schutz vor allerlei Zufälligkeiten – was ja die Herstellung eines Kollektivs mit gesetzmäßiger Verteilung der Durchmesser (GAUSSsche Glockenkurve) voraussetzt – eine Größe der Einzelfläche von etwa einem Viertelhektar nötig ist. In vergleichenden Versuchsreihen mit verschiedenen Behandlungsmethoden ergeben sich Flächen von mehr als einem Hektar, wozu noch die nötigen Isolierstreifen treten. Flächen von solcher Größe mit gleichem Boden sind aber nur sehr selten zu finden, vor allem da die Forstwirtschaft nicht die Möglichkeit hat, den Boden durch alljährliche Bearbeitung, Düngung, durch Entwässerung usw. wie die Landwirtschaft einem einheitlichen Ideal zu nähern.

Außerdem zwingt die Länge der Lebenszeit unserer Waldbäume, die erst nach 80 Jahren (Fichte) oder sogar erst mit 150 Jahren (Eiche) hiebsreif werden, zu einer Beobachtungszeit der Einzelflächen von 30 oder über 50 Jahren, in deren Verlauf sie durch allerlei Schädigungen, Wechsel der Witterung und ebenso durch die unvermeidbaren Änderungen der forstlichen Grundanschauungen in ihrer gleichmäßigen Entwicklung gefährdet sind. Von den Nadelholzflächen z. B. geht etwa ein Drittel bis ein Viertel vorzeitig durch Sturm, Insekten usw. zugrunde. Diese Länge der Beobachtungszeit zwingt außerdem, den Ertrag nicht wie die Landwirtschaft nach der Ernte, sondern als „periodischen Zuwachs" am stehenden Bestand zu ermitteln, wozu unter Umständen 30 m hohe Bäume mit den mannigfachsten Stammformen periodisch stehend gemessen werden müssen.

Im Laufe der letzten 60 Jahre ist es gelungen, diese Schwierigkeiten großenteils zu überwinden oder doch in ihrer Wirkung stark zu mildern. Zum Beispiel wurden die Geräte zur Höhenmessung der Bäume sehr verbessert. Man lernte die Durchmesserabnahme vom Stammfuß (Brusthöhe) bis zu der ebenfalls erreichbaren Höhe von fünf Metern als Weiser der Stammform bis zur Spitze zu verwenden. Man bearbeitete zahlreiche Vergleichsreihen auf ähnlichen, aber auch auf grundsätzlich verschiedenen Standorten und untersuchte eingehend die Wirkungen der Witterungsschwankungen usw. Jedoch bleibt selbst bei einer laufenden Beobachtung von über 100000 Einzelstämmen die mögliche Zahl der Beobachtungsflächen schon infolge der langen Zeiträume im Vergleich zur Landwirtschaft sehr beschränkt, und bei dem Ergebnis jeder Einzelfläche muß mit erheblicher Unsicherheit der Zuwachszahlen gerechnet werden, so daß die Ergebnisse erst in Verbindung mit anderen Parallelversuchen oder als Glieder einer Großstatistik praktisch brauchbar werden.

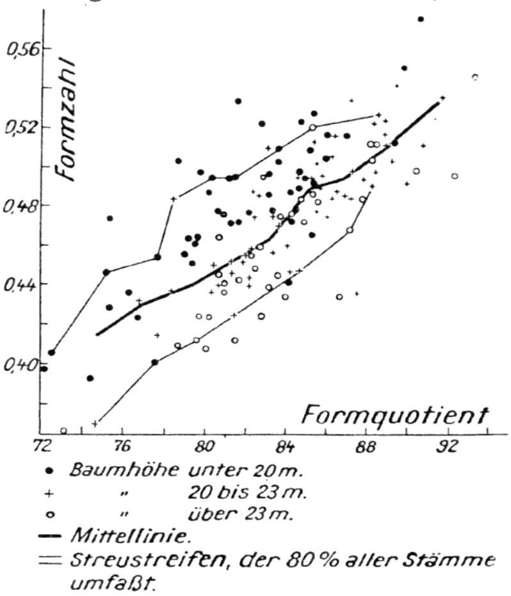

Abb. 1. Die Beziehungen von Formzahl und Formquotient bei 144 Kiefernstämmen von 24–27 cm Durchmesser.

Die Formzahl ist der Reduktionsfaktor, mit welchem man das Produkt von Kreisfläche am Stammfuß (aus bestimmten Gründen in Brusthöhe gemessen) und Baumhöhe multiplizieren muß, um die Masse des Baumes zu erhalten. Der Formquotient ist das Verhältnis des Durchmessers in fünf Meter Höhe zu dem Durchmesser in Brusthöhe.

Außer den allgemeinen recht geradlinigen Beziehungen zwischen Formzahl und Formquotient tritt in der Abbildung die Abhängigkeit dieses Wertes von der Baumhöhe hervor. Die niedrigen Bäume (ausgefüllte Kreise) haben bei gleichen Formquotienten eine wesentlich größere Formzahl. Nach WIEDEMANN, „Formzahl und Formquotient", Ztschr. f. Forst- und Jagdw. 1929.

Die Aufdeckung dieser Schwierigkeiten zwang zu einer sorgfältigen kritischen Prüfung der Ergebnisse. In langjähriger praktischer Erprobung haben sich in der Preußischen Versuchsanstalt die üblichen mathematischen Methoden (mittlerer wahrscheinlicher Fehler) nur bei gewissen statistischen Aufgaben bewährt. Für viele andere Fragen aber verdienen meines Erachtens graphische Prüfungsmethoden weitaus den Vorzug. Denn die Breite des Streubandes der verhältnismäßig wenigen Einzelwerte (Versuchsreihen) beruht meist nicht in Fehlern der Meßmethoden, sondern in „systematischen Fehlern" der einzelnen Flächen, die sich aus den (später geschilderten) Einflüssen des Standortes, aus den Schwankungen der Witterung, aus Unterschieden der Bestandesgeschichte usw. ergeben. Diese können in der graphischen Darstellung viel klarer verfolgt und in ihrer Bedeutung für das Ergebnis beurteilt werden als im mittleren wahrscheinlichen Fehler, der den Einzelwert als rechnerisches Glied untertauchen läßt. Dem geübten Betrachter gibt das Streubild auch einen durchaus genügenden Ersatz für die Angabe des mittleren wahrscheinlichen Fehlers.

2. *Allgemeine sachliche Ergebnisse*

Gleichzeitig mit dieser Vertiefung der Arbeitsmethoden entwickelte sich auch die sachliche Arbeit von der statistischen Erfassung des Kollektivs zur naturwissenschaftlichen Betrachtung der Einzelglieder und ihrer Synthese zu neuen biologischen Einheiten. Während anfangs in erster Linie der Vorrat je Hektar, der Mittelwert von Höhe, Durchmesser usw. des Bestandes, also zusammenfassende Kennzeichen des Kollektivs, festgelegt werden sollten, machte die stammweise Numeration es möglich, die Entwicklung der einzelnen Durchmesserklassen, die ja auch weitgehend biologischen Klassen entsprechen, und ihre Bedeutung für den gesamten Bestand zu erfassen. Es folgte das stammweise Ansprechen von Gesundheit und Güte der Stämme in den einzelnen Flächen, die Beschreibung der Kronengröße oder sogar die kartenmäßige Darstellung der Stammverteilung und der Kronengrößen im ganzen Bestand, die zu dem Stärkenzuwachs des Einzelstammes in Beziehung gesetzt wurden. Ebenso wurde die Durchwurzelung des Bodens in verschiedener Entfernung vom Stammfuß, die Florenverteilung usw. untersucht. All dieses zusammen zerlegte das Kollektiv des Bestandes, das eine statistische Größe ohne inneres Leben war, in ein Zusammenspiel von biologischen Zellen und erlaubte eine Fülle von Einblicken in die inneren Zusammenhänge:

So haben die Stammformen der einzelnen Holzarten zwar trotz großer individueller Eigenheiten doch gewisse einheitliche Züge. Sie werden aber durch die Stellung des Einzelbaumes im Bestand stark beeinflußt. Herrschende Bäume im dichten Bestand legen in allen Baumhöhen unterhalb der lebenden Krone etwa die gleiche Kreisfläche an. Da der Durchmesser und damit der Umfang nach unten immer größer wird, so ergibt sich für den Stamm als Träger gleicher Festigkeit eine allmähliche Abnahme der Jahrringbreite nach unten. Bei sehr eingeklemmten Stämmen (kein Winddruck) wird das Dickenwachstum am Stammfuß fast eingestellt und die ganze geringe Assimilation für den Höhenzuwachs (Weg zum Licht) eingesetzt. Bei Überführung eines Bestandes in lichtere

Stellung wird umgekehrt infolge der Steigerung des Winddruckes die Jahrringbreite am Stammfuß (Hebelansatz) sehr gesteigert, oben aber vermindert und gleichzeitig wird das Höhenwachstum wesentlich verringert, in extremen Fällen stirbt sogar der oberste Teil der lebenden Krone ab (Verkürzung des Hebelarmes). Auch die sonstigen Untersuchungen zeigten die mannigfachsten Anpassungen der Natur an die wechselnden Wachstumsbedingungen.

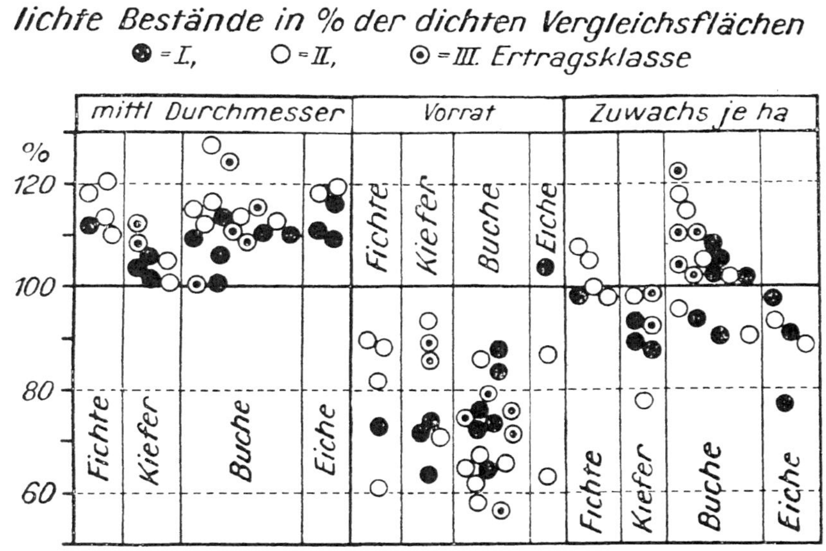

Abb. 2. Der mittlere Durchmesser, die gegenwärtig vorhandene Masse je Hektar und der Zuwachs je Hektar (ausgedrückt in Kreisfläche) in zahlreichen Vergleichsreihen von mäßiger und starker Durchforstung bei verschiedenen Holzarten.

Um eine einheitliche Zusammenfassung zu ermöglichen, wurden in jeder Vergleichsreihe alle Werte der stark durchforsteten (lichten) Fläche in Prozent der mäßig durchforsteten Vergleichsfläche, die infolge vorsichtiger Hiebe etwa die doppelte Stammzahl behalten hat, ausgedrückt.

Im mittleren Durchmesser ist die starke Durchforstung bei allen Holzarten überlegen, am wenigsten bei der Kiefer. Der Vorrat je Hektar ist bei allen Holzarten infolge der starken Hiebe gesunken, am stärksten bei der Buche. Der Zuwachs je Hektar (an Kreisfläche) ist in den lichten Beständen bei der Buche trotz der Streuung der Einzelwerte eindeutig überlegen, ebenso vielleicht bei der Fichte, während bei der Kiefer und Eiche die dichten Bestände den größeren Zuwachs leisten. Die Unterschiede sind aber gering.

Nach Wiedemann, „Waldbauliche und ertragskundliche Grundlagen der Forstwirtschaft". Im Druck.

Bei den vergleichenden „Durchforstungsflächen", in denen durch verschieden starke Hiebe eine ganz verschiedene Bestandesdichte erreicht wird, bleibt auf guten Böden die Zuwachsleistung in einem sehr breiten Rahmen (z. B. selbst bei langjähriger Senkung der Stammzahl auf die Hälfte) von der Bestandesdichte fast unabhängig. Dies erklärt sich bei den verschiedenen Holzarten verschieden. Bei der Buche z. B. nimmt der Zuwachs der umlichteten Stämme erheblich zu, dafür haben aber die schwächeren Stämme, die in dem lichten Bestand entnommen sind, im dichten Bestand einen gewissen Zuwachs. Bei der Kiefer aber, bei der der Stärkenzuwachs der herrschenden Stämme außer bei sehr starken Lichtungen nicht nennenswert steigt, haben die unterdrückten Stämme fast keinen Zuwachs, so daß der Zuwachs bei beiden Holzarten weitgehend unabhängig von der Bestandesdichte ist.

Die Erklärung geben die Untersuchungen von Krone und Wurzel. Dank der Kronenausladung der umlichteten Stämme wird die Kronengrundfläche je Hektar durch diese Hiebe kaum verändert, wenn auch an Stelle vieler kleiner Lücken des dichten Bestandes wenige große Lücken zwischen den geschlossenen großen Kronen des lichten Bestandes treten. Die Nadelmenge aber wird dank der größeren Kronenlänge eher erhöht. Auch der Wurzelraum wird noch bei Abständen der Bäume von sechs bis sieben Metern voll ausgenutzt. Auf geringen Böden bleiben oft die dichten Bestände im Zuwachs zurück, weil hier insbesondere in Trockenzeiten lange nachwirkende Folgen der übermäßigen Konkurrenz um den spärlichen Vorrat von Wasser und Nährstoffen auftreten.

Die Versuche, die Höhe des mit Blättern ausgefüllten Luftraumes im Bestande durch Schonung der niedrigen Bäume zu vergrößern, hatten je nach der Holzart und dem Standort verschiedene Erfolge. Bei der Kiefer und Fichte sterben (mit Ausnahme besonders günstiger Standorte) alle unterhalb des unteren Kronenrandes des Hauptbestandes liegenden Kronenteile und damit die ganze Krone des Unterwuchses ab. Bei den Laubhölzern halten die Unterwüchse sich auf vielen Standorten, haben aber nur 1/100, ja 1/1000 des Zuwachses der gleichalten im vollen Lichte lebenden Nachbarn. Auf anderen Standorten sind sie so empfindlich, daß z. B. in den trockenen Jahren 1947 bis 1949 in manchen Versuchsreihen die Hälfte des ganzen Unterstandes abstarb.

Die so gewonnenen Ergebnisse führten zu genaueren Untersuchungen über die Ursachen und damit zu immer neuen Einblicken in die Eigenheiten der Holzarten, der Standorte und in die sonstigen Zusammenhänge.

3. *Wachstumsschwankungen*

Bei den Aufnahmen der Versuchsflächen, die anfangs in sechsjährigen, später in vierjährigen Zwischenräumen wiederholt wurden, fiel schon bald auf, daß der Zuwachs in den einzelnen Perioden sich keineswegs gesetzmäßig entsprechend dem wachsenden Alter aneinanderfügt. Vielmehr ist er oft trotz unveränderter Behandlung in der folgenden Periode nur zwei Drittel oder sogar die Hälfte der vorigen, um dann wieder auf die alte Höhe zu gelangen. Die Untersuchung dieser Erscheinung brachte vielseitige Ergebnisse:

Der Zuwachs hängt weitgehend von der Witterung ab. In den Gebieten mit Wärmeüberschuß und Wassermangel folgt er auf frischen Böden etwa den jährlichen Schwankungen der Witterung, die im vorhergehenden Herbst über die Versorgung mit Reservestoffen, in der Wachstumsperiode selbst über die Ausnutzung dieser Stoffe entscheidet. Diese Tatsache hat man z. B. in Amerika benutzt, um an Hand der Zuwachsschwankungen der Urwaldriesen die Witterungsschwankungen auf tausend Jahre zurückzuverfolgen. Diese Wachstumskurven sind sehr unregelmäßig, verbinden sich aber schon bei Berechnung von fünf- oder zehnjährigen Mittelwerten zu ausgeglichenen Kurven, falls nicht viele extreme Jahre nebeneinander liegen.

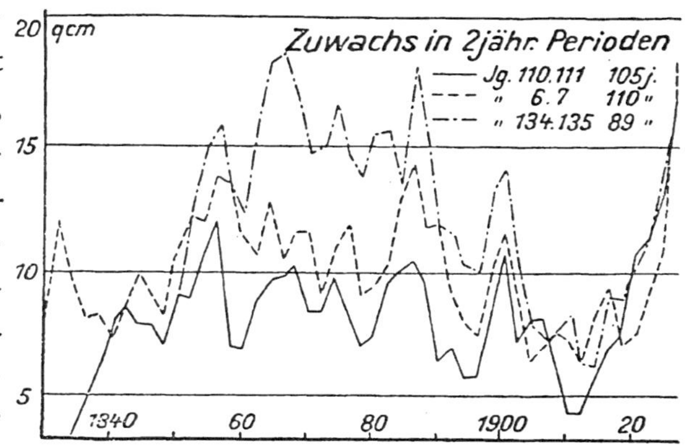

Abb. 3. Der jährliche Zuwachs (an Kreisfläche) des Einzelstammes in zweijährigen Perioden in drei Kiefernbeständen der Annaburger Heide bei Torgau, aufgetragen über den Kalenderjahren.

Das Alter der Bestände schwankt zwischen 89 und 110 Jahren. Obwohl jede Kurve den Durchschnitt von zahlreichen Einzelkiefern gibt, tritt der entscheidende Einfluß der Witterung auf den Zuwachs klar hervor: starke Rückschläge durch die bekannten Trockenjahre von 1892 bis 1895 und vor allem von 1908 und 1911–18, erstaunliche Erholung durch die nassen Jahre 1926–28.

Nach WIEDEMANN, „Die Kiefer 1948“, Verlag Schaper.

Auf „empfindlichen“ Böden dieser warmen und trockenen Gebiete aber wirkt ein einziger besonders trockener Sommer auf fünf, ja auf mehr als zehn Jahre nach. Die Ursache liegt hauptsächlich darin, daß die Humusauflage dieser Standorte schon durch eine einmalige übermäßige Austrocknung in eine Art Trockenstarre gebracht wird, so daß die darin gespeicherten Nährstoffe, insbesondere der Stickstoff, nicht mehr von den Baumwurzeln aufgenommen werden können. Dadurch bleibt auch nach Eintritt normaler Witterung die Nährstoffversorgung der Bäume sehr schlecht, bis allmählich oder durch einzelne besonders nasse Jahre (z. B. 1926–1928) diese „Trockenstarre“ gelöst wird, worauf der Zuwachs wieder normal wird. Große Waldflächen in der Lausitz oder in den tieferen Lagen des sächsischen Fichtengebietes verwandeln sich durch die Wirkung einzelner Dürrejahre auf viele Jahre hinaus in „Siechenhäuser", deren Zuwachsleistung nur die Hälfte von derjenigen ist, die sie nach Klima und Boden leisten könnten, eine Tatsache von großer wirtschaftlicher Bedeutung und wissenschaftlichem Interesse. Bei der Kiefer kann sogar in solchen trockenen Jahren der Gipfel absterben. Die große Zahl der Seitentriebe, die nun an die Stelle des Gipfeltriebes treten wollen, führt zu einer Auflösung der normalen hochstrebenden Kronenform und ihrer Verwandlung in ein flaches Dach ohne führenden Trieb.

In kühlen feuchten Lagen fehlen diese gefährlichen Trockenzeiten, so daß hier das Wachstum den jährlichen Schwankungen der Witterung folgt und auch dies nur in abgeschwächtem Maße. In noch kühleren und feuchteren Gebieten endlich wirkt die Erwärmung der Trockenjahre günstig auf den Zuwachs, so daß z. B. unsere Buchenflächen in Schleswig-Holstein gerade in denjenigen Jahren den besten Zuwachs haben, in denen die märkischen Buchenflächen auf zwei Drittel des Normalen herabsinken.

Diesen Zuwachsschwankungen entsprechend verschieben sich auch die waldbaulichen Grundlagen. So verändern sich die Lebensbedingungen der Jungpflanzen und damit die Möglichkeit einer natürlichen Verjüngung, die Zusammensetzung der Bodenflora und die Vorbedingungen für Pilzkrankheiten und Insektenkalamitäten in grundlegender Weise. Nach eingehender Untersuchung verändert eine Reihe von Trockenjahren die Stärke des Auflagehumus und seine Säuregrade stärker als eine langjährige Verminderung der Stammzahl auf die Hälfte.

Das Eindringen in diese Zusammenhänge zerstört zwangsläufig den früheren Glauben an strenge allgemeine Wuchsgesetze und an die Möglichkeit, das Wachstum eines Bestandes in einer bestimmten Periode einigermaßen genau aus „Normalertragstafeln" abzulesen. Auch der Versuch, an Hand der Witterungszahlen Korrekturen einzuführen, um so von der Norm zur Wirklichkeit zu kommen, muß scheitern, weil die Wirkung der gleichen Witterungsverschiebung je nach dem Grundcharakter von Klima und Boden ganz verschieden stark, ja verschieden gerichtet ist. Eine andere Folge dieser Schwankungen ist, daß ein Wirtschafter selbst nach fünfjähriger Tätigkeit in einem bestimmten Revier noch nicht davor sicher ist, daß ein Wechsel der Witterung seine Erfahrungen über den Haufen wirft. Hierdurch kommt die forstliche Praxis und die Forstwirtschaft zwangsläufig in ein Tasten und in eine Betonung der wahrscheinlichen Entwicklung.

4. *Die Bedeutung der Wuchsgebiete*

Die Waldbestände sind auch in Trockengebieten nicht in allen Altern gegen den Wassermangel gleich empfindlich. Vielmehr nimmt (abgesehen von gewissen Stadien der Jungkulturen) die Empfindlichkeit im allgemeinen vom Stangenholzalter, also etwa vom 40. Jahre an, ständig zu, da in dieser Zeit der Wasserbedarf des Bestandes und gleichzeitig die Pumphöhe des Wassers von den Wurzeln bis zu der transpirierenden und assimilierenden Krone ein kritisches Maß erreicht. Wann im Einzelfall die Störungen eintreten, hängt, wie eben gesagt, von den zufälligen Schwankungen der Witterung ab.

Wenn daher z. B. ein Kiefernbestand der trocknen südlichen Mark mit 100 Jahren dieselbe Höhe von 28 m erreichen soll wie ein Kiefernbestand an der Ostseeküste, so muß er mit 40 Jahren etwa um zwei Meter höher sein, weil er vom 60. bis 100. Jahr im allgemeinen nur halb so rasch wie jener in die Höhe wächst. Entsprechende Unterschiede ergeben sich auch im Dickenwachstum usw. Trotz dieser Unterschiede im Wachstumsgang ist die Gesamtleistung an Masse im ganzen Leben bei gleicher Endhöhe ungefähr dieselbe. In extremen Trockengebieten hört unter Umständen das Höhenwachstum etwa vom 60. Jahre praktisch auf.

Ein weiterer Typ sind die Bestände im Windklima an der Nordsee. Hier behindert zwar der Wind das Höhenwachstum aller empfindlichen Holzarten nach Erreichen einer gewissen Höhe in ähnlichem Maße wie der Wassermangel der Trockengebiete. Die Wasserversorgung und der Humuszustand aber bleiben normal. Daher wird der geringere Höhenzuwachs durch einen besonders guten Durchmesserzuwachs ausgeglichen und so ein Massenzuwachs beibehalten, der der Produktionskraft des Standortes entspricht.

Die Untersuchung der Wuchsgebiete ist in den letzten Jahrzehnten, in denen man stärker in die natürlichen Grundlagen des Wachstums einzudringen suchte, immer mehr in den Vordergrund getreten und hat viele Einblicke gebracht, vor allem nachdem man die übrigen Teile von Europa einschließlich von Rußland und den Alpen mit ihren ganz abweichenden klimatischen Bedingungen mit herangezogen hatte. Bei der Kiefer, der Holzart der Ebene, liegen die Wuchsgebiete in großen zusammenhängenden Gebieten nebeneinander, die einerseits durch Wärme und Trockenheit, andererseits durch das Windklima begrenzt werden. Auch auf den trockenen Böden der Gebirge schieben sich zwischen die Gebirgsholzarten Kiefernstreifen ein, die durch die Auslese des Schneedruckes und das kühle Gebirgsklima sich mit schmalen spitzen Kronen und einem anfangs geringen, aber lange anhaltenden Wachstum den nordischen Kiefern annähern.

Bei der Fichte trifft man große zusammenhängende Gliederungen hauptsächlich in den Ebenen von Nord- und Osteuropa, sowie im Alpenvorland. In Nord- und Mitteldeutschland aber findet die Fichte geeignete Lebensbedingungen hauptsächlich in den Gebirgen. Hier liegen die Gürtel mit verschiedenem Wachstum im selben Gebirgsstock, ja meist in denselben Revieren übereinander in den verschiedenen Höhenlagen und Hanglagen, wobei sich die „gleiche Klimalage" in Süddeutschland in größere Meereshöhen als in Norddeutschland verschiebt. Im Gebirge kommt zu den übrigen begrenzenden Faktoren noch die Eisbruchgefahr der Hochlagen, die ja bis zur Baumgrenze reichen. Auf die übrigen Holzarten kann hier nicht eingegangen werden.

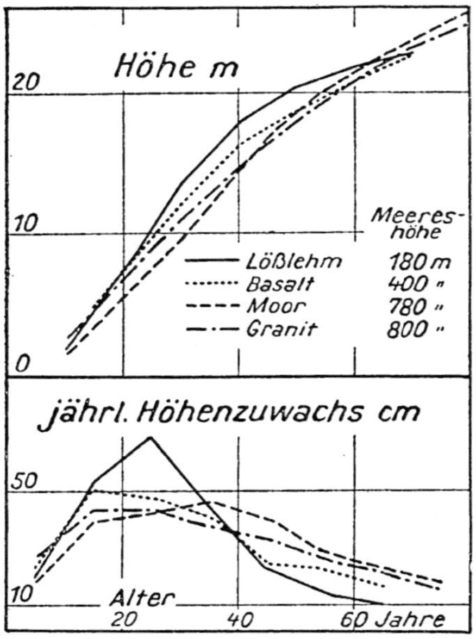

Abb. 4. Die Baumhöhen in den einzelnen Altern und der jährliche Höhenzuwachs in den einzelnen Altersperioden von Fichten aus verschiedenen Meereshöhen von Sachsen, die mit 70 Jahren etwa die gleiche Höhe von 23 m erreichen.

Die Fichten der Tieflagen (180 m Höhe) sind in der Jugend (20–30 Jahre) im Zuwachs weit überlegen, sie haben aber mit 60 Jahren nur den halben Höhenzuwachs wie die Fichten aus 800 m Höhe. Die Fichten aus 400 m Höhe stehen in der Mitte.

Nach WIEDEMANN, „Die Fichte 1936", Mitt. a. Forstwirtschaft u. Forstwissenschaft 1936.

Auch wenn man die Versuchsflächen nach den Wuchsgebieten aufgliedert, so verbleibt doch eine sehr große Streuung der Einzelwerte. Diese ist teilweise (vor allem bei den Aufnahmen vor 1900) auf die Unvollkommenheit der Aufnahmemethoden zurückzuführen. Großenteils aber beruht sie darauf, daß die klimatischen Besonderheiten der Wuchsgebiete von den Bodeneigenschaften überdeckt werden. So muß z. B. ein Kiefernwald auf einem Sandboden, der in 2 m Tiefe von einer frischen und nährstoffreichen Lehmschicht unterlagert ist, nach einem verhältnismäßig geringen Jugendwachstum (Wurzeln nur im Sande) später dank der immer stärkeren Durchwurzelung der Lehmschicht ein lange anhaltendes Wachstum haben und dadurch sich auch in Trockengebieten dem Wachstumstyp einer meeresnahen Kiefer nähern.

Diese Wachstumsunterschiede zwischen den Wuchsgebieten zerreißen die früher erhoffte Einheitlichkeit der Wuchsgesetze in räumlicher Beziehung, ebenso wie es in zeitlicher Beziehung an Hand der Witterungsschwankungen gezeigt wurde. Im Gegensatz zu den Witterungsschwankungen bietet sich hier aber eine gesetzmäßige Gliederung. Da das Maß der Witterungsschwankungen eines der wichtigsten Merkmale der Wuchsgebiete ist, so werden auch diese Störungsfaktoren hierdurch in einen gesetzmäßigen Bau eingegliedert, der aber statt einer Generalregel nun das wechselnde Mosaik der Standortsfaktoren in dem Aufbau und der Entwicklung der Bestände widerspiegelt.

Eines der Hauptziele der künftigen ertragskundlichen Forschung muß darin liegen, unsere Normalertragstafeln durch Wuchsgebietstafeln zu ergänzen, gleichzeitig aber für die Zwecke der Statistik und für einen einheitlichen Vergleich der Gebiete ein gewisses Maß von Einheitlichkeit zu wahren. Teilweise wird man die Normalertragstafeln mit entsprechenden Vorbehalten weiter verwenden. Ein noch besserer Weg scheint darin zu liegen, daß man für die verschiedenen Wuchsgebiete getrennte Tafeln aufstellt, die aber auf die gleiche jährliche Durchschnittsleistung (an Masse) im Durchschnitt des ganzen Lebens aufgebaut sind.

5. *Die Baumrassen und die individuellen Erbfaktoren*

Nach Feststellung dieser Wachstumsunterschiede zwischen den Wuchsgebieten war die Frage zu klären, wieweit dieselben unmittelbar durch den verschiedenen Standort oder aber durch die Baumrassen bedingt werden, die sich auf Grund dieser Standortsunterschiede entwickelt haben. Der entscheidende Anteil der unmittelbaren Standortseinwirkung ist meines Erachtens nicht zu leugnen. Dazu sind die Wachstumsgrenzen, z. B. am Baltischen Höhenrücken oder bei dem Aufstieg aus der Norddeutschen Tiefebene in die Mittelgebirge zu schroff, und dazu stimmen die bodenkundlich bedingten Unterschiede und die klimatisch bedingten Unterschiede, soweit sie die Lebensbedingungen in der gleichen Richtung verschieben, zu gut überein. Überdies sind die ursächlichen Zusammenhänge zwischen den einzelnen Trockenjahren und den Störungen des Wachstums usw. bis ins einzelne aufgedeckt.

Auf der anderen Seite ist im Walde die Herausbildung *von Standortsrassen* auch ohne bewußte Züchtung eine Selbstverständlichkeit. Denn während z. B. bei der Kartoffel fast alle ursprünglich eingebrachten Pflanzen zur vollen Entwicklung kommen, scheiden bei den Waldbäumen bis zu der Verjüngung 9/10, ja 99/100 (Buche) der ursprünglichen Zahl aus.

Unter „normalen“ Verhältnissen sind dies natürlich im Kampf um Licht und Wurzelraum die matter wüchsigen Bäume, auf allen Standorten aber, auf denen irgendeine Gefahr im Vordergrund steht, die hiergegen besonders empfindlichen Bäume. In Schneedruckgebieten z. B. werden die breitkronigen Kiefern, die unter normalen Bedingungen dank ihrer überlegenen Assimilation die schmalkronigen Nachbarn erdrücken, als erste herausgebrochen oder so geschädigt, daß sie von den unempfindlichen schmalkronigen Kiefern überwachsen werden. Große Versuche in Schweden und Rußland, bei denen die Jungkiefern um mehrere Längengrade nach Norden oder Süden verpflanzt wurden, haben immer wieder gezeigt, daß bei grundsätzlichen Klimaunterschieden Krankheiten der verschiedensten Art die ortsfremden Kiefern vernichteten, während die einheimischen Kiefern verschont blieben.

Den besten Einblick in die Einzelheiten geben mehrere seit 1908 laufende vergleichende Anbauversuche mit verschiedenen Kiefernherkünften vom Ural bis nach Südfrankreich, die in ganz Mitteleuropa angelegt wurden. Hiernach unterscheiden sich die Rassen in Stammform, Wachstum, Kronenausbildung usw. in einem wirtschaftlich wichtigen Maße. Auch unter fremdem Klima behalten die Rassen ihre ererbten Eigenschaften bei und sind unter Umständen den einheimischen Kiefernrassen überlegen, falls nicht irgendwelche in der Heimat unbekannte Gefahren auftreten.

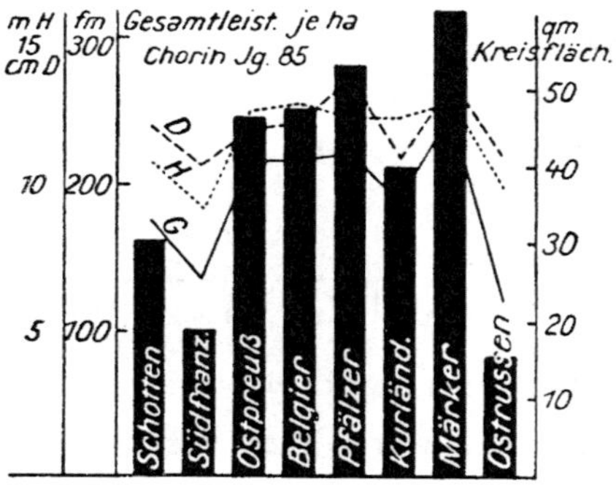

Abb. 5. Der Einfluß der Kiefernrassen auf das Wachstum.

Die senkrechten Balken zeigen die Gesamtleistung an Masse der verschiedenen Rassen bis zum 33. Jahre. Die mit 33 Jahren erreichte Höhe (H), der erreichte Durchmesser (D) und der Vorrat an Kreisfläche (G) je Hektar sind als Kurven eingezeichnet.

Die beiden Rassen aus Südfrankreich und Ostrußland, aber auch die schottische Kiefer bleiben weit zurück. Die brandenburgische Kiefer ist den übrigen deutschen Rassen bei gleicher Höhe in der Massenleistung etwas überlegen.

Vergleichender Rassenversuch Chorin bei Eberswalde. Nach WIEDEMANN, „Die Kiefer 1948“, Verlag Schaper.

Im Rahmen dieser rassischen Eigenschaften stehen die *Erbeigenschaften des einzelnen Individuums*. Zur Erforschung dieser Frage wurden die Samen zahlreicher Mutterbäume, oft aus demselben Bestand, getrennt geerntet und ausgesät. Bei unseren wichtigsten Holzarten ist bekanntlich der Vater infolge von Fremdbestäubung unbekannt. Trotzdem setzt sich offenbar bei einem großen Teil der Nachkommen die Erbanlage der Mutter so durch, daß die Nachkommen sich ganz klar von den Nachbarbeeten unterscheiden. In anderen Fällen, in denen offenbar die Erbmasse des Vaters durchschlägt, bildet die Jugend ein buntes Gemisch. Daneben wurde von mehreren Forschern übereinstimmend beobachtet, daß manche Mutterkiefern in einzelnen Jahren eine sehr einheitliche Nachkommenschaft, in anderen aber eine nicht charakteristische Nachkommenschaft haben. Auf jeden Fall können wir auch im Walde die Rassen nicht als eine in sich geschlossene Einheit auffassen, sondern müssen innerhalb dieser gewissen Einheitlichkeit mit weitgehenden Unterschieden der Individuen rechnen.

6. *Der gleichaltrige Mischbestand und der ungleichaltrige Bestand*

Bisher habe ich nur Bestände besprochen, die sich aus einer einzigen Altersklasse und einer einzigen Holzart zusammensetzen. Diese bilden trotz aller individuellen Eigenheiten doch ein so einheitliches Kollektiv, wie man es von einer Vereinigung lebender Wesen erwarten kann. Die Verschiedenheit der Holzarten, die Eigenart der Standorte und die Störungen durch die Witterungsschwankungen ergeben allerdings ein buntes Bild. Noch viel komplizierter werden diese Verhältnisse bei den übrigen Bestandesformen.

Zum Beispiel stehen im *gleichaltrigen Mischbestand* nebeneinander zwei oder mehrere Holzarten mit verschiedenem Wachstumsrhythmus, mit verschiedenen Ansprüchen an die einzelnen Standortseigenschaften und mit verschiedenen Waffen für den unerbittlichen Konkurrenzkampf. Außerdem bringt die verschiedene Mischungsart (einzeln oder in Gruppen) ganz verschiedene Grundlagen der Entwicklung. Da jede Mischung andere Probleme in den Vordergrund stellt, kann man auch hier die grundsätzlichen Fragen nur an einigen Beispielen klarmachen.

Im gleichaltrigen Mischbestand von Eiche und Buche z. B. ist das Höhenwachstum der Eiche auf vielen Standorten anfangs überlegen. Sie wird aber mit etwa 50 Jahren von der Buche eingeholt und dann immer stärker überwachsen. Gleichzeitig beginnt die Buche mit ihrer viel stärkeren Beschattung und den peitschenden Ästen die empfindliche, lichtbedürftige Eiche einzuengen, so daß schließlich die meisten Eichen verkrüppeln oder absterben. Ohne besondere menschliche Maßnahmen entwickelt sich also die Buche annähernd so wie im reinen Bestand, die Eiche aber bleibt nach normalem Jugendwachstum durch den Konkurrenzdruck der Buche weit hinter dem zurück, was ein reiner Eichenbestand auf dem gleichen Standort leisten würde.

Die Bestandespflege stellt nun mit Rücksicht auf den sehr großen Wert von einwandfreien Furniereichen die Eiche in den Vordergrund. Zu diesem Zwecke werden die besten Eichen allmählich durch den Aushieb der bedrängenden herrschenden Buchen zur Bildung von großen arbeitsfähigen Kronen erzogen. Gleichzeitig werden die unterständigen Buchen als Schutz für die wertvollen Eichenschäfte gegen Sonne (Bildung von „Wasserreisern" aus schlafenden Augen) sorgfältig geschont. Hierdurch bleibt die Höhenentwicklung und die Durchmesserentwicklung der Eiche sehr gut, bei der Buche aber drückt der Aushieb von so vielen herrschenden Stämmen und die Erhaltung des Unterstandes die Durchschnittshöhe um vier bis sechs Meter unter die natürliche Höhenentwicklung herab.

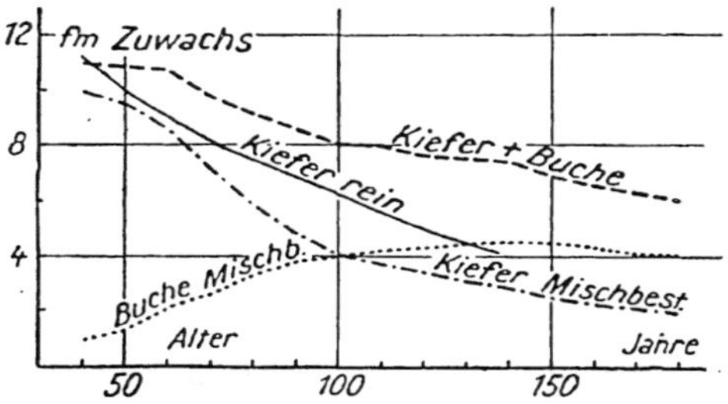

Abb. 6. Der jährliche Massenzuwachs je Hektar des gleichaltrigen Mischbestandes von Kiefer und Buche in den einzelnen Altern im Vergleich zu dem reinen Kiefernbestande.

Der Zuwachs der Kiefer des Mischbestandes wird mit steigendem Alter ebenso wie im reinen Kiefernbestand immer kleiner, er ist diesem stets unterlegen. Die Buche des Mischbestandes gibt einen so großen Zuschuß, daß beide Holzarten zusammen in den älteren Beständen mehr als das Doppelte der reinen Kiefer leisten.

Nach WIEDEMANN, „Ertragskundliche Fragen des gleichaltrigen Mischbestandes", Der Dtsche. Forstwirt 1939.

Ein anderer Typ sind die gleichaltrigen Mischbestände der Kiefer mit Buche oder Fichte. Hier überwächst auf den meisten Standorten die junge Kiefer sehr bald die Buche bzw. die Fichte, schließt sich über ihnen zusammen und verhindert durch den Lichtentzug jahrzehntelang jedes nennenswerte Wachstum der Schattenhölzer. Wenn sich aber die Kiefern im Stangenholzalter lichten, finden diese Schattenholzarten die Möglichkeit zu vollem Gedeihen. Auf guten Böden wachsen sie schließlich in die Kronen der Kiefern ein, ja sie überholen sie und bedrängen sie dann dank ihrer stärkeren Beschattung oft in gefährlichem Maß.

Im Mischbestande nehmen also viele Holzarten durch die überlegene Konkurrenz der beigemischten Holzart oder durch einseitige Hiebsmaßnahmen des Wirtschafters ganz abweichende Entwicklungsformen an, so daß die im reinen Bestand gefundenen Gesetze für sie keine Gültigkeit mehr haben.

Bei dem *ungleichaltrigen Bestand* kommen in Norddeutschland vor allem zwei Typen vor. Bei dem einen wächst unter einem älteren Schirm von Lichtholzarten, z. B. Kiefer oder Eiche, eine junge Generation von Schatten ertragenden Holzarten, z. B. Buche, Tanne oder Fichte, bei dem anderen haben die verschiedenen Stockwerke dasselbe Lichtbedürfnis, ja sie bestehen oft aus der gleichen Holzart. Ganz allgemein entspricht das Wachstum des Oberstandes etwa einem reinen Bestand, unter Umständen etwas verändert durch die Wurzelkonkurrenz eines dichten, hochstrebenden Unterwuchses. Der Unterstand aber wird durch die Beschattung und Wurzelkonkurrenz stark behindert, auf geringen Böden meist getötet.

Bei der ersten Form – Schattenholzart unter Lichtholzart – geht auf guten Böden der Unterstand nach Überwindung der Jugendgefahren (Wildverbiß, Wassermangel usw.) verhältnismäßig reibungslos in die Höhe. Bei langen Umtrieben des Oberstandes von über 120 Jahren wächst er trotz des Altersunterschiedes von 30–50 Jahren schließlich in das obere Kronendach ein und kann den Oberstand ähnlich wie im gleichaltrigen Mischbestand bedrängen. Die verschiedenen Stockwerke zusammen haben von einem gewissen Zeitpunkt an einen viel höheren, unter Umständen einen doppelt so großen Zuwachs wie ein ebenso alter Lichtholzbestand ohne Unterwuchs, weil das Licht, das durch die lichten Altholzkronen ungenutzt hindurchfällt und sonst nur zur Ernährung von Gras und Kräutern vergeudet würde, einer zusätzlichen Holzerzeugung des Unterstandes dient.

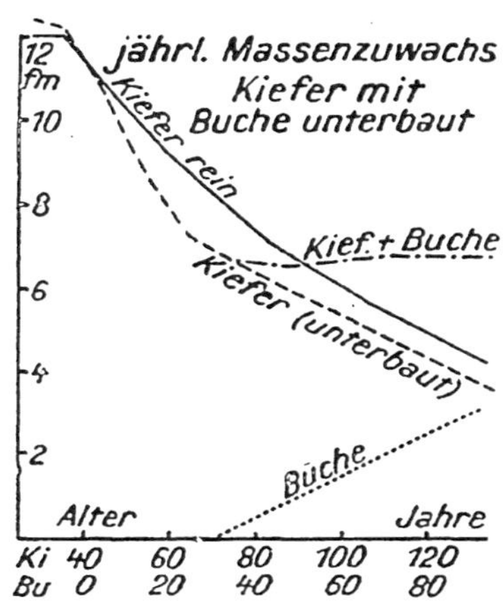

Abb. 7. Der jährliche Massenzuwachs je Hektar der mit Buche unterbauten Kiefern im Vergleich zum reinen Kiefernbestande.

Die unterbauten Kiefern haben einen etwas kleineren Zuwachs je Hektar als die reine Kiefer. Der Zuschuß der um 40 Jahre jüngeren Buchen hebt aber die Gesamtleistung beider Holzarten im höheren Alter erheblich über die reine Kiefer hinaus.

Nach WIEDEMANN, „Die Kiefer 1948“, Verlag Schaper.

Viel schwieriger gestaltet sich das Zusammenleben der verschiedenen Stockwerke, wenn sie aus derselben oder aus biologisch ähnlichen Holzarten bestehen. Junge Kiefern z. B. können unter einem lichten Schirm von alten Kiefern auf armen trockenen Böden infolge der übermäßigen Austrocknung des Bodens durch die Altholzwurzeln nicht gedeihen, ebensowenig aber auf guten frischen Böden, weil hier Gräser und Laubhölzer dank ihres größeren Schattenerträgnisses die lichtbedürftigen Jungkiefern erdrücken. Daher finden sich mehrstufige Kiefernwaldungen fast nur auf mittleren Böden, die durch eine Moosdecke (große wasserhaltende Kraft), meist in Mischung mit etwas Heide und Trockengräsern, gekennzeichnet sind. Alte Buchen beschatten selbst bei sehr geringer Stammzahl durch die rasche Ausladung der dicht belaubten Krone den Boden so stark, daß fast alle Versuche mit mehrstufigen Buchenwaldungen gescheitert sind.

Endlich sei das Problem dieser Waldformen noch an der Frage erläutert, wie ein Kiefernbestand mit einem dichten Buchenunterstand auf die verschiedenen Böden wirkt. Sehr kräftige frische Böden werden weder durch die natürliche Gras- und Krautdecke noch durch einen Buchenunterbau geschädigt, wenn auch die Buchen wesentlich mehr Wasser verbrauchen. Arme trockene Sandböden können zwar die geringen Humusabfälle eines reinen Kiefernbestandes und seiner Moosdecke ohne Schädigung vertragen. Die viel stärkeren Abfälle eines dichten Buchenunterbaues aber führen zusammen mit dessen dichtem Laubdach (Absperrung von Wärme und Niederschlägen) und mit der dichten oberflächlichen Bewurzelung dieser Buchen (nochmaliger starker Wasserentzug) zur Anhäufung von ungünstigem Buchenrohhumus, der auch den Mineralboden versauern und auslaugen kann. Auf gewissen zweistufigen (Sand über Lehm) Böden endlich bleiben zwar die Wurzeln der Beerkrautdecke und der Hauptteil der Kiefernwurzeln in der Humusdecke oder doch in der 2–3 m mächtigen trokkenen Sandschicht. Die tiefer greifenden Wurzeln der Buche aber können allmählich den darunterliegenden frischen, kalkhaltigen Geschiebelehm erfassen und mit den Buchenblättern, die aus dem Untergrund mit Kalk angereichert sind, auch die oberen Bodenschichten sehr günstig beeinflussen. Der Buchenunterbau wirkt also je nach dem Boden bald günstig, bald schädlich auf den Boden ein, während er in anderen Fällen gleichgültig ist.

7. *Die Veränderlichkeit des Standortes*

Vor 150 Jahren war die Ansicht, daß eine grobe Mißhandlung des Waldbodens seine Fruchtbarkeit auf lange Zeit verringern müsse, unbestritten, weil die Forstleute in vielen Kalkhängen, die durch unvorsichtige Freilegung verkarstet waren, und in den durch Streunutzung verödeten Sandböden ein erschütterndes Anschauungsmaterial vor Augen hatten. In den folgenden Jahrzehnten einer ungestörten Waldwirtschaft ging diese Erfahrung immer mehr verloren, so daß schließlich die Waldwertrechnung auf „ewig gleichbleibende“ Renten an Masse und Geld aufbaute, und daß auch der Waldbau bei seinen Maßnahmen die Frage nicht oder doch nicht wesentlich berücksichtigte, ob die Bodenkraft leiden könnte. In den letzten Jahrzehnten wurde dann wieder die Auffassung von der Veränderlichkeit des Standortes in immer stärkerem Maße herrschend. Die wissenschaftliche Prüfung dieser Frage hat zu folgendem Ergebnis geführt:

Die Schwankungen der Produktionskraft durch die Witterungsschwankungen, die aber keine dauernde Verschiebung der Standortsgüte bedeuten, wurden schon besprochen. Eine dauernde einseitige Entwicklung wird durch die geologisch bedingte Auswaschung der leicht auswaschbaren Basen, insbesondere des Kalkes verursacht. Denn da die Forstwirtschaft die aus der Oberkrume tief geschwemmten Nährstoffe nicht durch Düngung ersetzt, muß die Oberschicht immer stärker verarmen und zwar besonders in kühlen und feuchten Gebieten mit einem Überschuß an Sickerwasser, aber auch auf durchlässigen Böden der trockenen Gebiete. Die Schnelligkeit dieser Auswaschung steigert sich entscheidend, wenn das Sickerwasser nicht mit der schwachen Kohlensäure der Atmosphäre, sondern mit Humussäuren angereichert ist, die sich in schlecht zersetztem Auflagehumus bilden.

Nachdem man anfangs die Gründe für diese Schäden einseitig in der Wahl der Holzart und in den Folgen des Kahlschlages gesehen hatte, lernte man allmählich, neben diesen Faktoren auch die Bedeutung der Bodenflora sowie von Klima und Boden entsprechend in Rechnung zu setzen, und trennte die Böden in empfindliche, weniger empfindliche und fast oder ganz unempfindliche Böden. Auf unempfindlichen Böden werden die jährlich abfallenden Nadeln usw. sofort aufgezehrt oder doch in milde Moderform umgewandelt. Auf empfindlichen Böden aber häuft sich auf der Bodenoberfläche eine immer stärkere, schwer zersetzliche saure Humusdecke an. Sehr wenig empfindlich sind z. B. Böden mit fließendem nährstoffreichem Grundwasser oder Hangböden mit nachschaffender Kraft von oben. Besonders empfindlich sind alle sehr armen und durchlässigen Böden sowie solche, deren Humuszersetzung zeitweise Störungen durch Staunässe oder übermäßige Austrocknung erleidet.

Bei den Schattenholzarten, die durch den dichten Schatten das Erscheinen einer Bodenflora verhindern, stuft sich die Zersetzlichkeit der Abfälle der verschiedenen Holzarten auf allen Böden in etwa der gleichen Reihenfolge ab. So sind z. B. die Abfälle der Hainbuche überall besonders leicht zersetzlich, die Nadeln der Fichte besonders schwer zersetzlich, während Buche und Douglasie in der Mitte stehen. Die absolute Schnelligkeit der Zersetzung ist je nach dem Boden ganz verschieden, weil z. B. die Fichtennadeln auf kalkreichem Boden leichter zersetzlich sind (viel Kalk, wenig Silizium) als das Buchenblatt auf armem Boden. Durchbrochen wird diese regelmäßige Abstufung, sobald eine der Holzarten dank größerer Wurzelenergie kalkreiche Schichten des Untergrundes erreicht, weil sie dann auch auf demselben Platze doch sozusagen auf einem ganz anderen Standort steht. Wenn eine Holzart das Gedeihen einer starken Bodenflora erlaubt, so hat diese entscheidenden Anteil an der Humusbildung. Dabei sind die Beerkräuter und die Heide ungünstig, die Abfälle der meisten Gräser und Kräuter aber leicht zersetzlich.

Zu diesen grundsätzlichen Unterschieden der Holzart treten noch die Wirkungen des Klimas, der Hanglage usw. Überdies muß nicht nur die Wahl der Holzart (oder die Mischung verschiedener Holzarten), sondern auch die Zweckmäßigkeit des Kahlschlages, der Bestandesdichte und anderer Maßnahmen geprüft werden. Der einfache Grundsatz, eine Verschlechterung des Bodens zu vermeiden und doch den Standort innerhalb der möglichen Grenzen für die Wirtschaft auszunutzen, führte daher zu umfassenden Forschungsarbeiten, bei denen die verschiedenen Standorte getrennt untersucht werden mußten:

Zum Beispiel regt der Kahlschlag auf vielen Standorten dank der ungehinderten Zulassung von Sonne und Niederschlägen das Bakterienleben und damit die Zersetzung der vom Altholz verbliebenen Humusvorräte in bester Weise an. Auf anderen Böden aber, insbesondere in hohen Gebirgslagen, bleibt die Beerkrautdecke erhalten und verhindert starke Einwirkungen des Kahlschlagklimas. Auf wieder anderen kann Staunässe (Wegfall der Wasserpumpe des Altholzes) oder zeitweise übermäßige Austrocknung (Zutritt der Sonne) die Humuszersetzung stören und unter Umständen den Boden dauernd schädigen, insbesondere durch Verödung, Verdichtung und Versumpfung des Oberbodens. Ebenso wird der reine Fichtenbestand von kräftigen kalkreichen Böden jahrhundertelang ohne sichtbare Schädigungen vertragen. Auf anderen werden die in einer Waldgeneration verursachten oberflächlichen Schädigungen nach dem Kahlschlag durch die Arbeit der Gräser usw. wieder ausgeglichen, während auf wieder anderen Böden die oberen Bodenschichten schon in 30–50 Jahren übermäßig versauern und verarmen. Trotz des gleichen Wirtschaftszieles ergeben sich daher auf den verschiedenen Standorten grundsätzlich verschiedene Methoden.

8. *Meliorationen*

Sobald man die Veränderlichkeit des Standortes anerkannte, ergab sich die Forderung, nicht nur ein Absinken der Bodenkraft zu verhindern und geschädigte Böden wiederherzustellen, sondern darüber hinaus ähnlich wie in der

Landwirtschaft die *dauernde* Fruchtbarkeit und die gegenwärtige Ertragsleistung auf ein Höchstmaß zu steigern. Dabei wurden in den letzten Jahrzehnten vor allem drei grundsätzlich verschiedene Wege eingeschlagen.

Eine viel umstrittene Form des „naturgemäßen Wirtschaftswaldes" will durch Auflösung der einheitlichen Bestände in zahlreiche nach Alter und Holzart verschiedene Kleinflächen einen naturgemäßen Waldaufbau und höchste Leistungen erreichen. Sie sucht dabei ihr Vorbild in einem gemischten Urwald, in dem einzelne überalterte Urwaldriesen zusammenbrechen, worauf in der entstandenen Lücke sich eine Jungwuchsgruppe hochschiebt. Diese Verjüngungsform ist aber nicht einmal im osteuropäischen und amerikanischen Gebirgswalde und erst recht nicht im Kieferngebiet der russischen Ebene die allgemeine Verjüngungsform des Urwaldes. Vielmehr ist auch der Urwald oft auf Riesenflächen gleichaltrig und aus einer Holzart zusammengesetzt, oder die verschieden alten Bäume schließen sich doch allmählich zu einem Kronendach von gleicher Höhe zusammen, und auf den Massentod der Altbestände durch Feuer, Sturm, Insekten usw. folgt eine etwa gleichaltrige Auferstehung des Jungwuchses, die entweder sofort von einzelnen erhaltenen alten Bäumen aus erfolgt oder erst nach einer Zwischengeneration leichtsamiger, kurzlebiger Holzarten. Die schon seit 70 Jahren gemachten Versuche mit solchen ungleichaltrigen Kleinflächen haben meist recht ungünstige Ergebnisse gebracht.

Eine andere Form des „naturgemäßen Wirtschaftswaldes" betont in erster Linie die Holzart und sucht durch den Anbau bodenpfleglicher Holzarten die Bodenkraft zu erhalten. Dabei soll nach Möglichkeit die ursprüngliche natürliche Bestockung wiederhergestellt werden, die man der Verteilung der Bodenpflanzen (Pflanzensoziologie) zu entnehmen glaubt. Wirtschaftlich wertvolle Holzarten mit ungünstiger Einwirkung auf den Boden, vor allem die Fichte, sollen nur in einem sicher unschädlichen Maße beigemischt werden. In schwierigen Fällen soll die Holzproduktion durch Einschaltung einer „Waldbrache" von Kräutern und Sträuchern oder durch einen Zwischenbau von Birke, Eberesche usw. unterbrochen werden, um so den Boden zu entlasten.

In diesen Vorschlägen stecken zweifellos sehr viele biologisch richtige Gedanken. Bei starrer Durchführung ergeben sich aber schwere Bedenken. Denn die meisten dieser bodenpfleglichen Holzarten verlangen eine langjährige sorgsame Pflege, die man ihnen im Großbetrieb kaum geben kann. Außerdem bedeutet schon der Ersatz der Fichte durch die Buche eine Verringerung der Gelderträge um ein Drittel und mehr für eine ganze Umtriebszeit von 100 Jahren, die

Einschaltung einer 20jährigen Waldbrache auf mittleren Fichtenböden aber einen Ertragsausfall von 3000–5000 Mark je Hektar, der in der Praxis nicht tragbar ist.

Eine dritte Form, an deren Ausbau ich schon seit langer Zeit mitarbeite, sucht daher die biologischen und wirtschaftlichen Rücksichten zu vereinigen. Hier wird zunächst auf den einzelnen Standorten geprüft, welcher oder welche „Minimumfaktoren" eine volle Ausnutzung der sonstigen Standortskräfte hindern, und dann, mit welchen Mitteln diese Hindernisse beseitigt werden können. Dabei sind in freier Wahl sowohl die eben besprochenen naturnahen Mittel wie allerlei künstliche Maßnahmen einzusetzen, die sich eng an die landwirtschaftlichen Erfahrungen anlehnen. Die Art des Vorgehens kann nur am Beispiel von zwei Standortsgruppen gezeigt werden:

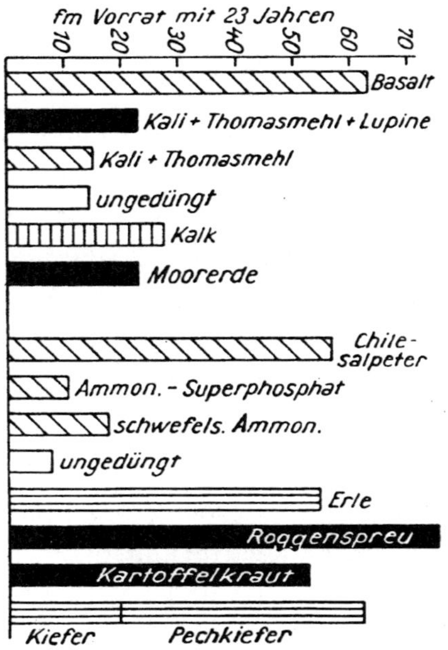

Abb. 8. Der Einfluß verschiedener Düngung auf den Ertrag der Kiefer auf ärmsten Sandböden der Lausitz.

Angegeben ist der ungefähre Massenvorrat je Hektar von 23 Jahren. Die Zufuhr von Humus in günstiger Form (schwarze Balken), auch die Beimischung der Weißerle und der Pechkiefer ist im Erfolg den meisten künstlichen Düngern weit überlegen. Die gute Wirkung des Basaltes ist nur durch eine riesige Gabe von 1500 dz je Hektar erreicht worden. Der Lupinenanbau ist infolge Trockenheit nicht gelungen.

Nach WIEDEMANN, „Die schlechtesten ostdeutschen Kiefernbestände", Verlag Reichsnährstand 1942.

Auf armen oder verödeten (Streunutzung) Sandböden des trockenen Ostdeutschlands liegt die Hauptschwierigkeit in dem allgemeinen Wassermangel, der in Dürrezeiten auf ein Höchstmaß steigt. Hier ist am wichtigsten die Erhaltung und Vermehrung des Bodenhumus als Hauptträger der Feuchtigkeit. Daher muß der vorhandene Humus durch geeignete Bodenbearbeitung usw. der Wirkung der Sonne entzogen und jeder unnötige Humusraub verhindert werden, also keine Streunutzung und keine Entnahme der Baumwurzeln, Belassung des Reisigs, Förderung der natürlichen Humusbildung, insbesondere von Moosdecken. Daneben steht die künstliche Einbringung von Humus jeder Art, Torfballen, Getreidespreu usw., der Anbau der gelben Lupine oder von Holzarten mit reichlichen Nadelabfällen. Die künstliche Düngung tritt gegen diese Humusspeicherung zurück. Maßnahmen, die die Humuszersetzung anregen, sind hier häufig schädlich.

In den nordwestdeutschen Mittelgebirgen dagegen ist Humus und Feuchtigkeit meist reichlich vorhanden. Die Schwierigkeiten liegen, wie schon gesagt, in der ungenügenden Zersetzung des Humus, sowie örtlich in Staunässe, Bodenverdichtung usw. Hier wird zweckmäßig als erstes die Grundursache, nämlich der Basenmangel der oberen Bodenschicht beseitigt, indem der Kalk, unter Umständen auch Phosphorsäure und andere Nährstoffe, die ausgewaschen sind, wieder künstlich eingebracht werden. Die Folgen treten in der Entsäuerung des Humus, in der Freimachung der darin festgebundenen Nährstoffe und in der Steigerung der Zuwachsleistung oft sehr deutlich und langfristig hervor. Bei geringeren Humusvorräten wird zweckmäßig nach dem Ersatz der Basen die Dauerlupine oder andere Leguminosen eingebracht, die mit ihren leicht zersetzlichen, stickstoffreichen Abfällen den Oberboden völlig umwandeln und Wuchsstockungen der Jungfichten verhindern. Unter Umständen geht man auch zu Volldüngung, tiefer Bodenbearbeitung und einem mehrjährigen Zwischenbau von geeigneten Ackerfrüchten über, deren Ernten wenigstens einen Teil der Meliorationskosten ersetzen sollen.

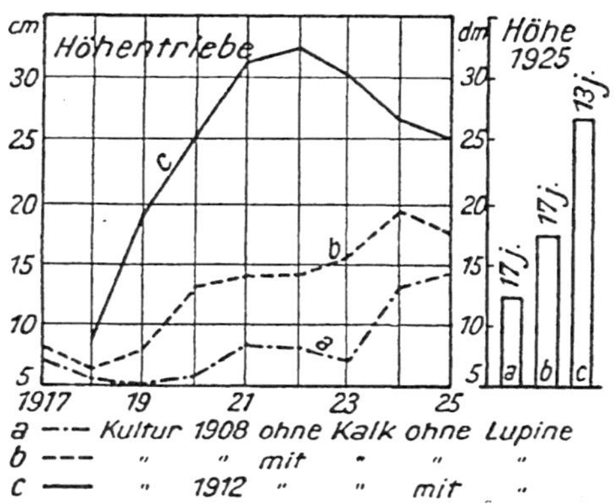

Abb. 9. Der Einfluß einer Kalkdüngung, sowie eines Anbaues der Dauerlupine nach Kalkung auf das Fichtenwachstum auf mißhandelten Schieferböden (Fichtelgebirge).

Die Kalkdüngung wirkt trotz Verdoppelung des Zuwachses nicht durchschlagend.

Die Dauerlupine hat die drohenden Wuchsstockungen vollkommen verhindert, so daß die 13jährigen Fichten mit Dauerlupine dreimal so hoch sind wie die nicht behandelte Kultur mit 17 Jahren.

Nach WIEDEMANN, „Die Leguminosendüngung in Ebnath“, Forstw. Centralbl. 1927.

Bei vielen Wirtschaftern ist die Sorge um eine abermalige Erkrankung dieser Böden unter Fichtenbestockung so groß, daß sie ebenso wie die Anhänger des naturgemäßen Wirtschaftswaldes auch nach der Melioration Holzarten mit besonderer bodenpfleglicher Kraft trotz geringer Gelderträge bevorzugen. Dem gegenüber dürfen die wirtschaftlichen Rücksichten nicht unbeachtet bleiben. Die Mehrerträge des reinen Fichtenbestandes sind so groß, daß man auf vielen Böden, zumal nach der Melioration, die Fichte rein oder doch als Hauptholzanbauen und einer etwa drohenden Bodenverschlechterung sofort durch Kalkung und andere Maßnahmen vorbeugen sollte, die nur einen Bruchteil der sicheren Mehrerträge kosten.

Bei starker Verdichtung oder Staunässe dagegen empfehle auch ich den Übergang zu tiefwurzelnden Holzarten, bei deren Auswahl ebenfalls die Ertragsfähigkeit sorgfältig beachtet werden muß. Ebenso müssen große Fichtengebiete durch Gürtel anderer Holzarten unterbrochen werden, vor allem bei Gefährdung durch Sturm und andere Gefahren.

Diese dritte Form der Melioration stellt sich in bewußten Gegensatz zu einer häufigen Auffassung, die, gestützt auf naturphilosophische Betrachtungen, das Ziel des Waldbaues in der möglichsten Annäherung des Wirtschaftswaldes an ein Urwaldideal sieht. Diese dritte Form sucht auch die Waldwirtschaft als wichtiges Glied der deutschen Rohstoffproduktion mit allen Mitteln zu einer nachhaltigen Höchstleistung zu bringen, auch wenn dabei ebenso wie in der Landwirtschaft die natürlichen Eigenschaften des Standortes, zu denen ja auch der Humusmangel der armen ostdeutschen Böden und die starke Auswaschung der nordwestdeutschen Böden gehören, weitgehend umgewandelt werden müssen. Die Natur wird hier also weder als ein beschränkender Rahmen noch als ein Ziel der Wirtschaft betrachtet, vielmehr als ein allerdings sehr wichtiges Mittel zur Erreichung des übergeordneten Wirtschaftszieles, das in der Betonung der Nachhaltigkeit auch den Schutz vor Bodenverschlechterung in sich schließt. Wir stehen heute sicher erst am Anfang der Erkenntnisse auf diesem Gebiet und erst recht am Anfang der technischen Durchdringung dieser Fragen, die die erhofften großen Fortschritte für die Praxis bringen soll.

9. *Zusammenfassung*

Vor 70 Jahren hatte das forstliche Versuchswesen als Hauptziel, für die wichtigsten Holzarten die Entwicklung im Laufe des Bestandeslebens zu erforschen und hieraus allgemein gültige Wuchsgesetze abzuleiten. Ebenso sollten aus den Erfahrungen der Praxis und den vergleichenden waldbaulichen Versuchen Waldbauregeln von möglichst umfassender Gültigkeit entstehen. Als dann die Besonderheiten der einzelnen Standorte, noch dazu verzerrt durch die periodischen Klimaschwankungen, hervortraten, drohte die Buntheit des Bildes und die Vielheit der Einzelfaktoren jede gesetzmäßige Gliederung zu vereiteln. Erst die Häufung des Materials und die Vertiefung der ertragskundlichen Untersuchungen mit den verschiedensten naturwissenschaftlichen Hilfsmethoden erlaubte die Zusammenfassung dieser Einzelbilder zu standörtlichen Typen. Dabei ließ sich die Verschiedenheit der Ergebnisse in der Hauptsache auf verhältnismäßig wenige Faktoren von Klima und Boden zurückführen, die auch im

Vorstehenden immer wieder hervortraten, z. B. den Wasserhaushalt, die Menge und Form des Humus, die Auswaschung usw. Ja, es gelang, für Zwecke der Planung und der Statistik auch die früher angestrebten Normalertragstafeln für große Gebiete wieder sinnvoll zu gestalten, wobei allerdings der frühere Glaube an die unumstößliche Richtigkeit dieser Zahlen aufgegeben werden mußte.

Die Aufgabe der nächsten Zukunft liegt in der Erweiterung und ständigen Vertiefung dieser Unterlagen, wobei die Bodenkartierung und die Untersuchung des wirtschaftlichen Standortes, also der Absatzverhältnisse, Arbeiterverhältnisse usw. mit ihren Wirkungen auf den Wirtschaftserfolg eine besondere Rolle spielen. Ebenso müssen die Untersuchungen über die Meliorationen, die trotz der heutigen spärlichen Grundlagen schon wichtige Erkenntnisse gebracht haben, wesentlich ausgebaut werden. Denn hier liegt wahrscheinlich der Schlüssel, um auch die Forstwirtschaft in ähnlicher Weise auszugestalten, wie es die Landwirtschaft in der Zeit um Liebig erlebt hat.

Die Waldbaupraxis kann im allgemeinen die wirtschaftlichen Auswirkungen ihrer Maßnahmen, die ja erst nach Jahrzehnten voll in Erscheinung treten, nicht klar erfassen. Sie strebt daher meist einen möglichst großen augenblicklichen technischen Erfolg an, wobei sie die biologischen Zusammenhänge und unter Umständen die Kostenfrage besonders betont. Das Versuchswesen hat in seinen sehr lange beobachteten vergleichenden Waldbauversuchen die Grundlagen gesammelt, um die Dauerwirkungen auf Boden und Bestand, aber auch die wirtschaftlichen Auswirkungen zu erfassen, wenn auch bei der Komplexnatur aller Faktoren so eindeutige zahlenmäßige Ergebnisse wie bei landwirtschaftlichen Versuchen nie zu erreichen sind. Diese Erkenntnisse geben der Praxis endlich die Möglichkeit, ebenso wie die übrigen Wirtschaftszweige nüchtern die wirtschaftlichen Vor- und Nachteile der einzelnen Maßnahmen abzuwägen.

Wenn man *die Entwicklungslinie des forstlichen Versuchswesens* und der *Ertragskunde* kurz, wenn auch natürlich etwas einseitig umreißen will, so ist es *die Umwandlung von einer angewandten Statistik* zu einem naturwissenschaftlich und zahlenmäßig begründeten Waldbau, also *zu einer angewandten Naturwissenschaft.*

Meines Erachtens kann dieser Zweig der Forstwissenschaft auch anderen Wissenschaften Anregungen geben. In der sehr langen Beobachtungszeit wirken sich die periodischen Klimaschwankungen viel stärker aus als bei den übrigen Zweigen der Bodenwirtschaft. Ebenso läßt das Fehlen einer alljährlichen Bearbeitung und Düngung die natürliche Entwicklung der Böden und die Einwirkung der Wirtschaft auf den Bodenzustand leichter erkennen. Hierzu tritt die Beobachtung eines Objektes, in dem Einzelindividuen von 5–8 m Kronenausladung und 30 m Höhe, die periodisch stehend (also ohne Ernte) gemessen werden müssen, zu einem Kollektiv vereinigt sind. Hierin und in den großen Unterschieden der Wuchsgebiete und Standorte liegt dann auch der Grund für die Anwendung besonders angepaßter Prüfungsmethoden, deren Ergebnisse vielleicht auch die allgemeinen Auffassungen über methodische Fragen beeinflussen können.

KARL KEGEL

DIE DRUCKFESTIGKEITSÄNDERUNG PLASTISCHER SALZGESTEINE IM BERGBAU*

I. Bericht über die tatsächlichen Vorgänge einiger typischer Zusammenbrüche im Kalisalzbergbau

Der Kalisalzbergbau besteht seit etwa 90 Jahren. Er ging aus von den Versuchen des Preußischen Staates, bei Staßfurt ein Bergwerk zur Gewinnung von Steinsalz zu errichten[1]. Am 23. April 1839 wurde auf dem Salinenhofe zu Staßfurt mit einer Bohrung zur Feststellung des Steinsalzlagers begonnen, dessen Vorhandensein in einer von REINWARTH am 3. Juni 1838 der Königlichen Salinenverwaltung zu Staßfurt vorgelegten Arbeit als sicher bestehend angegeben wurde. Der Entschluß, diese Bohrung niederzubringen, erfolgte, nachdem sich auch der Geologe KARSTEN für die Ausführung der Bohrarbeiten in seinem Gutachten vom 11. Oktober 1838 ausgesprochen hatte. Das Bohrloch sollte zur Gewinnung von Sole dienen. Zur größten Überraschung stellte man aber beim Antreffen des Salzlagers in der dem Bohrloch entnommenen Sole erhebliche Mengen von Kalisalzen und erst bei 249,5 m Teufe die ersten Steinsalzspuren im Bohrschmande fest. Von 249 m bis 581 m Teufe bohrte man im Steinsalz. Nach Erreichung von 584 m Teufe wurde der Bohrbetrieb am 31. Mai 1851 eingestellt.

Da die Verwendung des Bohrloches zur Aussolung des Steinsalzes mittelst einer Solpumpe infolge des Auftretens von Kali- und Bittersalzen im Hangenden des Steinsalzes als aussichtslos erschien, entschloß man sich, das Steinsalzlager bergmännisch aufzuschließen und zu gewinnen.

Man beschloß, zwei Schächte abzuteufen. Mit den Abteufarbeiten wurde am 9. Februar 1852 begonnen. Die Schächte erhielten die Namen v. d. Heydt und Manteuffel. Anfang Januar 1856 wurde mit dem Schachte v. d. Heydt das Kalisalzlager erreicht. Ende Oktober 1856 stellte man in 334 m Teufe eine Verbin-

* Vorgetragen in der Gesamtsitzung am 23. Februar 1950.

[1] J. WESTPHAL, Geschichte des Königlichen Salzwerkes zu Staßfurt. Druckschrift aus Anlaß des 50jährigen Bestehens des Staßfurter Salzbergbaus. Berlin 1901.

dung der beiden Schächte her und schloß das Steinsalzlager durch einen nach Osten ins Liegende und nach Westen ins Hangende gerichteten Querschlag auf. Man wollte im Osten einen söhligen, schachbrettförmigen Abbau des Steinsalzes einrichten, während man im Westen eine unmittelbar unter dem Kalisalzlager anstehende Bank reinen Kristallsalzes durch schwebenden Abbau gewinnen wollte. Der beabsichtigte Abbau dieser Bank, die damals als der wertvollste Aufschluß der beiden Schächte angesehen wurde, hat vermutlich die Veranlassung gegeben, die auflagernden „unreinen Salze" als Abraumsalze zu bezeichnen.

Nachdem Professor MARCHAND auf die Bedeutung des in den sogenannten Abraumsalzen enthaltenen Kalis für die chemische Industrie und Landwirtschaft hingewiesen hatte und nachdem der Chemiker Dr. FRANK Aufbereitungsverfahren für die Verwertung der Kalisalze ausgearbeitet hatte, die 1861 zur Errichtung einer chemischen Fabrik führten, erlangte der Kalisalzbergbau allmählich Bedeutung.

Bei dem völligen Mangel an Erfahrungen über das Verhalten des Kalisalzgebirges im Abbau ging man in ähnlicher Weise vor, wie beim Abbau im Steinsalz. Im Karnallitlager des preußischen Steinsalzbergwerks wurde zunächst ein Örterquerbau eingerichtet unter Gewinnung von 8–9 m breiten und ebenso hohen Firstenörtern, die durch 6 m breite Pfeiler (senkrechte Wandpfeiler) und ebenso starke Schweben (horizontale Deckenpfeiler) voneinander getrennt waren. Dieser Abbau hatte sich nahezu 20 Jahre lang bewährt, ohne daß Druckerscheinungen bemerkbar wurden, die im Zusammenhang mit dem Nebengestein gestanden hätten.

In dem benachbarten Herzoglich-Anhaltischen Salzbergwerk Leopoldshall, das die Förderung nach Fertigstellung der Schächte im Jahre 1862 aufgenommen hatte, wandte man dieselbe Abbaumethode, jedoch mit Etagenhöhen von 13 m gegen 8–9 m in Staßfurt an. Die Lagerung ist hier wesentlich flacher als in Staßfurt. Um möglichst schnell in Förderung zu kommen, ging man mit den Abbauetagen von oben nach unten vor, mußte also den Abbau mit den geringsten Erfahrungen an den gefährlichsten Punkten beginnen. Hier traten im Jahre 1878 Druckerscheinungen auf, welche sich im September 1878 zu den ersten Erschütterungen des Gebirges steigerten und schwache Bodensenkungen veranlaßten. Offenbar durch die Mitwirkung von Wassereinbrüchen, die stetig wachsende Wasserzuflüsse veranlaßten, steigerten sich die Druckerscheinungen, die in der Zeit vom 14. bis 16. August 1879 erstmalig den plötzlichen Zusammenbruch einer Abbaufläche – in diesem Falle von etwa 20000 qm – veranlaßten. Die Gesamtbruchfläche betrug bereits im März 1881 rund 200000 qm und dehnte sich sowohl nach Südost als auch nach Nordwest weiter aus. Die weitere Entwicklung dieser Senkungen zwang schließlich zur Aufgabe der Bergwerksanlage, die man ersaufen lassen mußte, um die Absenkungen des Geländes durch die mit der Wasserhebung verbundene Auslaugung der Salze zu vermeiden.

Im Königlich Preußischen Salzwerk zu Staßfurt sind im Jahre 1880 ebenfalls Druckerscheinungen aufgetreten, die in der Zerbröckelung der offenen Räume bis zur Unfahrbarkeit bestanden und mit häufigen Erderschütterungen verbunden waren. Katastrophenartige Pfeilerzusammenstürze unter Nachsturz des hangenden Gesteins und Eintritt von Wasserzugängen blieben jedoch aus. Die Wassereinbrüche erfolgten hier erst, nachdem die Wasser im Bergwerk zu Leopoldshall aufstiegen, und griffen anschließend auch auf die Grubenbaue des Achenbachschachtes und Neustaßfurt – Agathe- und Hammacheranlage – über. Auch in den Grubenbauen des Achenbachschachtes machten sich allmählich vom Südfelde der Anlage v. d. Heydt-Manteuffel nach Nordwest vorschreitende Druckerscheinungen bemerkbar, verbunden mit Erderschütterungen und Bodensenkungen. Da man die Abbaue dieser Feldesteile möglichst vollständig mit Versatz ausgefüllt hatte, waren die Wirkungen wesentlich geringere. Es traten hier ebenfalls keine katastrophenartigen Senkungserscheinungen ein (WESTPHAL S. 40).

Es ist nun außerordentlich interessant, daß die beiden typischen Arten der Zusammenbrüche im Kalisalzbergbau, der katastrophenartige, plötzliche Zusammenbruch ganzer Feldesteile einerseits und die allmähliche Zerbröckelung der offenen Räume andererseits, bereits bei dem Zusammenbruch der Grubenbaue in den beiden ältesten Kalisalzbergwerken auftraten und von WESTPHAL in seiner Denkschrift „Geschichte des Königlichen Salzwerks zu Staßfurt..." (S. 39/40) scharf unterschieden werden. Man hatte damals noch keine Vorstellungen über die Ursachen, welche den verschiedenen Verlauf der Druckerscheinungen bewirkten. Immerhin weist WESTPHAL darauf hin, daß die Grubenbaue in Leopoldshall um 4–5 m höher als in Staßfurt angelegt wurden (13 m statt 8–9 m), daß die Lagerung flacher ist und das anstehende Salz in den Grubenbauen zu Leopoldshall eine mindere Festigkeit hatte.

Ich war im Sommer 1898 auf dem Salzbergwerk Leopoldshall als Förderaufseher in dem sogenannten „Wasserrevier" tätig und habe in dieser Zeit die in Mitleidenschaft gezogenen Grubenbaue, soweit sie noch eben zugänglich waren, aus eigener Anschauung kennengelernt. Die „mindere Festigkeit" der hier anstehenden Kalisalze war wohl darauf zurückzuführen, daß im Bruchgebiet verhältnismäßig reine Karnallite anstanden, die ihres hohen Kaligehaltes wegen zu einer möglichst vollständigen Gewinnung anreizten. Ich konnte diese Salze nicht mehr sehen, da die Grubenfeldteile völlig unzugänglich waren. Jedoch teilten mir einige der alten Aufseher, die schon 20 bis 25 Jahre auf dem Werke tätig waren, mit, daß in dem anstehenden Karnallit, der sehr rein und von heller Farbe war, die Steinsalz- und Kieseriteinlagerungen sehr stark zurücktraten. Diese Mitteilung steht in Übereinstimmung mit dem Hinweis von WESTPHAL auf die geringere Festigkeit des in Leopoldshall anstehenden Karnallites.

Der Aufbau der Karnallitlager ist außerordentlich verschieden. Während sich der normale Staßfurter Typ durch eine Wechsellagerung verhältnismäßig starker Karnallit-, Kieserit- und Steinsalzschichten auszeichnet, die innerhalb der vergleichsweise ebenen Begrenzung des Lagers oft eine starke Fältelung aufweisen, steht im Baufelde von Krügershall zwischen den nicht in Abbau genommenen liegenden konglomeratischen und den hangenden tachydritischen Schichten eine etwa 10–12 m mächtige, sehr reine Karnallitschicht an, deren Steinsalzgehalt in den einzelnen Bänken nur wenig schwankt. Diese Karnallitschicht wird im Liegenden und im Hangenden durch je eine Steinsalzbank gegen die konglomeratischen bzw. tachydritischen Schichten abgegrenzt. Es handelt sich demnach im ersten Falle um einen Gesteinskörper, dessen Schichten eine sehr stark unterschiedliche Festigkeit und Plastizität aufweisen, während es sich im zweiten Falle um einen vergleichsweise sehr homogenen Gesteinskörper handelt.

BORCHERT[1] weist darauf hin, daß polykristalline Körper, wie es die Salzgesteine sind, durch Bewegungen auf den Korngrenzen und durch innere Deformation der Einzelkristalle unter der Einwirkung des Druckes fließen. Spröde Einlagerungen werden bei der Verformung oft zerbrochen, während plastische noch fließen. So weisen z. B. reine Steinsalzhorizonte oft enge Kulissenfaltungen auf, wo die in Wechsellagerung eingeschlossenen anhydritischen Zonen zerrissen sind. Gleichartige Erscheinungen zeigen sich an den Grenzen von Hartsalz und Karnallit, die ebenfalls der verschiedenen Fließfähigkeit zuzuschreiben sind.

Die Folgerung liegt daher nahe, daß die verschiedenartigen Erscheinungen

[1] H. BORCHERT, Die Salzlagerstätten des deutschen Zechsteins. Archiv für Lagerstättenforschung H. 67, Berlin 1940.

der Zusammenbrüche im Kalisalzbergbau in erster Linie bedingt werden durch den heterogenen oder homogenen Aufbau der tragenden Gesteinskörper.

Tatsächlich lassen sich diese beiden Typen der Zusammenbrüche im Kalisalzbergbau an zwei mir näher bekannten Beispielen einwandfrei auf den entsprechenden Aufbau der Kalisalzlager zurückführen.

Auf der tiefsten Sohle der Schachtanlage Ludwig II bei Staßfurt erfolgte im November 1901 ein Gebirgsschlag, der die nördliche Bauabteilung dieses Baufeldes betraf. Die Baue liegen in etwa 700 m Teufe. Die Lagerung ist sehr flach. Nach Westen schließt sich in kurzer Krümmung der verhältnismäßig steile Ostflügel des Staßfurt-Egelner Sattels an. Die Bauabteilung hatte nach meiner Erinnerung eine streichende Länge von etwa 700 m und schätzungsweise im Einfallen bis zum Beginn der steileren Lagerung eine Breite von ebenfalls rund 700 m. Das Kalisalzlager besteht aus einer Wechsellagerung von Steinsalz-, Kieserit- und Karnallitbänken, die vielfach eine enge Kulissenfaltung zeigen. Im Hangenden steht eine Salztonschicht an, deren Mächtigkeit hier etwa 8–15 m betragen soll. Hierüber folgen 50–60 m Anhydrit und darüber angeblich 150 bis 200 m jüngeres Steinsalz sowie jüngere Gebirgsschichten. Das zu Bruch gegangene nördlich der Hauptflächen gelegene Baufeld hatte eine streichende Länge von 400 m und eine querschlägige Breite von ungefähr 140 m.

Nachdem die Abbaufläche eine größere Ausdehnung erreicht hatte, wurde die Biegungssteifigkeit des Deckgebirges, insbesondere des jüngeren Steinsalzes, soweit überwunden, daß sich die Auflast des Deckgebirges voll auf die angebauten Bergfesten in der Mitte des Baufeldes auflegen konnte. Durch die Druckwirkung wurden die Pfeilerwände (Bergfesten) verkürzt und infolge der damit verbundenen plastischen Formänderung breiter. Hierbei wurden durch die stärkere Querverdrängung des weichen Karnallites die härteren und spröderen Kieserit- und Steinsalzbänke mehr oder weniger stark auf Zug beansprucht, da der stärker nach außen drängende Karnallit die Kieserit- und Steinsalzbänke infolge der durch die Kulissenfaltung wesentlich verstärkten Reibungswirkung mitzunehmen suchte. Wurden hierbei die Kieserit- und Steinsalzbänke zerrissen, so sank die Tragfähigkeit der Pfeiler plötzlich, wobei gebirgsschlagähnliche Brüche und Erschütterungen entstanden. Infolge der meist starken, örtlich sehr verschiedenen Einfaltungen der Bänke wurden solche Erscheinungen in den einzelnen Pfeilern trotz zunächst etwa gleichmäßiger Deckenbelastung zu sehr verschiedenen Zeiten ausgelöst. Damit erklärt sich die

Tatsache, daß schon vergleichsweise frühzeitig einzelne Pfeilerbrüche eintraten, ohne das gesamte Baufeld in Mitleidenschaft zu ziehen.

Nach LOEWE[1] haben sich „auf einer Reihe von Werken an den stehengelassenen Pfeilern Zerdrückungen in Form von Rissen und Absplitterungen gezeigt, wobei die Pfeiler ähnlich wie Stein- oder Betonkörper bei Probedruckbelastungen zuerst in der Mitte auszubrechen beginnen und X-förmige Querschnitte annehmen. Solche geringen Zerdrückungen bilden jedoch an sich noch keine Gefahr, da durch den umgebenden Versatz ein Ausweichen der Pfeiler und damit ein Nachsinken des Hangenden in der Regel verhütet wird".

Ebenso weist der Bergwerksdirektor Dipl.-Berging. HOESCHEL bei der Besprechung bergtechnischer Fragen in der Kaliindustrie vom 17./19. November 1921 zu Nordhausen[2] darauf hin, daß die im Abbau stehengelassenen Pfeiler auf den Kalisalzwerken Glückauf – Sondershausen dem Druck nicht standhalten.

Der seiner Unterstützung beraubte hangende Anhydrit brach mit fortschreitendem Abbau analog den Periodendrücken im Steinkohlenbau unter massigem Sandstein in gewissen Abständen durch und legte sich auf die zerbrochenen Bergfesten auf. Das unmittelbare Hangende (die angebauten Salzschichten, der Salzton und der Anhydrit) wurde durch die Massen der zerdrückten, aber vom umgebenden Versatz seitlich abgestützten Bergfesten noch in der Art gehalten, daß die Abbauhohlräume sogar noch über dem Versatz meist offenblieben. Die geringe Wirkung ist darauf zurückzuführen, daß der Anhydrit beim Biegungsbruch dicht auf den Bergfesten auflag, so daß nur die potentielle Energie des Bruchvorganges, aber keine kinetische Energie herabfallender großer Massen frei wurde. Bei einer Gesamtmächtigkeit des Anhydrites einschließlich Salzton von 70 m und einem Anteilsquerschnitt der Bergfesten zur Baufläche von 50% beträgt die Belastung der Bergfesten durch den Anhydrit nur

$$\frac{70 \cdot 2{,}7}{10 \cdot 0{,}5} = 37{,}8 \text{ kg/cm}^2.$$

Das über dem Anhydrit anstehende Deckgebirge wurde im Falle Ludwig II nach dem Verbruch der Pfeiler und Nachbruch des Anhydrites durch die Biegungssteifigkeit der mächtigen jüngeren Steinsalzdecke getragen, die nur an den Baurändern eine Auflage hatte und sich unter entsprechender plastischer

[1] L. LOEWE, Die bergmännische Gewinnung der Kalisalze, in: Deutschlands Kalibergbau, Festschrift zum X. Allgem. Deutschen Bergmannstage zu Eisenach 1907, Berlin 1907, S. 71.

[2] Techn. Mitteilung des Vereins Deutscher Kaliinteressenten, Bericht S. 68.

Verformung langsam nachsenkte (Abb. 1). Auch SPACKELER hat die Ablösung des nachgebrochenen Anhydrites vom hangenden jüngeren Steinsalz als Folge der Zerdrückung der Bergfesten (Salzpfeiler) im Kalisalzbergbau beobachtet. Die konkordant zur Schichtung offenstehenden Ablösungsrisse zeigten eine Weite von 20–30 cm und erhebliche streichende Erstreckung[1]. Bevor sie sich aber im Baufelde wieder auf die abgesunkenen Anhydritschichten auflegen konnte, trat infolge der dauernd zunehmenden Abbaufläche eine Überbelastung der Bauränder ein, welche im November 1901 zu einem Gebirgsschlag führte. Bezeichnenderweise blieben nach den nachträglich mir von dem damaligen Betriebsführer gegebenen Mitteilungen – ich war im September und Oktober 1901

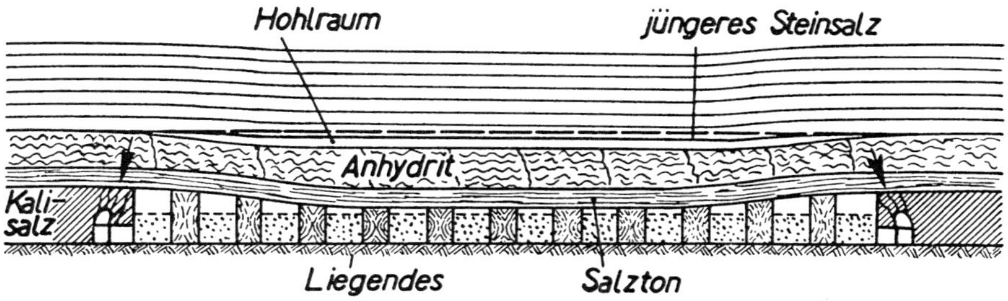

Abb. 1. Idealprofil durch das Baufeld Ludwig II bei Staßfurt nach dem Gebirgsschlag vom November 1901.

in diesem Baufelde tätig – die im Baufelde weilenden Hauer unverletzt, während die in den Randstrecken des Schichtwechsels auf der Ausfahrt befindlichen Mannschaften mehr oder weniger verletzt wurden.

Aus der Tatsache, daß die im eigentlichen Baufelde weilenden Hauer unverletzt blieben und sich hier auch keine sonstigen Wirkungen im Verlauf des Gebirgsschlages zeigten, folgt, daß das jüngere Steinsalzlager bei diesem Vorfall nicht auf den Anhydrit niederging, so daß sich die Gebirgsschlagwirkung nur auf den Baurand übertragen konnte. Anderenfalls hätte durch die gewaltige kinetische Energie der herabstürzenden Massen des Haupthangenden ein katastrophaler Zusammenbruch der gesamten Bauabteilung eintreten müssen.

Diesem Ablauf eines Gebirgsschlages steht der des Gebirgsschlages gegenüber, welcher am 24. Mai 1940 auf dem Kalisalzbergwerk Krügershall erfolgte[2].

[1] Techn. Mitteilung des deutschen Kalivereins. Bericht der dritten Besprechung bergtechnischer Fragen in der Kaliindustrie vom 13./15. Juni 1923 in Halberstadt, S. 117.

[2] Gebirgsschlag auf dem Kaliwerk Krügershall (Bergrevier Halle/Saale), Zeitschrift für das Berg-, Hütten- und Salinenwesen im Deutschen Reich 89, 1941, S. 246/248.

Das Kaliwerk Krügershall baut auf einer 40 m mächtigen, in rund 600 m Teufe mit etwa 7° Einfallen liegenden Karnallitlagerstätte. Ihre Überlagerung besteht aus 8 m Salzton, 45 m Hauptanhydrit, 63 m jüngerem Steinsalz, 18 m rotem Salzton und 15 m jüngstem Steinsalz, über welchem Zechsteinletten und die Schichten des unteren und mittleren Buntsandsteins folgen, die von Tertiärschichten bedeckt sind. Es wurde nur der unter der sogenannten „spätigen Steinsalzbank" anstehende mittlere Lagerstättenteil gewonnen, wobei etwa 10 m vorwiegend tachydritische Salze gegen den hangenden grauen Salzton angebaut wurden. Zunächst wurden nur die oberen 9 m des mittleren Lagerstättenteils abgebaut mit 35 m langen und 25 m breiten Kammern, zwischen denen Pfeilerwände von 10 m Stärke stehenblieben. Der untere, konglomeratische Karnallit wurde ebenfalls zunächst nicht angegriffen. Seit 1922 erhielten die Kammern eine Höhe von 12 m und seit 1934 eine solche von 16 m, wobei vorwiegend die oberen konglomeratischen Karnallite mit gewonnen wurden. Die Kammern hatten seit 1934 eine Länge von 100 m und eine Breite von 15 m. Die Pfeilerwände waren stets 10 m stark. Die Sohle der Kammern war trogförmig und die First gewölbeähnlich ausgeschossen.

Die zwischen je zwei Förderstrecken und Bremsbergen liegenden Gruppen von Abbaukammern waren von 20 m starken Streckenpfeilern umgeben.

Die Kammern wurden anfangs vollständig mit Versatz ausgefüllt. Seit 1922 blieben 2 m, seit 1933 etwa 5 m und seit 1934 etwa 6 m unter der First unversetzt. Von der gesamten Abbaufläche nahmen die Kammern nur 46,5% ein. Die Grundfläche sämtlicher Bergfesten nach Abzug der Kammern und Strecken entsprach weniger als 50% der Abbaufläche. Abb. 2 zeigt den Umfang der Grubenbaue zur Zeit des Unglücks.

Bei dem Gebirgsschlag ist das gesamte Grubengebäude im Karnallit auf rund 2 km streichende Länge und 320–500 m Breite in einer Flächenausdehnung von mehr als 600000 qm innerhalb weniger Minuten zu Bruch gegangen. Ausgenommen blieben nur die Baue im Schachtsicherheitspfeiler und in einem abgelegenen kleinen Feldesteil. In den tiefer gelegenen Abbauen des älteren Steinsalzes traten nur verhältnismäßig geringe Schäden ein. Im Schacht traten nur im Bereich des jüngeren Steinsalzes, des roten Tons, des jüngsten Steinsalzes und der darüber lagernden Zechsteinletten einige Abblätterungen und Risse in der Schachtmauerung auf, die aber später keine Veränderungen erfuhren.

Infolge des unerwarteten Eintrittes und des plötzlichen Verlaufens des katastrophalen Zusammenbruches kamen von den 49 unter Tage Beschäftigten

42 Mann zu Tode. Nur sieben Mann, die sich in der Nähe des Schachtes aufhielten, sind mit dem Leben davongekommen.

Bei den Befahrungen, die nach Ablauf des Gebirgsschlages vorgenommen wurden, ergab sich, daß aus den Stößen der noch zugänglichen Strecken mächtige Salzschalen hereingeworfen waren, durch welche die etwa 2,5 m hohen Strecken oft bis fast unter die First verfüllt waren. Die Firsten der Strecken und Abbaue waren meist unbeschädigt. Nur in einer ansteigenden Strecke (Bremsberg), die am Schachtsicherheitspfeiler entlang aufgefahren war, zeigte sich außer den hereingebrochenen Stößen eine spitzbogenförmig hochgebrochene First.

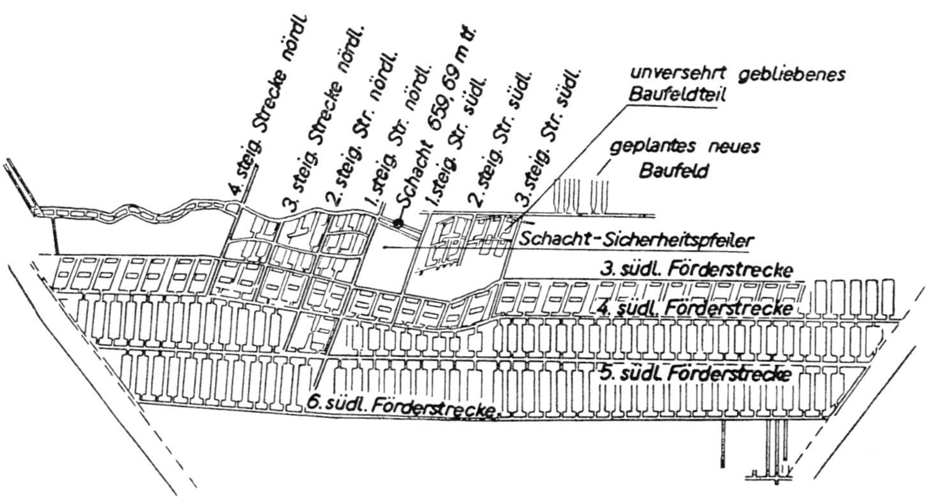

Abb. 2. Baufeld des Kalisalzbergwerks Krügershall bei Teutschenthal vor dem Zusammenbruch am 24. Mai 1940.

Der Zusammenbruch der Bergfesten (Pfeiler) ist mit einer Senkung des Hangenden verbunden gewesen. Infolgedessen hatte sich das Gelände über dem zusammengebrochenen Baufelde um ~ 20 cm gesenkt, wie durch ein kurz nach dem Gebirgsschlage durchgeführtes Nivellement festgestellt wurde.

In dem Kalisalzbergwerk der Halleschen Salzwerke zu Angersdorf bei Halle, das dem Kalisalzwerk Krügershall benachbart ist, sind ebenfalls größere Abbauflächen des Karnallitabbaus katastrophenartig zusammengebrochen. Die Lagerungsverhältnisse beider Werke sind einander etwa gleich. Es handelt sich also auch hier um einen verhältnismäßig sehr homogenen Aufbau der vom Zusammenbruch betroffenen Pfeiler (Bergfesten). Nach der mir mündlich erteilten

Mitteilung des Betriebsleiters, Herrn Dr.-Ing. SCHMID, erfolgte der Zusammenbruch plötzlich ohne jede Vorwarnung. Es hatten sich auch hier, ebenso wie in Krügershall, vor dem Zusammenbruch keine gefahrdrohenden Zerklüftungen der Pfeiler gezeigt.

Diese Feststellungen berechtigen zu der Schlußfolgerung, daß frühzeitig eintretende und dem Abbau verhältnismäßig bald nachfolgende Zerklüftungen der Bergfesten im Kalisalzbergbau eintreten, wenn das Kalisalzlager inhomogen aufgebaut ist, also z. B. durch Wechsellagerung von Karnallit-, Steinsalz- und Kieseritschichten, besonders bei enger, kulissenartiger Faltung derselben. Gleichartig wirkt auch ein konglomeratartiger Aufbau des Salzes usw.

Ist das Salzlager sehr homogen, so tritt bei Überbelastung der Bergfesten durch deren plastische Verformung eine Herabsetzung der Festigkeit durch allmähliche Ermüdung ein. Sinkt hierbei die Tragfestigkeit unter die Höhe der Belastung, so tritt – ohne Erhöhung der Belastung – der Bruch ein. Je zäher und gleichmäßiger das Gebirgsmaterial, je stärker die Abmessungen, also je tragfähiger die überbelasteten Pfeiler sind, um so langsamer tritt die Ermüdung derselben ein. Infolgedessen wird die Zahl der etwa gleichmäßig bis zur Bruchgrenze ermüdenden Pfeiler und damit der Umfang des gefährdeten Baufeldes größer. Beim Bruch der ersten übermüdeten Pfeiler werden in Art einer Kettenreaktion die übrigen Pfeiler zerbrochen, da sich die bisher von den brechenden Pfeilern getragene Last plötzlich auf die benachbarten übertragen muß. Der Zusammenbruch schreitet daher dann katastrophenartig über das ganze Grubenfeld, bis er entweder an der Baugrenze oder an Pfeilern stärkerer Abmessungen usw. eine Begrenzung findet.

Ein frühzeitiger Bruch der Pfeiler in homogenen Salzlagern wäre denkbar bei zu schwacher Dimensionierung der Pfeiler. In diesem Falle würde die Belastung von Anfang an nahe an die Bruchgrenze heranrücken, so daß schon eine geringe Materialermüdung genügt, um den Bruch herbeizuführen. Daraus folgt, daß die Größe, die eine Baufeldfläche erreicht, ehe ein katastrophenartiger Zusammenbruch erfolgt, mit der Dimensionierung der durch Ermüdungsverformung belasteten Pfeiler wächst. Es nimmt aber auch die Zeit zu, welche zur ausreichenden Ermüdung erforderlich ist. Zusammenbrüche können nur vermieden werden, wenn die Dimensionierung der Pfeiler ausreicht, um eine Ermüdungsverformung zu vermeiden.

II. Theoretische Untersuchung der Ursachen und die daraus zu ziehenden Folgerungen für die Sicherung des Grubenbetriebes

A. ALLGEMEINE VORBEMERKUNGEN

Die katastrophenartigen Zusammenbrüche der Grubenbaue in homogen aufgebauten Kalisalzlagerstätten haben sich nach den Beobachtungsergebnissen als Folgen einer Ermüdung, d. h. als Folgen einer allmählichen Verminderung der Tragfähigkeit der belasteten Bergfesten herausgestellt. Das Beispiel Krügershall beweist, daß es sich nicht um eine von Anfang an zu hohe Belastung in dem Sinne gehandelt haben kann, daß sie bei voller Wirkung *sofort* den Bruch der Pfeiler bewirkt haben würde. Bei einer Breite des Baufeldes von 300–500 m mußte in der Mitte des Feldes die volle, durch die Biegungsmöglichkeit des Deckgebirges bewirkte Auflast jedenfalls schon bei einer Feldeslänge von rund 1000 m eingetreten sein. Durch eine weitere Verlängerung des Baufeldes konnte bei gleicher Breite desselben in dessen Mittellinie keine Erhöhung der Auflastwirkung eintreten. Wenn das Baufeld tatsächlich etwa 2000 m lang wurde, ehe der Zusammenbruch eintrat, so ergibt sich eindeutig, daß die in der Mitte der älteren Baufeldteile angeordneten Bergfesten die volle Auflast jahrzehntelang getragen haben, ohne äußere, auffällige Merkmale einer Überbelastung zu zeigen. Aus Messungen hat sich nur ergeben, daß zweifellos alle Bergfesten unter der Wirkung der Auflast etwas verkürzt und entsprechend verbreitert wurden. Es trat also eine allmähliche plastische Verformung der Bergfesten ein, scheinbar ohne Beeinflussung der Kohäsion. Das Deckgebirge senkte sich dabei nur wenig, so daß die Senkung über Tage nicht beachtet wurde.

Diese plastische Verformung ist als Ursache der Ermüdung der Bergfesten anzusehen. Sie ist dadurch hervorgerufen, daß mit der Verformung eine gegenseitige Verschiebung der Moleküle des belasteten Gesteins verbunden ist. Das einzelne Molekül mußte dabei die molekularen Nahkräfte von dem Molekül lösen, von welchem es bei der plastischen Verformung abgedrängt wurde, um sie dem nächsten Molekül zuzuwenden. Beim Übergang wirken daher die molekularen Nahkräfte des gleitenden Moleküls mehr oder weniger stark auf die beiden Nachbarmoleküle, an denen es vorbeigleitet. Erfolgt die Gleitung langsam genug, so daß sich die Moleküle durch entsprechende Drehung usw. so orientieren können, daß die Nahkräfte in günstigem Sinne wirksam bleiben, so bleibt eine Kohäsion entsprechender Stärke erhalten. Je starrer die Moleküle im Körper eingebaut sind, je langsamer sie sich sonach orientieren können, um so langsamer müssen die durch den Druck bewirkten molekularen Gleitungen sein, wenn die Kohäsion unverändert erhalten bleiben soll. Daraus folgt, daß es für jedes Material eine maximale Formänderungsgeschwindigkeit gibt, bei welcher die molekularen Nahkräfte trotz der Gleitbewegungen der Moleküle noch in vollem oder doch in einem bestimmten Umfange wirksam bleiben. Innerhalb dieser Formänderungsgeschwindigkeit bleibt auch die Druckfestigkeit bzw. der Widerstand gegen die Formänderung unverändert. Diese Formänderungsgeschwindigkeit kann als „zulässige Verformungsgeschwindigkeit" oder kurz als „zulässige Verformung" bezeichnet werden.

Wird die Formänderungsgeschwindigkeit so gesteigert, daß sich die Moleküle bei ihrer Verschiebung gegenseitig nicht schnell genug einstellen können, um ihre Nahkräfte zur vollen Auswirkung kommen zu lassen, so muß die Festigkeit des Körpers abnehmen. Die Festigkeitsabnahme erfolgt in einem Körper von bestimmter molekularer Beweglichkeit um so schneller, je stärker der wirksame Druck ist, je größer daher die Formänderungsgeschwindigkeit ist. Bei Körpern verschiedenartigen Materials erfolgt bei gleicher Formänderungsgeschwindigkeit die Festigkeitsabnahme um so schneller, je starrer die Moleküle im Körper eingebaut und je schwächer die molekularen Nahkräfte sind. Diese Formänderung kann als „Ermüdungsverformung" bezeichnet werden.

Die Ermüdungsverformung hat gewisse Ähnlichkeit mit der Ermüdung von Stählen in Bauwerken. Jedoch setzt die Ermüdung von Stahlbauwerken in der Regel einen starken und häufigen Belastungswechsel voraus, besonders wenn hierbei Schwingungen von hoher Frequenz und Amplitude entstehen. Meist ist diese Ermüdung begleitet von einer durch Umkristallisation bewirkten stofflichen Änderung des belasteten Körpers.

Im Bergbau kommen wirksam nur schwingungslose Belastungen in Frage. Es erscheint auch fraglich, ob in den Kalisalzen eine Umkristallisation in der Art stattfindet, daß hierdurch eine Änderung der stofflichen Beschaffenheit, etwa durch Modifikationen, bewirkt wird.

Geht man von der Annahme aus, daß zur Erzielung einer plastischen Druckverformung Kraft × Weg = konstant ist, so folgt, daß auch der Wert Kraft × Formänderungsgeschwindigkeit × Zeit = konstant sein muß, solange der Formänderungswiderstand konstant ist. Aus dieser Überlegung folgt, daß der Verformungsweg um so kürzer sein wird, der zur Zerstörung der Kohäsion eines Körpers zurückgelegt werden muß, je größer die zerstörende Kraft und damit auch die Formänderungsgeschwindigkeit ist. In Abb. 3 ist in grundsätzlicher Darstellung die Abhängigkeit des Ermüdungsvorganges von der Belastung gekennzeichnet. Bei einer Belastung in der Höhe I tritt der Bruch der Bergfesten sofort ein. Bei den Belastungen II, III, IV usw. sinkt infolge der Ermüdung die Festigkeit des belasteten Körpers um so später unter die Druckbelastung, je geringer die Belastung ist. Die stark ausgezogene „Ermüdungslinie" geht bei einer bestimmten, genügend tief liegenden Belastung in die Ho-

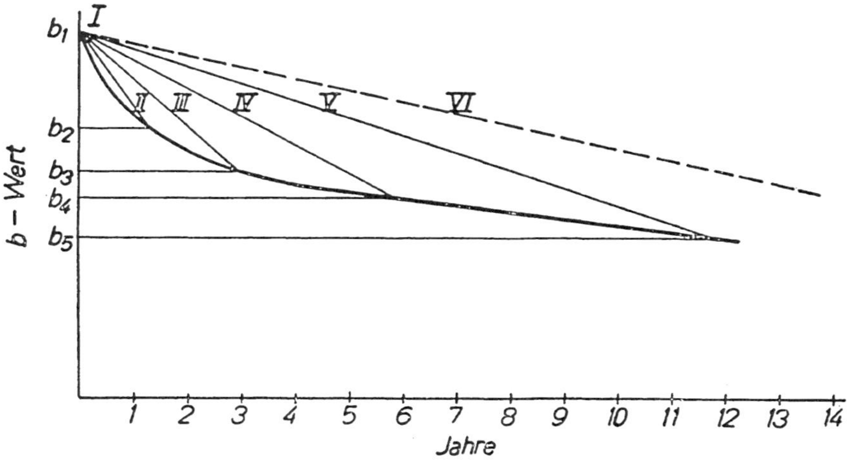

Abb. 3. Zunahme der Zermürbung bei verschiedener Belastung durch die Dauer der Druckwirkung.

rizontale über. Die hierdurch angezeigte und etwa geringere Belastung kann der Körper statisch ohne Verformung und damit auch ohne Ermüdung aufnehmen. Man kann daraus schließen, daß niemals der gesamte Druck zur Formänderung des belasteten Körpers dient, sondern nur der über das statische Druckaufnahmevermögen hinausgehende Druckanteil.

Durch die mit dem Gleiten der Moleküle zu überwindende Reibungsarbeit wird zweifellos auch Wärme in entsprechendem Umfange frei. Die in Kalisalzbergwerken herrschenden, meist relativ hohen Temperaturen sind mindestens zu einem erheblichen Anteil auf die Verformungswärme zurückzuführen. Auch im Steinkohlenbergbau wird die Grubentemperatur zweifellos stark durch die Verformungswärme beeinflußt.

B. DRUCKVERSUCHE UND DEREN MATHEMATISCHE AUSWERTUNG

STAMATIU[1] hat für seine Habilitationsarbeit sehr eingehende und sorgfältig durchgeführte Druckversuche an Steinsalzproben durchgeführt, die in ihrem kristallinen Aufbau oder infolge sonstiger Ursachen verschiedenartig waren und aus verschiedenen rumänischen Steinsalzgruben stammten. Er verwandte rechteckig geschnittene und sauber geglättete Körper, die eine quadratische Grundfläche von 5, 10, 15 und 20 cm Seitenlänge und bei jeder Grundflächengröße eine Höhe von 5, 10, 15 und 20 cm hatten. Die Untersuchung der Druckfestigkeit dieser Körper fand im erdbaumechanischen Laboratorium der Bergakademie Freiberg statt. Die Tabelle 1 gibt eine Zusammenstellung der Versuchsergebnisse von sechs Salzproben.

Tabelle 1

Druckfestigkeit des Steinsalzes von Uioara in Abhängigkeit von der Salzqualität und den Abmessungen der Prüfstücke

Höhe der Proben	Weißes Steinsalz				Gestreiftes Steinsalz				Dunkelgraues Steinsalz			
	Querschnitt in cm²											
	5 · 5	10 · 10	15 · 15	20 · 20	5 · 5	10 · 10	15 · 15	20 · 20	5 · 5	10 · 10	15 · 15	20 · 20
	Druckfestigkeit in kg/cm²											
5 cm	*266*	443	603	660	*275*	613	683	680	*317*	603	685	698
10 cm	163	*298*	480	509	183	*360*	470	528	177	*322*	444	538
15 cm	159	265	*347*	415	171	295	*367*	433	167	295	*375*	396
20 cm	153	228	337	*396*	132	181	333	*413*	164	163	326	*377*

Druckfestigkeit des Steinsalzes von Târgul-Ocna in Abhängigkeit von der Salzqualität und den Abmessungen der Prüfstücke

Höhe der Proben	Weißes Steinsalz				Gestreiftes Steinsalz				Dunkelgraues Steinsalz			
	Querschnitt in cm²											
	5 · 5	10 · 10	15 · 15	20 · 20	5 · 5	10 · 10	15 · 15	20 · 20	5 · 5	10 · 10	15 · 15	20 · 20
	Druckfestigkeit in kg/cm²											
5 cm	*249*	445	642	660	*221*	426	703	705	*210*	469	723	725
10 cm	151	*287*	410	514	177	*324*	404	518	204	*328*	450	509
15 cm	136	187	*308*	408	151	240	*344*	429	147	229	*331*	405
20 cm	100	171	296	*321*	121	200	283	*350*	116	180	293	

Der Zusammenbruch des Kalisalzbergwerkes Krügershall veranlaßte mich, die Ergebnisse dieser Druckversuche mathematisch auszuwerten[2]. Ich fand, daß

[1] M. STAMATIU, Beiträge zur Klärung einiger Abbauprobleme bei den rumänischen Salzgruben. Habil.-Schrift Freiberg 1937, S. 42.

[2] K. KEGEL, Über die Berechnung der Tragfähigkeit von Bergfesten beim Kammerbau, insbesondere im Salzbergbau. Kali, verwandte Salze und Erdöl 1942, H. 11/12.

die augenblickliche Tragfestigkeit der vierzehn verschiedenen Steinsalzproben der allgemeinen Gleichung entspricht

$$y_d = (c + b_m \cdot d) \cdot \sqrt{\frac{d}{h}}\,.$$

Hierbei sind für prismatische Körper mit quadratischer Grundfläche[1]

y_d = augenblickliche spezifische Tragkraft des Körpers in kg/cm²,

d = Kantenlänge der Grundfläche in cm,

h = Höhe des Körpers in cm,

c = statischer Druckspannungsbeiwert in kg/cm²,

$c \cdot \sqrt{\frac{d}{h}}$ = maximale statische Druckaufnahmefähigkeit des Gesteinskörpers in kg/cm²,

b = Faktor des Verformungsdruckes, der bei Überschreitung der maximalen statischen Druckaufnahmefähigkeit wirksam wird. b ist gleich 0 bis b_m. Hierbei ist b_m der Faktor desjenigen Verformungsdruckes, bei welchem der Bruch eintritt. $b_m = 0$ bei absolut starren Körpern,

$b \cdot d$ = mittlerer Verformungsdruck in kg/cm²,

$b \cdot d \cdot \sqrt{\frac{d}{h}}$ = wirksamer Verformungsdruckwiderstand bzw. wirksamer Verformungsdruckanteil in kg/cm²,

$y = (c + b \cdot d) \cdot \sqrt{\frac{d}{h}}$ = Gesamtbelastung des Gesteinskörpers zwischen statischer Druckaufnahmefähigkeit und Bruchbelastung in kg/cm²,

$y_d = (c + b_m \cdot d) \cdot \sqrt{\frac{d}{h}}$ = Bruchbelastung des Gesteinskörpers in kg/cm².

In der Tabelle 2 sind die Festigkeiten der Würfel der 14 von STAMATIU untersuchten Proben zusammengestellt unter Berücksichtigung der aus obiger Gleichung sich ergebenden c- und b-Werte.

[1] Die Gleichungen treffen nur für Salzgesteine zu, deren Einzelkristalle unter der Einwirkung des Druckes fließen. Sie sind nur auf Grund der an Salz gewonnenen Versuchsergebnisse aufgestellt innerhalb der Abmessungen $\frac{h}{d} \leqq 5$.

Die Abb. 4 stellt ferner die Abhängigkeit der Druckwiderstände der Versuchskörper von ihrer Höhe als Mittelwert sämtlicher Versuche von STAMATIU dar nach der von mir in der Zeitschrift Kali, verwandte Salze und Erdöl 1942 veröffentlichten Auswertung.

Stellt man die Druckfestigkeiten, die STAMATIU an Würfeln verschiedener Größen bei einer Salzart ermittelt hatte, graphisch dar, so ergeben sich unregelmäßige Abweichungen, die sich in ihrer Bewertung so aufheben, daß man

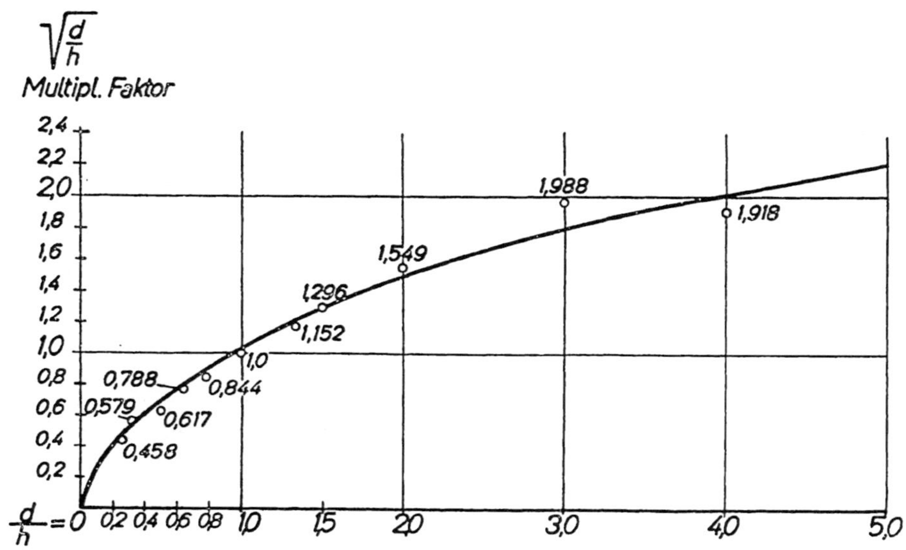

Abb. 4. Abhängigkeit der Druckwiderstände eines Körpers von seiner Höhe.

die Gradlinigkeit der Festigkeitszunahme für völlig homogene Würfel als erwiesen ansehen kann. Bei drei Versuchen pendeln die Werte mit geringen Ausschlägen um eine gerade Linie. In einigen Fällen liegen drei Werte genau oder fast genau auf einer Geraden, nur der Wert eines Würfels weicht sprunghaft ab. Die Krümmungen der Verbindungslinien der Festigkeitswerte, die einige Versuche zeigen, sind einander entgegengesetzt, so daß sich insgesamt ein Pendeln um eine gerade Linie ergibt.

Die Streuungen sind offenbar durch größere Kristallflächen usw. bewirkt, welche die Festigkeit des betreffenden Körpers minderten, oder durch Einlagerungen von Anhydrit usw., welche die Festigkeit erhöhten. Grobspätige Salze haben eine geringere und feinkristalline Salze eine höhere Druckfestigkeit. Mit geringerem c-Wert ist meist ein höherer b-Wert verbunden.

Tabelle 2: Vergleich der gefundenen Tragfestigkeit von Salzwürfeln mit der mittleren Linie der Tragfestigkeit $y = c + b \cdot d$

Nr.	Herkunft und Art des Steinsalzes	Kantenlänge 5 cm		Kantenlänge 10 cm		Kantenlänge 15 cm		Kantenlänge 20 cm		Beiwert	
		Tragfestigkeit kg/cm²	Abweichung kg/cm²	Tragfestigkeit kg/cm²	Abweichung kg/cm²	Tragfestigkeit kg/cm²	Abweichung kg/cm²	Tragfestigkeit kg/cm²	Abweichung kg/cm²	c	b
I	Uioara	317[1]	− 11 kg	322	+ 10,5 kg	375	− 16 kg	377	+ 8 kg		
	dunkelgrau	306	3,6 %	332,5	3,2 %	359	4,3 %	385	2,1 %	279,6	5,27
II	Ocna Sugatag	190	− 7 kg	216	+ 8 kg	273	− 7,5 kg	300	+ 7 kg		
	weiß	183	3,9 %	224	3,6 %	265	2,9 %	307	2,3 %	142	8,27
III	Ocna Sugatag	236	+ 17 kg	307	− 16 kg	314	+ 14,5 kg	380	− 14 kg		
	gestreift.........	253	6,75 %	291	5,5 %	328,5	4,5 %	366	3,85 %	215,4	7,53
IV	Uioara	266	− 18 kg	298	—	347	—	396	—		
	weiß	248	7,3 %	298	—	347	—	396	—	199	9,87
V	Uioara	275	—	360	− 39 kg	367	—	413	—		
	gestreift	275	—	321	12,5 %	367	—	413	—	229	6,2
VI	Slanic	254	—	383	− 60 kg	390	+ 2 kg	460	—		
	gestreift	254	—	323	20,5 %	392	0,5 %	460	—	185,4	13,733
VII	Slanic	342	—	430	− 41 kg	435	—	470	+ 11 kg		
	dunkelgrau	342	—	389	10,5 %	435	—	481	2,3 %	296	9,2
VIII	Slanic	295	+ 100 kg	415	− 2 kg	420	+ 1 kg	450	− 1 kg		
	weiß	395	25,5 %	413	0,5 %	431	0,25 %	449	0,25 %	377	3,6
IX	Târgul Ocna	210	+ 110 kg	328	− 2 kg	331	+ 1 kg	340	− 2 kg		
	dunkelgrau	320	34,5 %	326	0,6 %	332	0,3 %	338	0,6 %	314	1,2
X	Ocna Dej	219	+ 66 kg	305	− 2 kg	320	+ 1 kg	340	− 1 kg		
	weiß	285	23,4 %	303	0,6 %	321	0,3 %	339	0,3 %	267	3,6
XI	Târgul Ocna	221	+ 93 kg	324	+ 3 kg	344	− 4 kg	350	+ 3 kg		
	gestreift	314	30 %	327	1 %	340	1,3 %	353	0,9 %	301	2,6
XII	Târgul Ocna	249	+ 7 kg	287	− 8 kg	308	− 6 kg	321	+ 4 kg		
	weiß	256	2,8 %	279	2,9 %	302	2 %	325	1,3 %	233	4,6
XIII	Ocna Dej	245	− 9 kg	275	+ 8,7 kg	320	+ 11,3 kg	390	− 11 kg		
	gestreift	236	3,9 %	283,7	3,4 %	331,3	3,5 %	379	2,9 %	188,3	9,53
XIV	Ocna Sugatag	260	− 20 kg	263	+ 21 kg	298	+ 30 kg	400	− 28 kg		
		240	8,5 %	284	7,5 %	328	9,3 %	372	7,5 %	196	8,8

[1] Die jeweils obere Zahl, z. B. 317, entspricht dem theoretischen, graphischen Mittelwert, die untere, z. B. 306, den tatsächlich festgestellten Werten.

Ist ein Körper über seine statische Druckaufnahmefähigkeit $c \cdot \sqrt{\frac{d}{h}}$ belastet, so ergibt sich nach der Gleichung $y = (c + b \cdot d)\sqrt{\frac{d}{h}}$ der Wert $b \cdot d \cdot \sqrt{\frac{d}{h}}$ als wirksamer Verformungsdruckwiderstand und $b \cdot d$ als mittlerer Verformungsdruck in kg/cm². Da die verfügbare mittlere Verformungsdruckspannung $s = bd$ bei unverändertem b-Wert mit der Querschnittsbreite d wächst, so kann diese Spannung nicht gleichmäßig über den Querschnitt des belasteten Körpers verteilt sein. Die Druckspannung muß nach dem Schwerpunkt der Druckfläche hin ansteigen.

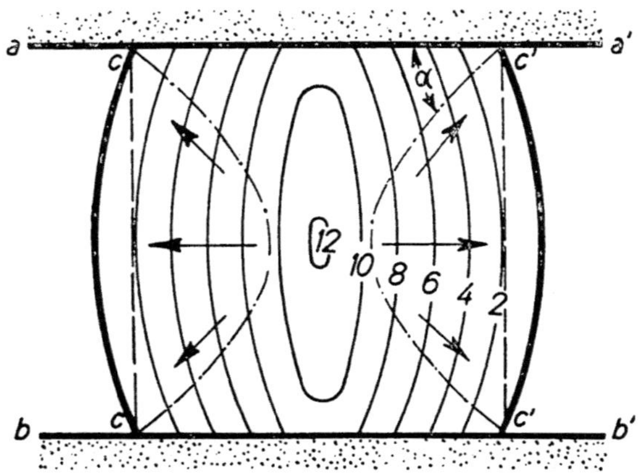

Abb. 5. Verteilung der Druckspannungen in einem stärker belasteten Pfeiler.

Diese Folgerung ergibt sich auch aus der Überlegung, daß ein vom Schwerpunkt nach außen wirkendes Druckspannungsgefälle vorhanden sein muß, wenn eine Verformung der Körper eintreten soll. Abb. 5 stellt die Druckverteilung in einem homogenen zylindrischen in Richtung der Längsachse innerhalb der Elastizitätsgrenze belasteten Pfeiler dar. Die Säule ist dem Druck und der Materialelastizität entsprechend verkürzt und gleichzeitig tonnenförmig seitlich ausgedehnt. Infolge dieser Ausdehnung entstehen am Umfange tangentiale Zugspannungen, die als Gegenwirkung zentral gerichtete Druckspannungen erzeugen. Da sich diese Druckspannungen nach innen summieren, so liegt in der Mittelachse ein Druckmaximum vor. Je stärker der Druckanstieg ist, um so näher rücken die Drucklinien bzw. Druckflächen der Druckspannungseinheiten aneinander, d. h. die „Feldstärke der Druckspannungen" nimmt zu. Hiermit nimmt die Kohäsionsbeanspruchung zu. Im Pfeiler entstehen Scherkräfte, die etwa vom Mittelpunkt der Längsachse ausgehend, nach den oberen und unteren Umfassungsrändern wirken und bei Überschreitung der zulässigen Scher- und Zugkräfte einen Zerfall desselben herbeiführen (Mohrsche Drucklagen).

Gefährlich für den Bestand des Pfeilers ist sonach nur das infolge der Druckbelastung entstehende Druckgefälle. Solange dieses Druckgefälle nur eine innerhalb der Elastizitätsgrenzen liegende Beanspruchung herbeiführt, kann der Druck statisch aufgenommen werden. Molekulargleitungen zum Zweck einer plastischen Formänderung finden erst statt, wenn die Elastizitätsgrenzen überschritten werden.

Aus der Gleichung $y = (c + b \cdot d)\sqrt{\frac{d}{h}}$ geht hervor, daß die Druckhöhe, welche von einem bestimmten Material aufgenommen werden kann, nicht nur von dem statischen Druckspannungsbeiwert c, sondern auch von den Körperabmessungen bestimmt wird. Soll eine plastische Formänderung vermieden werden, also $b = 0$ sein, so muß die Gleichung lauten:

$$y = c \cdot \sqrt{\frac{d}{h}}.$$

Hieraus ergeben sich

$$d = \frac{h \cdot y^2}{c^2} \quad \text{bzw.} \quad h = \frac{d \cdot c^2}{y^2}$$

also entweder die erforderliche Mindestbreite eines Körpers von gegebener Höhe oder die zulässige Maximalhöhe eines Körpers von gegebener Breite unter der Voraussetzung eines bestimmten Druckspannungsbeiwertes c in kg/cm² und einer gegebenen spezifischen Belastung y in kg/cm².

Unterstellt man eine spezifische Belastung der Pfeiler von $y = 200$ kg/cm² und einen Druckspannungsbeiwert von $c = 250$ kg/cm², so ergibt sich für einen Pfeiler von 10 m Breite eine maximal zulässige Höhe von

$$h = \frac{d \cdot c^2}{y^2} = \frac{10 \cdot 250^2}{200^2} = 15{,}6\ m.$$

Dieses Größenverhältnis könnte im Durchschnitt für Steinsalz unterstellt werden. Für Karnallit darf man im Durchschnitt etwa mit einem Druckspannungsbeiwert von $c = 120$ kg/cm² rechnen. Die zulässige Pfeilerhöhe beträgt dann in dem gegebenen Beispiel

$$h = \frac{10 \cdot 120^2}{200^2} = 3{,}6\ m.$$

Der Karnallitpfeiler darf im vorliegenden Falle nur fast $^1/_4$ der Höhe des Steinsalzpfeilers bei gleicher Breite erreichen, wenn er dieselbe spezifische Belastung ebenfalls statisch aufnehmen soll.

Ist der Pfeiler bei gleicher Belastung höher, so kann er nur einen in dem Verhältnis $\sqrt{\frac{d}{h}}$ abnehmenden Teil der Belastung statisch aufnehmen. Der andere

Teil wird für die plastische Verformung frei. Er entspricht dem Werte $b \cdot d \cdot \sqrt{\frac{d}{h}}$, der von mir als wirksamer Verformungsdruckanteil bezeichnet wurde. Er stellt den mittleren spezifischen Verformungsdruckanteil dar, bezogen auf den gesamten Pfeilerquerschnitt.

Setzt man $b \cdot d = s$, so ergibt sich allgemein, daß bei einem mittleren Verformungsdruckanteil s in kg/cm² der Faktor b des Verformungsdruckes der Gleichung entsprechen muß $b = \frac{s}{d}$. Daraus ergibt sich, daß bei gleichem mittlerem Verformungsdruckanteil s der Wert b um so größer wird, je kleiner d ist.

Es war bereits festgestellt, daß die Druckspannung gradlinig zur Schwerachse des Pfeilers anwächst. Bei gradlinigem Anstieg der anteiligen Verformungsdruckspannung entsteht über der Kopffläche eines zylindrischen Tragkörpers ein „Belastungsgebirge", dessen Inhalt gleich dem Inhalt der mittleren spezifischen Verformungsbelastung $s \cdot J$ ist, wobei J = Querschnitt des Zylinders in cm² sein würde. Danach ist die in der Körperachse auftretende Maximalspannung $S = 3\,s$. Ist nun

$$B = \text{Druckspannungsanstieg in kg/cm}^2 \text{ je cm},$$

so ergibt sich

$$B = \frac{S}{{}^1/_2 \cdot d} = \frac{3 \cdot s}{{}^1/_2 \cdot d} = 6\,\frac{s}{d}.$$

Da $b = \frac{s}{d}$ ist, folgt

$$B = 6\,b \text{ in kg/cm}^2\text{/cm}.$$

Aus der gleichen Überlegung folgt für langgestreckte rechteckige Pfeiler $B = 4\,b$ in kg/cm²/cm.

Ein gleichmäßig plastisches Formänderungsvermögen haben die Salzgesteine nur bei homogener Materialbeschaffenheit. Es war schon darauf hingewiesen, daß Karnallitpfeiler in Lagerstätten vom Staßfurter Typ – Wechsellagerung von stärkeren Steinsalz-, Kieserit- und Karnallitbänken – verhältnismäßig kurzbrüchig sind. Dasselbe gilt auch für konglomeratische Salzgesteine, z. B. für das Haselgebirge. Im Institut für Brikettierung zu Freiberg wurden Druckversuche an Salzkernen von 5–25 cm ⌀ durchgeführt, die einem Salzstock entnommen waren, in welchem bei der Aufpressung Zechsteinbrocken in das Steinsalz in sehr gleichmäßiger Durchmischung eingeknetet waren[1]. Der Bergeanteil

[1] Institut für Bergbau und Bergwirtschaft, Freiberg/Sa., Bericht 1717/49 vom 8. Oktober 1949.

dieses Haselgebirges beträgt etwa 30% des Raumes. Die mittlere Druckfestigkeit betrug für alle Durchmesser etwa 350–370 kg/cm². Das Formänderungsvermögen erwies sich als so gering, daß man zweckmäßig den *b*-Wert gleich Null setzt. Diese Erscheinung ist auf die verschiedenartige Plastizität bzw. Elastizität des Salzes und der eingepreßten Gesteine zurückzuführen. Bei der Druckbelastung wird das sprödere Gestein schon zerdrückt, ehe das plastische Salz einen erheblicheren Druckanteil aufnimmt. Durch den Bruch der Gesteinseinschlüsse wird anschließend der Salzanteil plötzlich stark überlastet und daher auch zerbrochen.

Grundsätzlich gilt diese Feststellung auch für alle anderen Gesteine. Die Festigkeitseigenschaften werden in allen Fällen von den Abmessungen der Gesteinskörper sowie von der Beschaffenheit und Homogenität des Gesteinsmaterials beeinflußt.

Außerdem ist die Ermüdung des Materials noch von der Höhe und der Dauer der Belastung abhängig. Die Wirkung der Belastungsdauer auf die Ermüdung des Gesteinsmaterials kann nach den im Kalisalzbergbau gewonnenen Erfahrungen als erwiesen angesehen werden. Sie ist aber bisher noch nie durch entsprechende Versuche festgestellt.

Bei den Festigkeitsuntersuchungen an Braunkohlenbriketts wurden Festigkeitsdifferenzen festgestellt, die den Verdacht aufkommen ließen, daß die tatsächlichen Bruchwiderstände durch die Schnelligkeit der Belastungszunahme beeinflußt würden. Unter dem Einfluß der Ermüdung mußte die Bruchfestigkeit mit der Schnelligkeit der Belastungszunahme innerhalb gewisser Grenzen steigen. Diese Annahme wurde durch die Versuchsergebnisse bestätigt. Versuche, die auf meine Anordnung von meinem Assistenten Dr. WILLNER durchgeführt wurden, brachten die folgenden Ergebnisse:

Es wurden Braunkohlenbriketts mit größter Sorgfalt möglichst gleichmäßig hergestellt und je 25 Stück einer Biegebelastung unterworfen, bei welcher die Belastungszunahme in der Zeiteinheit auf ein bestimmtes Maß festgelegt war. Die Belastungszunahme *je sek* stieg für die durchgeführten sieben Versuchsreihen von 0,003 kg bis auf 2,0 kg (s. Abb. 6). Die Biegefestigkeit der Briketts stieg von 21,1 kg/cm² bei 0,003 kg/s Belastungszunahme auf 37,7 kg/cm² bei 1,0 kg/s Belastungszunahme und fiel dann wieder auf 32,6 kg/cm² bei 2 kg/s Belastungszunahme. Es geht daraus hervor, daß die Biegefestigkeit bei sehr langsamer Belastungszunahme vergleichsweise gering ist und bei der Beschleunigung der Belastungszunahme ein Maximum durchschreitet. Der Abfall der Biegefestigkeit bei langsamer Belastungszunahme ist offenbar der Ermüdung und der Abfall bei zu schneller Belastungszunahme der Überbeanspruchung des Materials zuzuschreiben.

Eine streng mathematische Funktion der Abhängigkeit der Biegefestigkeit von der Belastungszunahme in der Zeiteinheit kann noch nicht angegeben werden. Zweifellos üben neben der Materialbeschaffenheit und der Zeit auch Kör-

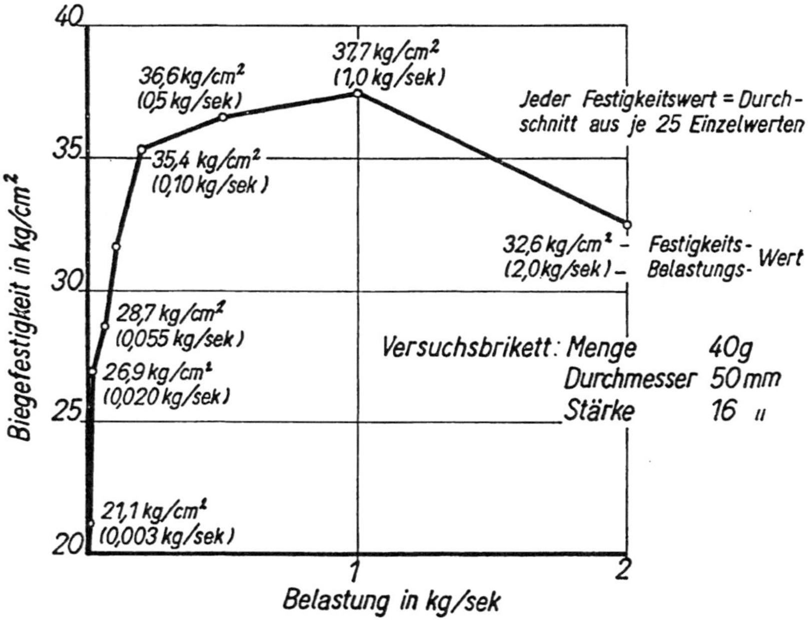

Abb. 6. Beeinflussung der Biegefestigkeit durch die Geschwindigkeit der Belastungszunahme.

perabmessungen usw. eine ausschlaggebende Rolle. Man muß sich also darauf beschränken, daß der in der Technik bisher benutzte Wert für die Biegefestigkeit

$$S = \frac{M}{W} = \text{Biegemoment durch Widerstandsmoment}$$

nur die allgemeine Änderung erfahren kann, daß die im Biegemoment enthaltene Größe der Last, ausgedrückt in Kilogramm, durch das Produkt Gewichtszunahme je Sekunde mal Funktion der Zeit, ausgedrückt in Sekunden, ersetzt wird.

Die Untersuchungen müssen noch dahin erweitert werden, daß bei gleichbleibenden Belastungen die Ermüdungszeiten ermittelt werden.

Im eigentlichen Sinne des Wortes ist nämlich unter Ermüdung ein Zustand zu verstehen, dessen Hauptkomponente die Zeit ist. Während eine Änderung der belastenden Kräfte hinsichtlich Größe, Richtung usw. nicht unbedingt erfolgen muß, kommt es meist zu einer für das Auge zunächst wenig sichtbaren Veränderung des strukturellen Gefüges des belasteten Körpers. Es wird wohl auf Grund späterer Laboratoriumsuntersuchungen nicht immer möglich sein, festzustellen, daß und inwieweit sich die Ermüdung mit Umkristallisationen usw. erklären läßt. Für die Praxis wird es als brauchbares Ergebnis zu bewerten sein, wenn die zahlenmäßigen Zusammenhänge zwischen unveränderter Last und Bruchzeit ermittelt werden können.

Die Ermüdung spielt im Bergbau eine sehr wichtige Rolle. Ich habe darauf in der Zeitschrift „Bergbau und Bergwirtschaft“ in einer Abhandlung „Untersuchungen über die zweckmäßigste Abmessung und Anordnung der Bergfesten im Kalisalzbergbau“ hingewiesen.

Ähnliche Erscheinungen findet man auch im sonstigen Tiefbau. Die von mir geplanten Untersuchungen sollen nun Aufschlüsse darüber geben, mit welchen wahrscheinlichen Zeiten gerechnet werden kann, ehe eine Einsturzgefahr – die letzte Phase der Ermüdung – besteht oder welche Abmessungen man für Schutzpfeiler und entstehende Hohlräume einhalten muß, um gefährliche Brüche zu vermeiden.

C. ANWENDUNG DER GEWONNENEN ERKENNTNIS FÜR DIE PRAXIS

Zur Auswertung der gewonnenen Erkenntnisse geht man zweckmäßig von einem Falle der Praxis aus.

In einer bei etwa 600 m Teufe liegenden Kalisalzlagerstätte von etwa 10 m bauwürdiger Mächtigkeit wurde ein Abbau in der Weise geführt, daß in erheblichen Teilen des Baufeldes 10 m breite, langgestreckte Pfeiler (Bergfesten) zwischen den Abbaukammern angeordnet wurden. Der Abbau war so geführt, daß die Summe der Querschnitte aller im Baufeld befindlichen Bergfesten etwa 50% der Baufeldfläche entspricht. Das Kalisalzlager ist sehr homogen.

Das mittlere spezifische Gewicht des Deckgebirges kann mit 2,5 in Rechnung gesetzt werden. Es ergibt sich hiernach eine spezifische Druckbelastung der Bergfesten von

$$\frac{600 \cdot 2{,}5}{10 \cdot 0{,}5} = 300 \text{ kg/cm}^2.$$

Nimmt man für das Kalisalz einen Druckspannungsbeiwert von $c = 150$ kg/cm² an, so wird

$$s = b \cdot d = {}^{y}\Big/\sqrt{\frac{d}{h}} - c = 300\Big/\sqrt{\frac{1000}{1000}} - 150 = 150 \text{ kg/cm}^2$$

$$b = \frac{s}{d} = \frac{150}{1000} = 0{,}15$$

$$B = 4 \cdot 0{,}15 = 0{,}60 \text{ kg/cm}^2\text{/cm}.$$

Unterstellt man unter sonst gleichen Voraussetzungen 20 m breite Pfeiler, so liegt die gleiche spezifische Belastung derselben vor.
Es ist dann

$$s = b \cdot d = {}^{y}\Big/\sqrt{\frac{d}{h}} - c = 300\Big/\sqrt{\frac{2000}{1000}} - 150 = 62 \text{ kg/cm}^2$$

$$b = \frac{s}{d} = \frac{62}{2000} = 0{,}031$$

$$B = 4b = 0{,}124 \text{ kg/cm}^2\text{/cm}.$$

Unterstellt man einen Abbau mit schachbrettartig angeordneten Pfeilern mit 31,1 m Seitenlänge der quadratischen Pfeilerquerschnitte und diese umgebende Abbaukammern von 12,9 m Breite, so würde sich ebenfalls ein Abbauverlust bzw. ein anteiliger Grundflächenbedarf der Pfeiler von 50% der Baufeldfläche ergeben. Die Pfeiler würden daher unter sonst gleichen Voraussetzungen wie in den beiden vorangegangenen Beispielen ebenfalls eine Druckbelastung von 300 kg/cm² zu tragen haben. Es ergibt sich dann

$$b = \frac{{}^{y}\Big/\sqrt{\frac{d}{h}} - c}{d} = \frac{300/\sqrt{3110/1000} - 150}{3110} = 0{,}00644.$$

Die mittlere Verformungsbelastung beträgt:

$$s = b \cdot d = 0{,}00644 \cdot 3110 = 20 \text{ kg/cm}^2$$

und der Anstieg des Verformungsdruckes

$$\beta = 6 \cdot b = 6 \cdot 0{,}00644 = 0{,}3864 \text{ kg/cm}^2\text{/cm}.$$

Will man jede Verformung vermeiden, so muß die Breite der Pfeiler der Gleichung

$$d = \frac{h \cdot y^2}{c^2}$$ entsprechen (vgl. S. 197).

Bei einer Belastung von $y = 300$ kg/cm² und einem statischen Druckspannungsbeiwert von $c = 150$ kg/cm² ergibt sich:

$$d = \frac{h \cdot 300^2}{150^2} = 4 \cdot h.$$

Das bedeutet, daß die langgestreckten rechtwinkligen Pfeiler (Bergfesten) bei 10 m Höhe eine Breite von 40 m haben müßten. Sollen die zwischen den Pfeilern liegenden, ebenfalls viereckigen Kammern 50% der Abbaufläche einnehmen, so müßten sie ebenfalls 40 m breit werden. Diese Breite würde aber eine zu hohe Biegungsbeanspruchung der Firsten (Decken) herbeiführen, so daß zwar die Pfeiler nicht zerdrückt werden, aber die „Firsten" hereinbrechen.

Ordnet man hingegen um Pfeiler mit quadratischem Querschnitt von 40 m Kantenlänge Abbaue von 16,67 m Breite an, so würden diese ebenfalls 50% der Abbaufläche einnehmen, ohne eine gefahrbringende Breite zu erreichen, während die Pfeiler den Druck restlos statisch aufnehmen können.

Es ergibt sich die folgende Gegenüberstellung:

	Breite der 10 m hohen Pfeiler m	Anteil der Pfeiler-grundflächen am Baufeld %	Gesamt-belastung der Pfeiler kg/cm²	Mittlere Verformungs-belastung kg/cm²	Anstieg des Verformungs-druckes kg/cm²/cm
Langgestreckte recht-eckige Grundfläche	10	50	300	150	0,6
	20	50	300	62	0,124
Quadratische Grund-fläche	31,1	50	300	20	0,0386
	40,0	50	300	—	—

Die vorstehenden Rechnungsbeispiele setzen einen c-Wert der anstehenden Kalisalze von 150 kg/cm² voraus. Es darf jedoch nicht übersehen werden, daß dieser Wert, ähnlich wie bei den untersuchten Steinsalzproben, je nach der Zusammensetzung und Struktur des Kalilagers erheblichen Schwankungen unterliegen kann. Dasselbe gilt für die Bemessung des Wertes b_m. Es ist daher erforderlich, die Eigenschaften einer in Abbau zu nehmenden Kalisalzlagerstätte in Abständen von etwa 500–1000 m, jedenfalls aber bei deutlichem Strukturwechsel, in der Weise nachzuprüfen, daß Würfel von 5–25 cm Kantenlänge auf ihre Druckfestigkeit untersucht werden.

Ferner setzt die vorstehende Betrachtung das Vorhandensein starrer Platten am Kopf- und Fußende der Pfeiler, also ein starres Hangendes und Liegendes des in Abbau genommenen Kalisalzlagers voraus.

Diese Voraussetzung trifft nicht zu. Es muß daher mit einer mehr oder weniger starken plastischen Verformung der Kammerfirsten (-decken) und Kammersohlen gerechnet werden. Die Verformungsgeschwindigkeit und damit die Festigkeitsbeanspruchung der Decken- und Sohlenschichten wird beeinflußt von dem gegebenen Auflagedruck des Deckgebirges, der Kammerbreite und von der Gebirgsbeschaffenheit. In erster Linie wird man demnach die Kammerbreite dem Auflagedruck und der Gebirgsbeschaffenheit anzupassen haben. Um die Kammerbreiten möglichst groß bemessen zu können, wählt man in der Praxis stärkere Steinsalzeinlagerungen aus, um sie als Deckenschicht oder auch als Sohlenschicht „anzubauen", d. h. anstehen zu lassen. Das gilt besonders für die Decke (First), da hier die Steinfallgefahr durch die Zermürbung der Deckenschichten zu stark ansteigen würde. Die Zunahme der Steinfallgefahr mit dem Alter der offenstehenden Kammern ist eine bekannte Erscheinung.

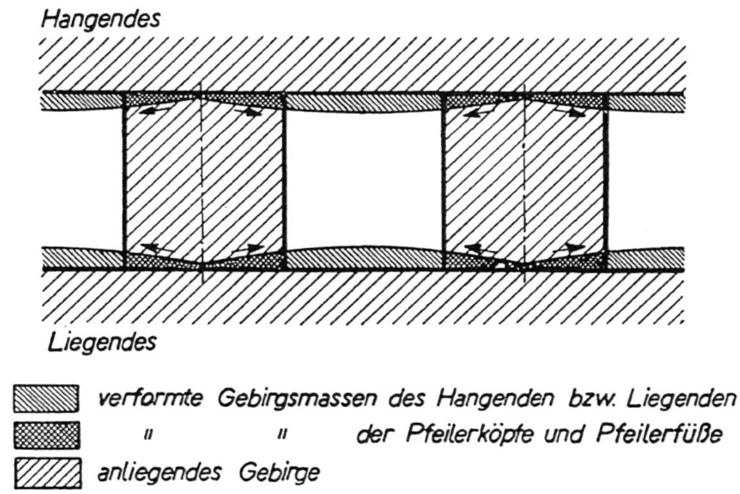

Abb. 7

Durch den Anbau stärkerer Steinsalzschichten wird die Verformung der Firsten- und Sohlenschichten wohl wesentlich verlangsamt, aber nicht völlig aufgehoben. Es fragt sich nun, ob trotz dieser Gebirgsbewegung die Standfestigkeit der Pfeiler insoweit gewahrt bleibt, daß plötzliche katastrophenartige Zusammenbrüche derselben ausgeschlossen sind. Vorausgesetzt sind natürlich solche Pfeilerabmessungen, die in der Lage sind, den gesamten Auflagedruck des Deckgebirges statisch aufzunehmen.

Aus der Abb. 7 ergibt sich, daß im Falle einer plastischen Verformung der Decken- und Sohlenschichten eine seitlich zu den Kammerhohlräumen gerichtete Materialabwanderung der über den Kopf- bzw. unter den Fußenden der Pfeiler befindlichen Gebirgsmassen eintreten muß. Infolge des Reibungsschlusses werden auch die Kopf- und Fußenden der Pfeiler mehr oder weniger stark in Mitleidenschaft gezogen, so daß hier ebenfalls eine allmähliche Zermürbung eintreten kann. Der Pfeilerschaft selbst wird jedoch entlastet, da der Teil des Auflagedruckes, der zur Formänderungsarbeit verbraucht wird, für die Belastung des Pfeilerschaftes nicht in Frage kommt.

Daraus folgt, daß katastrophenartige Zusammenbrüche der richtig bemessenen Pfeiler nach wie vor auch dann ausgeschlossen bleiben, wenn die Decken- und Sohlenschichten der Abbaukammern infolge ihrer Weichheit nachgeben. Um weiteren, durch Zerbröckelung der Decke bewirkten Folgen vorzubeugen, wendet man bei weicherem Deckgebirge zweckmäßig Vollversatz an. Das Bestreben der Natur, die bergbaulichen Hohlräume durch ihre Druckwirkungen wieder zu schließen, wird durch die zweckmäßige Bemessung der Pfeiler nicht aufgehoben, wohl aber können hierdurch die katastrophenartigen, plötzlichen Zusammenbrüche großer Baufeldteile mit ihren oftmals so großen Gefahren für das Leben der Belegschaft verhindert werden.

LUDWIG BINDER

DAS WELTBILD DER ELEKTROTECHNIKER

Wir sind gewohnt in LEIBNIZ, dem Gründer der Berliner Akademie der Wissenschaften, den Mann zu sehen, der – „gelehrt über alles, was sich sagen oder glauben läßt" – uns zusammen mit NEWTON die Differentialrechnung schenkte. Ich glaube aber, nur wenige der heutigen Techniker wissen, daß LEIBNIZ als erster die selbsttätige Steuerung der Dampfmaschine vorgeschlagen hat, die Rechenmaschine für Ausführung von Multiplikation und Division einschließlich des Ziehens der dritten Wurzel durchbildete und auch die Anordnung angegeben hat, die wir heute als Aneroidbarometer benützen. Es verdient überhaupt hervorgehoben zu werden, daß damals die „Gelehrten Gesellschaften" diejenigen Probleme mitbehandelten, die schließlich zur heutigen Technik führten. Wenn jetzt die Deutsche Akademie der Wissenschaften eine besondere Klasse „technische Wissenschaften" eingerichtet hat, so wurde damit durchaus kein neues, sondern ein von Anbeginn stark bodenständiges Element einbezogen, das in dem Ideenkreis des Begründers eine hervorragende Rolle spielte.

Der Werdegang der vielgestaltigen Technik ist in seinen Einzelheiten schon oft beschrieben. Um für die Untersuchungen, die uns hier beschäftigen sollen, die Grundlagen zu kennzeichnen, sei angeführt:

Nachdem es gelungen war, Maschinen ausgestattet mit einem Arbeitszylinder, hin- und hergehendem Kolben und Selbststeuerung für Dampfeintritt und -auslaß in Gang zu bringen und Leistungen von einem Vielfachen von Menschenkraft zu erzeugen, setzte etwa um 1800 das Zeitalter der Dampfmaschine ein. Zuerst für Pumpen- und Gebläseantrieb in den Berg- und Hüttenwerken, dann für mechanischen Betrieb in Fabriken aller Art, schließlich für Eisenbahn und Dampfschiffe angewendet, brachte die neue Kraftquelle einen bedeutungsvollen Fortschritt, nicht zuletzt, weil sie nicht so ortsgebunden und leistungsbeschränkt war wie die Wasserkraftmaschine. Jegliches Heizmaterial (Steinkohle, Braunkohle, Holz, Erdöl) konnte dabei für die Befeuerung der Dampfkessel verwertet werden.

Die Notwendigkeit, die Kessel fortlaufend zu bedienen (nachzufeuern, Speisewasser zuzubringen), und auch eine nicht unbeträchtliche Zeit für das Anheizen vorzusehen wurde in vielen Fällen als unerwünscht empfunden und war der Anlaß, daß Pläne aus der Zeit vor der Entstehung der Dampfmaschine wieder aufgegriffen wurden, die dahin abzielten, Druckgase in einem Arbeitszylinder dadurch zu erzeugen, daß geeigneter Betriebsstoff eingeführt und hierin durch Zündung zur Explosion gebracht wird. Wir belächeln heute das damalige Beginnen, mit Hilfe von kleinen Mengen Schießpulver je Hub ein Arbeitsspiel zu erzielen, müssen uns aber eingestehen, daß die jahrzehntelangen Bemühungen der Neuzeit, einen Kohlenstaubmotor in Gang zu bringen, trotz der auf hoher Stufe stehenden Motorentechnik noch keine befriedigende Lösung brachten. Bekanntlich haben gasförmige und flüssige Betriebsstoffe (Leuchtgas, Hochofengas, Benzin, Benzol, Dieselöl) zu einem vollen Erfolg geführt; der Dieselmotor stellt unter allen diesen Wärmekraftmaschinen diejenige Anordnung dar, die die aus dem Betriebsstoff freigemachte Wärme mit höchstem Wirkungsgrad in mechanische Energie umsetzt.

Etwa von 1800 ab wurde in den Laboratorien der Physiker die Elektrisiermaschine abgelöst durch die aus der Voltaschen Säule hervorgegangenen galvanischen Elemente. Die neue Elektrizitätsquelle elektrochemischer Natur gab zwar nicht so hohe Spannungen, lieferte aber Dauerströme von beträchtlicher Stärke; die so gegebene Experimentiermöglichkeit führte bald zur Entdeckung der fundamentalen Erscheinungen, auf denen die heutige Elektrotechnik beruht: Man fand, daß ein prächtiger Lichtbogen entsteht, wenn eine Luftstrecke in den Stromkreis eingefügt wird und daß Drähte durch den elektrischen Strom zum Aufglühen gebracht werden können – daß vom Strom magnetische Wirkungen ausgehen und vom Strom gespeiste Wicklungen Eisen kräftig magnetisieren können (Elektromagnete) – daß zwei Ströme sich anziehen oder ein stromdurchflossener Leiter im Bereich eines Magneten mechanischen Antrieb erfährt. Bereits 1834 befuhr der Petersburger Professor JACOBI die Newa mit einem elektromotorisch betriebenen Boot für 14 Personen; trotzdem bildete dieser Großversuch nicht den Auftakt für ein elektrotechnisches Zeitalter; ein wesentlicher Teil der elektrischen Einrichtung, nämlich die Stromquelle, verbrauchte sich bald.

Deswegen stellte es einen Fortschritt von grundlegender Bedeutung dar, als FARADAY – ausgehend von dem Gedanken, es müsse der Vorgang „Strom erzeugt in seiner Umgebung ein magnetisches Feld“ umkehrbar sein und mit Hilfe eines Magnetfeldes auf irgendeine Weise elektrischer Strom zu erzeugen sein – nach langem Suchen das Induktionsgesetz fand und damit die Möglichkeit aufzeigte, Spannung und Strom aus elektrischen Maschinen zu gewinnen.

Im Gegensatz zu den Batterien, die sich bei Energieabgabe verzehren, findet in den Dynamomaschinen lediglich eine Umwandlung der durch den Wellenstumpf zugeführten mechanischen Arbeit in elektrische Energie statt, die Maschine verbraucht sich nicht. Insgesamt bedeutet aber ein solcher Umwandlungsprozeß einen erheblichen Umweg, da z. B. beim Betrieb einer Fabrik in Vergleich zu setzen sind: einmal die unmittelbar antreibende Dampfmaschine und das andere Mal eine Dampfmaschine zunächst auf eine Dynamo wirkend, die nun ihrerseits einen Elektromotor speist, der schließlich die Fabrikationsmaschinen antreibt. Deswegen hatte auch FARADAYs Tat nicht die sprunghafte Entwicklung von elektrischen Einrichtungen zur Folge, wie sie ein halbes Jahrhundert später tatsächlich einsetzte, als

elektrische *Zentralstationen* mit *Verteilungsnetz*

erstanden, die Tag und Nacht die Energie zu angemessenen Preisen zur Verfügung stellen und den Benutzern die Sorge um die Beschaffung des Betriebsstoffes abnehmen. Es mußte erst die elektrische Glühlampe erfunden werden, die schließlich im letzten Dorf und in der Hütte des Ärmsten Freude verbreitete. Man kann selbst für die heutige Zeit noch nachweisen, daß die Petroleumbeleuchtung billiger ist als das elektrische Licht; kein Mensch denkt deswegen daran, die Petroleumlampe wieder herbeizuwünschen, so hoch werden die Betriebsannehmlichkeiten des elektrischen Lichts eingeschätzt.

Auch der Elektromotor mußte sich schrittweise Gebiet für Gebiet erobern; er fand zunächst Eingang in den Fällen, in denen die früher angewendeten mechanischen Mittel die Aufgabe nur unvollkommen lösten oder betriebstechnische Vorteile zu buchen waren (Krane, Aufzüge, Bergwerksanlagen, elektrische Straßenbahn). Die Stromerzeugung in großen Kraftwerken gestattete allmählich eine so starke Herabsetzung der Stromkosten, daß Elektromotoren nicht teurer arbeiteten als andere Antriebsmaschinen und die Vorteile im Betrieb (Motor sofort betriebsbereit, lediglich Schalter einzulegen – keine Fachkenntnisse nötig, keine Überwachung im Betrieb, so gut wie kein Verschleiß, keine Pflege nötig, kein Einfluß von Hitze oder Kälte, keine Beschaffung von Betriebsstoff wie Kohle, Benzin, Öl, Kühlwasser nötig) den Ausschlag gaben; so kam es, daß der Elektromotor schließlich das Feld beherrschte.

Ganz ähnlich, wenn auch nicht so weit vorgeschritten, verläuft der Entwicklungsgang für das Gebiet der mit elektrischem Strom erzeugten *Wärme*. Nur die besonderen Zeitverhältnisse stehen hindernd im Weg, unsere Wünsche nach Heizstrom im Haushalt, bei den Arbeitsverfahren im Gewerbe und in der Fabrik in Erfüllung gehen zu sehen. Ziehen wir noch in Betracht, daß Elektrochemie, Elektrometallurgie und Elektromedizin mehr und mehr von elektrischen Methoden Gebrauch machen, so muß es ausgesprochen werden, daß das frühere Werbewort der Elektrizitätswerke „Elektrizität in jedem Gerät" in der Gegenwart als erfüllt zu bezeichnen ist. Der elektrische Strom als der universale Erzeuger von Licht, Kraft, Wärme und Strahlen aller Art bildet eine der Grundlagen für die Gestaltung unseres äußeren Lebens, ein Zurück gibt es nicht mehr. Nach den vorliegenden Berichten ist man bereits dazu übergegangen, bei Webstühlen und verwandten Einrichtungen in das Innere einzugreifen und den Arbeitsprozeß einer elektrischen Schützensteuerung zu übertragen. Kopierfräsmaschinen, bei denen ein elektrischer Fühler das Modell abtastet oder über Photozellen Impulse aus einer Zeichnung aufnimmt und den Vorschub steuert, bilden die Vorstufe der „denkenden Maschine", bei der mit Hilfe elektrischer Meßmittel die Fortschritte der Arbeit kontrolliert werden, um bei Abweichungen eine automatische Verstellung der Werkzeuge zu veranlassen; es kann kein Zweifel bestehen, daß damit eine neue Ära in den Beziehungen „Mensch und Maschine" anläuft. Der Verbrauch an elektrischer Energie wird wie bisher so auch in Zukunft von Jahr zu Jahr steigen, sowohl bezogen auf den einzelnen Erdenbewohner wie auch im ganzen, weil die Zahl der Menschen fortlaufend wächst. Daß es sich um eine Angelegenheit, die in die Wirtschaft aller Länder der Erde eingreift, handelt, kommt darin zum Ausdruck, daß in diesem Jahr in London wieder eine *Weltkraftkonferenz* zusammentritt[1], um den gegenwärtigen Stand der Entwicklung zu kennzeichnen und die weiteren Ausbaurichtungen zu erörtern.

Die Energiequellen, die uns die Natur zur Verfügung stellt, dürfen nicht in vollem Ausmaß für die Elektrizitätserzeugung in Anspruch genommen werden. Nach dem heutigen Stande von Wissenschaft und Technik kann die elektrische Kraftübertragung nur über Leitungen erfolgen; es tauchen zwar immer wieder Vorschläge auf, mit Hilfe großer Hohlspiegel elektrische Wellen zu Übertragern großer Energie zu machen – angesichts der in der Kraftwirtschaft ins Spiel tretenden bedeutenden Leistungen ein aussichtsloser Weg. Flugzeuge müssen die Quellen für die Betriebsenergie mit sich führen; elektrische Akkumulatoren sind nach dem heutigen Stand der Entwicklung viel zu schwer. Das

[1] Vorläufer: 1924 in London, 1930 in Berlin, 1936 in Washington.

gleiche ist zu sagen für die Ozeandampfer und viele Landfahrzeuge; in steigendem Maß beansprucht auch die Großchemie diejenigen Rohstoffe, die jetzt für die elektrische Energieerzeugung stark eingesetzt sind (Kohle, Öl).

Das Jubiläum der Akademie, das uns die Anregung gegeben hat, Rückschau auf die verflossenen 250 Jahre zu halten, soll auch der Anlaß sein, über die Gegenwart hinaus Ausschau zu halten über die Lage der Dinge in den kommenden Jahrhunderten. Aus solchen Erwägungen heraus sei eine *Generalübersicht der Energiequellen,* die uns Erdenbewohnern überhaupt zur Verfügung stehen, gegeben. Diese Aufgliederung wird uns in den Stand setzen, auf weite Sicht Richtlinien für die Verwertung der Energiequellen zu gewinnen. Als Abkömmling von der Sonne lebt die Erde von dem ihr bei der Geburt zugeteilten Energiebetrag und der in der Folgezeit laufend zugestrahlten Sonnenenergie. Für den Zeitraum, der uns hier vor Augen stehen soll, darf im Mittel gerechnet die zugestrahlte und abgegebene Energie als unveränderlich angesehen werden, denn die Erdtemperatur hat, seitdem genaue Beobachtungen vorliegen, keine merkbare Absenkung erfahren (Gleichgewichtszustand!). Die Einwirkung der Sonne verschafft uns in verschiedener Form Energiequellen, solche, die ein laufendes Aufkommen darstellen, und solche, die in Vorräten aus der Frühzeit der Erde gegeben sind, wie z. B. die Kohle.

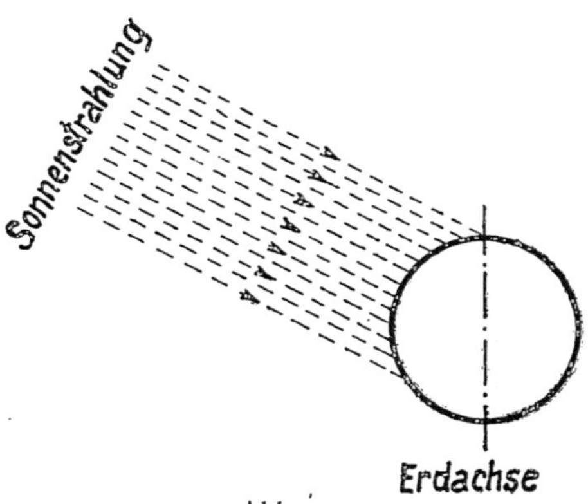

Abb. 1

I. *Energiequellen mit laufendem Aufkommen*

a) Einrichtungen zur direkten Verwertung der zugestrahlten Sonnenwärme (heiße Zone, Wüstengebiete) hat die Technik noch nicht entwickelt.
Indirekte Nutzbarmachung mit Hilfe der in der Natur ausgelösten Vorgänge:

b) Kreislauf des Wassers (Verdunsten, Wolken, Regen, Flüsse und Seen mit Fallhöhe – Wasserkraftanlagen),

c) Luftströmungen (Windkraftanlagen),

d) Meeresströmungen und Meereswärme (eine Versuchsanlage besteht),

e) Gezeiten (es gibt bereits Flutkraftwerke),

f) pflanzliches Wachstum, in erster Linie Wälder.

Für Holz und Torf ist noch ein laufendes Aufkommen gegeben; als Energieträger, die sich verbrauchen, stehen sie aber schon in enger Verwandtschaft mit der nachfolgend gekennzeichneten zweiten Gruppe.

II. *Gespeicherte Energie in Rohstoffen aus der Frühzeit der Erde*
   a) Steinkohle,
   b) Braunkohle,
   c) Erdöl und daraus gewonnene Treibstoffe, Erdgas,
   d) radioaktive Mineralien und sonstige Rohstoffe für atomare Umwandlung.

Die Energieträger der Gruppe II weisen in zweierlei Hinsicht Vorzüge auf:

1. können sie als gespeichertes Gut nach Bedarf angesetzt werden, also kein Verlust wie z. B. bei überschüssigem Betriebswasser,
2. sind sie ortsbeweglich und nicht an den Fundort gebunden; für die Flugzeuge, Ozeandampfer und die meisten Kraftwagen bilden solche Energieträger zur Zeit die unerläßliche Voraussetzung.

Nachdem der Energiebedarf so gewaltig gewachsen ist und immer weiter steigen wird, muß mit den Stoffen der Gruppe II hausgehalten werden, um den Zeitpunkt der Erschöpfung der Vorräte möglichst weit hinauszuschieben.

Unter dieser Perspektive muß sich die Elektrizitätserzeugung auf die Energiequellen der Gruppe I einstellen.

Diese haben den Vorzug unaufhörlicher Ergiebigkeit und noch längst nicht erschöpfter Ausbaumöglichkeit. In vielen Fällen stellen allerdings die starken periodischen und auch zufälligen Schwankungen des Aufkommens ein beträchtliches Hindernis für die Nutzbarmachung dieser Quellen dar.

Bei der direkten Ausnützung der Sonnenwärme nach I. a) sind die Unterschiede zwischen Tag und Nacht, in den Jahreszeiten und der geographischen Lage (Äquator, Pole) stark von Einfluß, so daß nur mit gewaltigen Speichereinrichtungen fortlaufendem Bedarf entsprochen werden könnte.

Bei den Flüssen findet von Natur aus eine Speicherung auf Monate hinaus statt. Über ein ganzes Jahr hinweg gesehen, müssen aber doch erhebliche Schwankungen der Wassermenge den Planungen zugrunde gelegt werden. Da der gewaltige Unterschied zwischen zeitweilig auftretendem Hochwasser und dem Wassermangel in Zeiten der Dürre auch für die Landwirtschaft oft katastrophale Auswirkungen zur Folge hat, ist vorauszusehen, daß mehr und mehr ein Ausgleich durch Anlage von Stauseen und durch Kanalisierung der Flüsse, die sich vielfach ihr Bett nach freier Wahl gesucht haben, erfolgen wird und daß sich das Antlitz der Erde durch menschliche Eingriffe noch stark wandeln wird. Energiegewinnung, Sicherung des landwirtschaftlichen Ertrages und Vermeidung von Wasserkatastrophen sind dabei die Ziele.

Die unter I. c) genannten Windkraftanlagen haben im stärksten Ausmaß unter Schwankungen sowohl in der Energiezufuhr wie auch darunter zu leiden, daß keine natürliche Speicherung gegeben ist. Die erforderlichen gewaltigen Speichereinrichtungen haben es bisher verhindert, daß die schon oft im Großen geplanten Windkraftanlagen Wirklichkeit wurden.

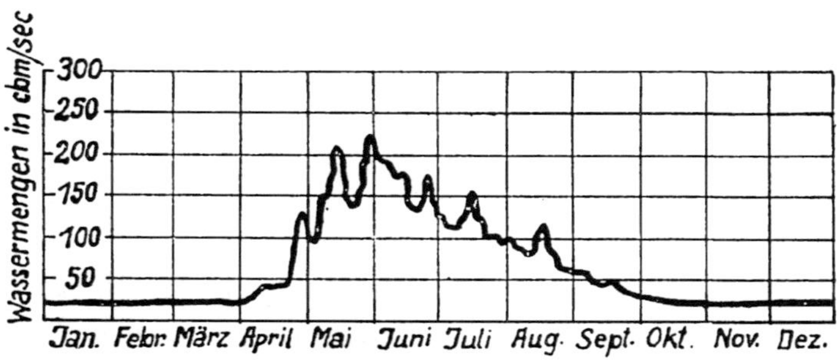

Abb. 2

Im Gegensatz hierzu liegen für die Ausnützung von Meeresströmungen und der Gezeiten hinsichtlich der Gleichmäßigkeit des Energieaufkommens besonders günstige Verhältnisse vor; es ist nicht daran zu zweifeln, daß in späterer Zukunft Einrichtungen zur Gewinnung von Elektrizität auf diesem Wege eine wichtige Rolle spielen werden.

Gemeinsam ist den Kraftquellen unter I., daß sie ortsgebunden sind; nur in wenig Fällen wird die gewonnene Energie an Ort und Stelle verwendet werden können. Die Hochspannungskraftübertragung ist aber so weit entwickelbar, daß Tausende von Kilometern überbrückt werden können. Mit aller Klarheit tritt aus diesen Gedankengängen hervor, daß die Möglichkeit, mit Hilfe von Maschinen aus Sonnenenergie auf dem Wege über die ausgelösten Naturvorgänge (Wasserkraft, Windkraft, Meeresströmungen) dauernd große elektrische Leistungen zu gewinnen, für alle Zeiten ein Grundpfeiler des Aufstiegs in unserer Lebensbetätigung bildet, da mit der Erschöpfung der Energierohstoffe (Kohle und andere sich verbrauchende Stoffe) eine Verarmung eintreten müßte. Mancher Leser wird es für gewagt halten, auf so lange Zeit hinaus so bestimmt Stellung zu nehmen, wie es hier geschehen ist. Könnte denn, so wird man einwenden, nicht eine neue Naturkraft entdeckt werden, die ähnlich wie seinerzeit die Radioaktivität mancher Substanzen ganz neue Möglichkeiten bietet? Nachdem der Baustein der Materie, das Atom, als eine Elektrizitätswelt im kleinen, gekennzeichnet durch Kernladungen und Elektronenhüllen, erkannt wurde, ist es eigentlich undenkbar, daß eine nichtelektrische Energieform in beachtenswertem Ausmaß zum Vorschein käme.

Es ist ein leichtes, das Bild nach der schwachstromtechnischen Seite hin zu vervollständigen. Fernsprechen und Fernhören, Fernsehen, Fernschreiben, Fernmessen, Fernortung und Fernsteuerung sind so ausschließlich an den elektrischen Strom im Draht oder an elektrische Wellen und die mit Elektronenröhren erreichbare millionenfache Verstärkung gebunden, daß die gekennzeichneten Aufgaben von weltumspannender Bedeutung auf anderem Wege überhaupt nicht gelöst werden könnten.

HANS NORDMANN

PROBLEME DER BETRIEBSSICHERHEIT DER EISENBAHNEN

Die Eisenbahn ist dasjenige Verkehrsmittel zu Lande, das für die Gewichtseinheit der beförderten Fahrzeuge den geringsten Bewegungswiderstand bietet und allein gestattet, mit einer einzigen Betriebshandlung Hunderte von Personen oder Tonnen von Gütern zu befördern. Diesem Vorteil der Bewegung auf der Schiene steht als ein gewisser Nachteil die starre Bindung an das Gleis gegenüber, die besondere Vorsichtsmaßnahmen erfordert. Während nämlich z. B. zwei Kraftwagen – außer auf schmalen Wegen – sich beliebig ausweichen können, sei es daß sie verschiedene Fahrtrichtungen besitzen, sei es, daß der schnellere den langsameren überholen will, ist den Zügen ein eigentliches Ausweichen nur auf Bahnhöfen möglich. Allerdings können sich auf *zweigleisigen* Bahnen zwei Züge *entgegengesetzter* Fahrtrichtung ungestört bewegen, aber zwei Züge *gleicher* Fahrtrichtung würden die Möglichkeit eines Zusammenstoßes in sich bergen, wenn der nachfolgende Zug der schnellere ist. Das gilt auch für die *eingleisige* Bahn, aber bei dieser muß obendrein noch verhindert werden, daß zwei Züge *entgegengesetzter* Fahrtrichtung auf dieselbe Strecke gelassen werden, denn wegen der größeren Relativgeschwindigkeit der frontal zusammenstoßenden Züge gegeneinander wäre der Zusammenprall noch schlimmer als beim Auffrennen von hinten. Um sich ein Bild von der großen kinetischen Energie zu machen, die heute einem Zuge innewohnen kann, und die zugleich den oberen Grenzwert der beim Zusammenstoß entwickelten Zerstörungsarbeit darstellt, denke man an den friedensmäßig keineswegs ungewöhnlichen Fall eines Schnellzuges von insgesamt 600 t = 600000 kg Gewicht, der mit 108 km/h = 30 m/s in der Waagerechten fährt: sie beträgt rd. 27000000 mkg und kann als die freiwerdende Zerstörungsarbeit beim Herabstürzen der großen Zugmasse aus 45 m Höhe, also von einem kleinen Kirchturm, vorgestellt werden. Es besteht also aller Anlaß, so große Zerstörungsarbeiten oder auch selbst wesentliche Teile davon zu verhüten.

Aber auch der Bahnhof, der nun gewiß häufig sogar das Ausweichen auf *mehrere* Gleise gestattet, steht einem Zuge keineswegs immer für die Fahrt zur

Verfügung. Selbst auf zweigleisiger Bahn würde je nach Rechts- oder Linksfahren und Rechts- oder Linkslage der Gleisgruppe von den durchgehenden Hauptgleisen ein einfahrender Personenzug mit einem ausfahrenden Güterzug zusammenstoßen oder umgekehrt. Auch bewegen sich in einem Bahnhof ja keineswegs nur ganze Züge, sondern auch „Rangierabteilungen", also Wagengruppen, oder auch Einzelfahrzeuge, z. B. Lokomotiven bei Maschinenwechsel; es werden Wagen von den Zügen abgesetzt oder aufgenommen, und schließlich sind auf den Zugbildungsbahnhöfen oder Endbahnhöfen die Züge durch Rangierbewegungen zusammenzusetzen oder von den Abstellgleisen an die Bahnsteige zu bringen. Durch diese Rangierbewegungen werden z. T. die für die Zugfahrten bestimmten Gleise vorübergehend in Anspruch genommen, und eine „Blankovollmacht" für einen ankommenden Zug, in den Bahnhof einzufahren, könnte neben dem Zusammenstoß mit einem anderen Zuge auch einen solchen mit einer Rangierabteilung bewirken. Das außerordentlich wichtige Sicherheitsproblem, das aus all dem entspringt, lautet also auf die unbedingte *Vermeidung von Zusammenstößen* und verwirklicht sich, wie hier zunächst noch ohne die näheren Umstände festgestellt sei, dadurch, *daß die Züge nur auf besondere Signale in die Bahnhöfe oder in die zwischen ihnen liegenden Streckenabschnitte eingelassen werden.*

Aber bei aller Bedeutung und allem Umfang des Signalwesens mit seinen begleitenden Komponenten (*zentrale Weichen- und Signalstellung*) sind damit noch nicht alle Probleme der Betriebssicherheit erschöpft. Das Signalwesen soll Zusammenstöße verhüten, also zwischen zwei Zügen oder einem Zuge mit einer Rangiergruppe; es ist indes auch eine Gefahr möglich, die nur einen Zug allein betrifft, nämlich seine *Entgleisung*. Dabei ist die Gefahr in Krümmungen am größten, und es handelt sich also darum, die Gleiskrümmungen so zu verlegen, daß die höchsten beabsichtigten Geschwindigkeiten gefahrlos verwirklicht werden können. Und zu dieser generellen Maßnahme tritt noch die Eignungsfeststellung der Fahrzeuge für größere oder kleinere Geschwindigkeiten, je nach ihrer Achsenordnung und gegebenenfalls ihren überhängenden Massen. Selbst die Betriebsweise, nämlich bis zu welchen Geschwindigkeiten Züge geschoben werden dürfen, ist in Sonderfällen in diesem Zusammenhang untersucht worden.

Zu den Sicherheitsproblemen gehört auch, mindestens als unentbehrliches Hilfsmittel, eine gute, schnellwirkende durchgehende Bremse mit ihren Eigenschaften und erreichbaren Bremswegen.

Und endlich zählt, nachdem das Vorangehende die *sachlichen* Zusammenhänge betraf, noch die Erörterung der *formalen* Vorschriften für die Betriebssicherheit dazu, wie sie z. B. in der im bisherigen Reich mit Gesetzeskraft ausgestatteten *Eisenbahn-Bau- und Betriebsordnung,* allgemein als B.O. abgekürzt, gegeben sind. Gewiß befinden sich solche gesetzlichen Bestimmungen in einer Art Nacheilung gegen die technischen Möglichkeiten, aber es kann nicht nur ihre Aufgabe sein, sondern ist sie, solche technischen Sicherheitsvorkehrungen zu *fordern*, die man bereits als *erprobt* ansprechen kann. In gewissem Sinn sind sie natürlich eine Art Dualismus zu dem, was eine verantwortungsbewußte und um ihren Ruf als Unternehmen mit niedrigsten Unfallziffern besorgte Eisenbahnverwaltung ohnehin tun wird, aber man wird solche Vorschriften doch nebenher auf alle Fälle billigen, und sie könnten gelegentlich auch eine Rückenstärkung gegenüber übertriebener Sparsamkeit auf diesem Gebiet sein.

Selbstverständlich bietet ein solches technisches Gesetz gewisse Schwierigkeiten durch die oft relativ schnellen Fortschritte der Technik. So mußte die erste „Eisenbahn-Bau- und Betriebsordnung“ von 1904, die aber auch schon wesensverwandte Vorgängerinnen hatte, nach Zwischenschaltung einiger Änderungsbefugnisse durch den Reichsverkehrsminister 1920 im Jahre 1928 neu herausgegeben werden. Sie gestattet weiterhin (nach ihrem § 3) gewisse Ausnahmen und bewahrte gerade in unserem Zusammenhang eine Art Elastizität, insofern sie zwar die Funktionen der Signale festlegte, aber deren Bilder der – ebenfalls reichsgesetzlichen – Signalordnung überließ, die dann für sich geändert werden konnte, ohne das große Rahmengesetz der B.O. zu beeinflussen. Aber für die Ausrüstung der Züge mit Bremsen enthielt sie z. B. noch in § 55 substanzierte Bremstafeln, die durch veränderte Stellung der Vorsignale und weitere Verbesserungen der Bremsen eine andere zahlenmäßige Gestaltung verlangen können, und so enthält die neue Ausgabe von 1943 nur noch die Festsetzung der Bremswege, verweist aber sonst auf die vom Verkehrsminister festzusetzenden Bremstafeln und verhütet damit eine gegebenenfalls nicht haltbare „Erstarrung“ der Betriebsordnung.

All diese Probleme sind nun nicht isolierter Art, sondern weisen mannigfache Querverbindungen auf, und diese Abhandlung soll deshalb den Versuch machen, die ganze Problematik einmal in großen Zügen darzustellen. In großen Zügen kann das schon aus zeitlichen und räumlichen Gründen nur geschehen; das umfangreichste Einzelgebiet, das Signal- und Sicherungswesen im engeren Sinne ist mehrfach Gegenstand mehrbändiger Lehrbücher, sowie besonderer

Vorlesungen an den Technischen Hochschulen, und gerade auch verwaltungsseitig kommt die Weite des Gebiets durch die Existenz eines besonderen Sicherungsreferenten im Ministerium und je eines besonderen Dezernenten bei den Eisenbahndirektionen zum Ausdruck. Die Erkenntnis der hauptsächlichen Zusammenhänge wird aber durch den Verzicht auf die gewiß sehr sinnreichen technischen Einzelheiten eher gefördert als gehemmt.

Wenn ich mich nun dem Signalwesen zuwende, so schicke ich voraus, daß zur Zeit nicht etwa ein besonderer Ruhepunkt vorliegt, der zum Verweilen aufforderte; die technische Entwicklung schreitet fort, und man kann wohl insofern heute von einer sich allmählich vollziehenden Akzentverschiebung sprechen, als der Ton von der Wegbezeichnung der Signale zur *Geschwindigkeitsregelung* einschließlich ihres Extrems, des Anhaltens, herüberwandert. Aber viele Funktionen und Zusammenhänge bleiben; zu ihrer Darstellung ist der Status quo oder noch „überwiegende" Status quo durchaus geeignet, und vor lauter Warten auf einen Zeitpunkt abklingender Änderungen würde man zu einer Erörterung unseres Themas sonst überhaupt nicht kommen.

Das wichtigste Signal ist das *Hauptsignal*, ein an sich weithin sichtbares Mastsignal von 8–10 m Höhe, das mindestens zwei Begriffe: Fahrt frei und Halt wiedergibt, und dessen „Recht", einem Zuge Halt zu gebieten, zu seiner Bezeichnung als Hauptsignal geführt hat. Hauptsignale sind die Ein- und Ausfahrtsignale der Bahnhöfe, die Blocksignale der Strecke und die Deckungssignale vor Kreuzungen und Weichen der freien Strecke und beweglichen Brükken (gegebenenfalls noch die Wegsignale innerhalb der Bahnhöfe). Die Maste können übrigens bei gleicher Höhenlage der eigentlichen Signalisierungselemente, der Flügel und Signallaternen, statt im Erdboden zu stehen, auch als kürzere an Brücken befestigt sein; der neuerdings geprägte Ausdruck „Signale am Bahnkörper" umgreift beide. Ihre Existenz ist in § 21 der B.O. gesetzlich gefordert, der auch – wie übrigens für alle Signale – die Forderung ausspricht, daß sie der Eisenbahnsignalordnung entsprechen und ihre *Eindeutigkeit* mit den Worten sichert: „Zur Erteilung von Signalen, die in der Signalordnung nicht vorgesehen sind, dürfen die Formen der Signalordnung nicht benutzt werden." Die Sicherheit des Zuglaufs ist zudem dadurch verschärft, daß § 50 der B.O. als „*Grundstellung*" der Hauptsignale das *Halt* vorschreibt, eine meines Wissens überall angewandte Praxis, nachdem im älteren englischen Signalwesen allerdings das „Halt" nur bei gegebener Notwendigkeit gegeben worden war. Die Stellung auf Fahrt frei stellt also eine ausdrückliche Fahrterlaubnis dar. In der wirklichen Betriebsabwicklung bedeutet das natürlich nicht, daß ein Zug an jedem Hauptsignal erst halten müßte; auf den Bahnhöfen haben z. B. die Fahrdienstleiter dafür zu sorgen, daß rechtzeitig die Fahrstraße des erwarteten Zuges freigemacht ist und damit das Signal zur Einfahrt gegeben werden kann; der Fahrgast des Zuges bemerkt den Erlaubnischarakter des Signals im allgemeinen gar nicht, sondern nur dann, wenn die Freimachung der Fahrstraße ausnahmsweise nicht rechtzeitig gelungen ist und der Zug dann das Haltsignal vorfindet. Auch eine technische Konsequenz hat die Grundstellung des Hauptsignales auf Halt insofern, als bei Signalen mit Drahtzug beim Reißen des Drahtes der auf Fahrt frei gezogene Signalflügel auf Halt herabfällt, um zu verhüten, daß der Freifahrtbegriff am Signal erhalten bleibt und also eine nicht bestehende Erlaubnis vortäuschen kann. Bei elektrischen Stellwerken werden Leitungsschäden ebenfalls einer etwaigen bedenklichen Wirkung beraubt, insofern bei stromlos gewordenen Kupplungsmagneten der Signalflügel auf „Halt" herabfällt. Um den Zug bei Drahtbruch doch in den Bahnhof hineinzubekommen, ohne doch das Haltsignal für den Lokomotivführer seines „kategorischen Charakters" zu entkleiden, ist für solche Fälle ein ausdrücklicher, schriftlicher Befehl des Fahrdienstleiters an das Zugpersonal vorgesehen, für den gleich ein Durchschreibeblock zur schnellen Erledigung dient.

Das Hauptsignal ist nun heute überwiegend noch als Flügelsignal ausgeführt; am Signalmast befindet sich ein drehbarer „Signalflügel" von rund 2 m Länge, dessen Halt bedeutende Grundstellung die waagerechte Lage ist, gleichsam einen niedergelassenen Schlagbaum symbolisierend. Für Freifahrt wird der Flügel auf unter 45° schräg nach oben gezogen; in den angelsächsischen Ländern ist die Stellung 45° nach unten bisher die gebräuchlichere. Das Signal ist also ein *Formsignal*, aber freilich mit der Einschränkung „am Tage". Bei Dunkelheit kann man den Flügel nicht sehen, hier tritt das Signal*licht* an seine Stelle, rot für Halt und grün für Freifahrt, als heute internationale Farben. Technisch ist die Lösung die, daß an sich nur eine Signallaterne vorhanden (je Flügel, wie hier genauer schon zu sagen ist) und mit dem Flügel nur eine rote und grüne Glasscheibe derart verbunden ist, daß dem Zuge entgegen bei Halt die rote Glasblende vor der Lampe steht, bei Freifahrt die grüne. Dieselbe Handlung, die den Flügel betätigt, vollzieht also auch den Farbenwechsel der vor einsetzender Dunkelheit am Mast aufgezogenen Laterne oder des eingeschalteten Lichts.

Weil nun ein Lichtsignal doch (neben dem Formsignal) vorhanden sein muß, ist schon vor geraumer Zeit der Gedanke aufgekommen, das Lichtsignal auch bei Tage anzuwenden, indem man stärkere Lichtquellen benutzt und sie durch eine obere Deckhaube gegen Überstrahlung durch das Tages-, insbesondere Sonnenlicht schützt. Man braucht dann bei elektrischen oder elektrisch gezündeten Lampen keine beweglichen Teile (Drahtzüge) mehr, sondern nur noch Leitungen. In manchen Ländern, so in Skandinavien und der Schweiz, ist man schon zu solchen *Licht-Tagessignalen* übergegangen, und in Deutschland zeigt sie z. B. die Berliner Stadtbahn, allerdings nicht nur mit *einer* jeweils „aktiven" Signallampe. Ob es *allgemein* zur Ausschaltung der Formsignale kommen wird, läßt sich zunächst noch nicht sagen.

Wenn nun auch an sich die hohe Flügel- oder Lichtlage der Hauptsignale eine Sichtbarkeit weithin ermöglicht (bis auf etwa 1,5 und 2 km), so setzt das doch eine gerade Strecke voraus und das Nichtvorhandensein störender Bauten oder Bahneinschnitte. Und bei diesigem Wetter schützt selbst die gerade Strecke nicht davor, daß das Signal erst auf verhältnismäßig kurze Wegeslänge erkannt werden kann. Dann wäre es aber unmöglich – und hier tritt der Zusammenhang mit dem Bremswesen hervor – den Zug noch vor dem Signal als Gefahrpunkt zum Halten zu bringen. Die Bremswege, namentlich sehr schnell fahrender Züge, sind aber sehr beträchtlich; sie gehen einschließlich gewisser Sicherheitszuschläge bis auf 1000 m aus den Höchstgeschwindigkeiten herauf, oder genauer: werden auf Hauptbahnen so zugelassen. Dann muß also eine Art Vorankündigung der Stellung des Hauptsignals vorgesehen werden. In Deutschland haben sich, nach einer ersten weniger glücklichen Lösung, die preußischen Bahnen auf ein damals sogenanntes „Avertissementssignal", unser heutiges – im Wesen überall gebräuchliches – *Vorsignal*, geeinigt, das, mit dem Hauptsignal durch Drahtzug gekuppelt, zunächst bei Halt am Hauptsignal eine grüne Scheibe mit weißem Rand dem Zuge entgegenstellte, bei Fahrterlaubnis durch Umklappen um 90° als Strich sozusagen aus der Sichtbarkeit verschwand. Die zugehörigen Lichtfarben waren grün und weiß (grün bedeutete damals Vorsicht und weiß Fahrt frei), wir können auf die Geschichte der eine Zeitlang unlogischen Farbgebung hier verzichten; heute ist die Scheibe gelb (ein Mittel aus Zitronengelb und Orange) mit schwarzweißem Rande und die Lichter bei Dunkelheit Gelb bzw. Grün bei Halt bzw. Freifahrt am Hauptsignal. Rot am Vorsignal darf logisch nicht erscheinen, da ja nicht vor ihm, sondern erst vor dem Hauptsignal gehalten werden soll. Man spricht deshalb korrekterweise nicht von einer Haltstellung des Vorsignals, sondern nur von einer *Warnstellung*, deren Farbe das Orangegelb ist. Grün am Vorsignal weist unter

Farbenübereinstimmung auf die Freifahrt am Hauptsignal hin. Am Vorsignal erscheinen übrigens die Lichter doppelt in Schrägstellung unter 45°. Das Vorsignal und sein Zusammenhang mit dem Bremsweg ist auch Gegenstand des ausführlichen Signalparagraphen (21) der B.O.

Eine besondere Behandlung erfordern nun weiterhin die Hauptsignale der Bahnhöfe, vor allem die Einfahrsignale. Zu ihrem Standort ist zu bemerken, daß sie – von der Bahnhofsmitte aus gesehen – bis über die Einfahrtweiche bzw. diejenige Stelle hinausgeschoben werden müssen, bis zu der sich im allgemeinen Rangierbewegungen erstrecken, dem sogenannten Gefahrpunkt. Bei induktiver Zugbeeinflussung (s.u.), wo automatisch dem schon stark verlangsamten Zuge notfalls noch eine letzte Bremsung aufgezwungen wird, ist ein weiteres Hinausschieben um einen gewissen Durchrutschweg geboten. Die Einfahrsignale gehen mit der Zahl ihrer Signalbegriffe über die bisher behandelte Zweizahl hinaus. Während das „Halt" natürlich auch nur einmal auftritt, ist die Freifahrt doppelt möglich, nämlich einmal auf dem an den Bahnsteig führenden „durchgehenden Hauptgleis" für die Reisezüge, und zweitens vermöge der Einfahrweiche abzweigend für die Güterzüge, die das durchgehende Hauptgleis im Bahnhof verlassen, um in eines der Gütergleise für Kreuzung, Überholung und die Durchführung des Rangiergeschäfts geleitet zu werden.

Für die Ein- und Ausfahrsignale besteht nun zunächst eine Einrichtung von besonders hohem Sicherheitswert, nämlich die Kupplung mit den Weichen, von denen die Bahnhöfe je nach ihrer betrieblichen Bedeutung eine die verschiedenen Fahrwege ermöglichende Anzahl aufweisen. Jeder ein- oder ausfahrende Zug hat nach der *Bahnhofsfahrordnung* einen bestimmten Weg zurückzulegen, also bestimmte Gleise und bestimmte Weichen zu befahren, die für ihn richtig stehen müssen. Die Abhängigkeit zwischen den Weichen- und Signalhebeln im Stellwerk ist daher durch gegenseitige Verriegelung ihres zugehörigen Gestänges so getroffen, daß das Signal erst gezogen werden kann, wenn die Weichen richtig stehen, und daß weiterhin, wenn das Signal gezogen ist, nunmehr die Weichen verriegelt sind und nicht unter dem Zuge umgestellt werden können. Diese zentrale Weichen- und Signalstellung ist eine seit Jahrzehnten bewährte Einrichtung, die als solche auch in § 21 der B.O. ausdrücklich gefordert wird. In diese Abhängigkeit sollen nach der gleichen Gesetzesstelle für Reisezüge möglichst noch solche Weichen einbezogen werden, die von einem Nachbargleis her eine Fahrt in die Flanke des Zuges bei falscher Stellung verschulden könnten. Der vorzügliche BESSERsche Kommentar der

B.O. bringt nur eine Andeutung darüber, weshalb solche früher sogenannten „feindlichen Weichen" nicht kategorisch, sondern nur möglichst – in der Wirklichkeit freilich in der Regel – in die erzwungene Weichen-Signalabhängigkeit einbezogen wurden. Im übrigen vollzieht sich die Herstellung einer Zugein- oder -ausfahrt unter der Verantwortung eines Beamten, des *Fahrdienstleiters*[1]; er gibt, nachdem zur planmäßigen Zeit alle Rangierbewegungen auf den beanspruchten Gleisen eingestellt sind, durch den sogenannten *Stationsblock* auf elektrischem Wege den betreffenden *Fahrstraßenhebel* im Stellwerk frei. Bewegen kann indes der Stellwerkswärter den Fahrstraßenhebel erst, wenn die zugehörigen Weichen richtig gestellt sind, und erst wenn der Fahrstraßenhebel umgelegt ist, wird die Verriegelung für den Signalhebel freigegeben, der nun auf „Fahrt" gestellt werden kann. Damit werden, wie eben schon bemerkt, nun wieder die Weichenhebel in ihrer richtigen Stellung verriegelt. Der Fahrstraßenhebel wird übrigens erst durch den Fahrdienstleiter mit seiner besten und verantwortlichen Übersicht über die Vorgänge im Bahnhof oder seinem Bahnhofsbezirk wieder freigegeben, so daß nicht ein übereifriger Stellwerkswärter nach Zurücknehmen des Signals eine der beteiligten Weichen noch unter dem Zugende umstellen und dadurch eine Entgleisung verursachen kann. Die technischen Einzelheiten und Feinheiten darlegen zu wollen, würde viel zu weit führen, nur eins sei noch bemerkt: der bisher gebrauchte Wortlaut legte eigentlich sogenannte mechanische Stellwerke zugrunde, indem von der unmittelbaren Bewegung der Weichen- und Signalhebel von Hand die Rede war, von deren Rolle immer je ein doppelter Drahtzug zur Weiche oder zum Signal führt. Auf großen Bahnhöfen ist indes schon in erheblichem Umfang das Verstellen der Weichen und Signale durch Elektromotoren eingeführt, nachdem ein voran- oder parallelgehender Versuch, die Stellbewegungen durch Preßluftzylinder ausführen zu lassen, nicht befriedigt hat; auch in diesem Falle bleiben natürlich die Verriegelungen mit der gleichen Endwirkung bestehen, lassen sich aber mit viel kleineren Bauteilen bewirken, da sie jetzt statt der großen Hebel für die kräftigen Drahtzüge nur noch die Schalter der elektrischen Leitungen zu den Stellmotoren in Abhängigkeit zu bringen haben. Die Einrichtung elektrischer Stellwerke erfordert daher viel weniger Platz. Es gibt auch *Gleisbildstellwerke,* bei denen der ganze Vorgang der Weichen- und Signalstellung durch die Fahrstraßenwahl ausgelöst wird.

[1] Bei Linien mit starkem Verkehr sind z. T. *Zugleitungen* für die ganze Strecke eingerichtet, denen die Fahrdienstleiter dann nachgeordnet sind.

Wir sahen oben, daß das Einfahrsignal mindestens drei Begriffe hergeben mußte, nämlich Halt, Fahrt auf dem durchgehenden Hauptgleis und Fahrt in ein abzweigendes Gleis. Bis vor kurzem gestattete die Deutsche Signalordnung noch einen 4. Begriff, nämlich Fahrt für eine andere Abzweigung. Das die Weiterfahrt verwehrende „Halt" erscheint nur einmal, mit einem waagerechten Flügel und einem roten Licht bei Dunkelheit; die Fahrterlaubnis wurde je nachdem durch einen, zwei oder drei Flügel unter 45°, bei Dunkelheit durch ein, zwei oder drei grüne Lichter angezeigt. Neuerdings erscheint oben grün, unten gelb. Der zweite und gegebenenfalls dritte Flügel war bei Halt senkrecht hochgeklappt und deckte sich daher optisch mit dem Signalmast. Sollten noch mehr erlaubte Fahrwege angezeigt werden können, so hatten besondere Wegesignale zu folgen. (Das englische Signalwesen kannte bis fünf Signalflügel am Mast, alle normal mit waagerechtem Arm auf Halt zeigend, und bei Fahrt mit jedem Flügel eine bestimmte Fahrstraße anzeigend; eine der früher bedeutendsten preußischen Privatbahnen, die Bergisch-Märkische, hatte sich in ihrer letzten Zeit diesem System angeschlossen.)

Nun ist jener oben betonte Akzent, demzufolge der Ton für die Fahrterlaubnis sich mehr und mehr von der Weganzeige der Signale der Geschwindigkeitsanzeige zuwendet, keineswegs völlig neu; die Nebenwirkung eines Geschwindigkeitshinweises war schon immer in dem zwei- oder dreiflügeligen Signal enthalten. Er beruhte in dem Zusammenhang mit einer dann möglichen Entgleisungsgefahr, wenn die Zuggeschwindigkeit in der ablenkenden Einfahrweiche nicht wesentlich ermäßigt wurde. Bekanntlich ist in einer Krümmung, und die lag ja doch mit relativ kleinem Halbmesser hier vor, für große Geschwindigkeiten die äußere Schiene zu überhöhen. Das ist aber im Bahnhofsgebiet wegen der Übersichtlichkeit und der leichten Begehbarkeit des Planums nicht zulässig, und so muß als andere Lösung der Gefahrlosigkeit die gewählt werden, daß die Geschwindigkeit, wenigstens bei der früher allgemein üblichen Weichenkrümmung von 190 m Halbmesser, auf etwa 40 km/h zu ermäßigen ist. Nun wußte ja der Lokomotivführer des schnelleren Reisezuges, daß er als Norm für das durchgehende Gleis Freifahrt erhielt, der des ohnehin langsameren Güterzuges, daß er noch eine gewisse Geschwindigkeitsermäßigung in der Abzweigungskurve vorzunehmen hatte. Aber auf alle Fälle und bei zu Ende geführter Logik mußte eine weitere Folge vorgenommen werden: das bis dahin zweibegriffige Vorsignal mußte dreibegriffig werden. Solange man die Geschwindigkeit am Vorsignal nicht betonte, genügte neben der Warnstellung die für Fahrt frei; das Nähere des Fahrweges wurde dem Hauptsignal überlassen. Wollte man indes dem Zuge das Gefühl unbedingter Sicherheit (auch in Ausnahmefällen) geben, mußte er am Vorsignal schon wissen, ob er ohne Geschwindigkeitsbeschränkung weiterfahren könne oder bis zum Hauptsignal auf 40 km/h herunterzubremsen hatte; erst kurz vor dem Hauptsignal ließ sich das nicht mehr verwirklichen – auch hier also wieder der Zusammenhang mit der Bremse. Die Vorsignale erhielten einen kleinen Zusatzflügel, der – gleichviel für welche Abzweigung – bei Geschwindigkeitsbeschränkung unter 45° nach unten bei verbleibender Klappscheibe aus seiner Deckungslage mit dem (niedrigeren) Vorsignalmast ausgeschwenkt wurde. Bei Dunkelheit erschienen dann statt zweier gelber Lampen eine gelbe und eine grüne; die Stellung Fahrt frei ohne Beschränkung war wie bisher durch die sozusagen unsichtbar geklappte Scheibe[1] oder zwei grüne Lichter gegeben.

Vorher noch hatten, aus Gründen sicherer Abbremsung, die aus höchster Geschwindigkeit am Vorsignal einsetzen mußte, die Vorsignale zur Unterstreichung ihrer Sichtbarkeit eine größere weiße Tafel mit schwarzer Umrahmung und schwarzem Andreaskreuz daneben aufgestellt erhalten. Um auch bei diesigem Wetter schon die Aufmerksamkeit auf das kommende Vorsignal zu lenken, wurden nach holländischem Vorbild, wo die Küstennebel zu dieser Anordnung Anlaß gegeben hatten, mehrere sogenannte *Baken* in Abständen von je 75 m aufgestellt, schmale weiße Tafeln mit schrägen schwarzen Querstrichen.

Eine betriebliche Betonung verdient das Einfahrsignal noch für den häufigen Fall, daß ein kleinerer oder auch mittlerer Bahnhof von einem Schnellzug ohne Halt durchfahren wird. Dazu gehört natürlich „Fahrt frei" am Ausfahrsignal; würde hier „Halt" stehen, so könnte der Schnellzug in den nächsten Streckenabschnitt einfahren, weil eine Bremsung im letzten Augenblick nicht ausreichen würde. Es bestand deshalb schon länger die Vorschrift, daß für durchfahrende Züge die Station die Einfahrt erst freigeben durfte, wenn die Ausfahrt nicht nur gegeben werden konnte, sondern gegeben war. Vorher war der Zug gemäß § 65 der B.O. am Einfahrsignal anzuhalten.

Eine gewisse „Signalisierungslücke", die hierin noch lag, wurde später dann dadurch überbrückt, daß man auch das Ausfahrsignal mit einem Vorsignal aus-

[1] Die bayrische Staatsbahn bzw. später das bayrische Netz der Reichsbahn zeigt eine Variante des Vorsignals, nämlich statt der sozusagen zu einer waagerechten Linie umgeklappten Vorsignalscheibe zwei Halbkreisscheiben, die um eine um 45° geneigte Achse nach hinten umgeklappt werden, wobei ihre Ränder einen verkleinerten Signalflügel in Fahrtstellung bilden.

rüstete, das neben oder am Mast des Hauptsignals angeordnet wurde; es fand seine gesetzliche Forderung in dem § 21 der B.O.

Hervorhebung verdienen noch die gleichfalls den Hauptsignalen angehörenden *Blocksignale* zur Regelung der Zugfolge. In der Frühzeit der Eisenbahnen ließ man die Züge im Zeitabstand verkehren, der längst dem Raumabstand als der sicheren Art weichen mußte. Bei schwächerem Verkehr genügte als solcher der Stationsabstand; telegraphische Verständigung der Stationen war vorgeschrieben und ist es für die einfacheren Fälle ohne Blockstellen noch heute (§ 65 der B.O.). Bei ständig oder zu manchen Stunden erwünschter dichterer Zugfolge wurden dann aber auch längst Blockstellen, mindestens zwischen weiter auseinanderliegenden Stationen, eingerichtet. Sie haben die Aufgabe, zwischen zwei Zügen immer einen Abstand mindestens gleich einer sogenannten Blockstrecke zu erzwingen – bei zweigleisigen Bahnen in jeder Fahrtrichtung, bei eingleisigen nur in gleicher Fahrtrichtung; Züge verschiedener Fahrtrichtung dürfen bei eingleisiger Strecke überhaupt nicht zwischen zwei Stationen unterwegs sein. Das Blocksystem läßt sich am besten so in seiner Wirkung erklären, daß, wenn ein Zug an einer Blockstelle an dem auf Fahrt stehenden Blocksignal vorbeifährt, der Blockwärter durch elektrische Verriegelung nicht in der Lage ist, das weiter rückwärts gelegene nächste Blocksignal für den nachfolgenden Zug freizugeben. Dazu muß er sein Signal erst wieder auf Halt gelegt haben, wodurch er zugleich den vorwärts liegenden Blockabschnitt sichert, und auch das kann er nur, wenn die letzte Achse des eben passierenden Zuges mit Hilfe der sogenannten „isolierten Schiene" eine Verriegelung freigegeben hat. Es soll damit verhütet werden, daß der Blockwärter im Übereifer das Signal schon auf Halt legt und durch Bedienung der Induktorkurbel den rückwärtigen Blockabschnitt freigibt, ehe der Zug ihn ganz verlassen hat. Eine Folge von Wechselstromimpulsen vermöge des gedrehten Induktors entriegelt in dem rückwärts liegenden Block nicht nur das Blocksignal, das dann von dem rückwärtigen Blockwärter auf Fahrt gestellt werden kann, sondern verändert auch hinter einem kleinen Fenster des Blockapparates das Rot in Weiß (beide Farben gehören einem drehbaren Blechsektor an); durch das Geräusch und die Farbänderung hinter dem Fensterchen wird der Blockwärter auf die Ziehmöglichkeit seines Signals aufmerksam (auch Fernsprecher ist natürlich vorhanden). Der Zug befindet sich gewissermaßen immer zwischen zwei roten Fenstern der ihn begrenzenden Blockstellen. Rückwärts gesehen ist das Ausfahrtsignal des Bahnhofs sozusagen zugleich das erste Blocksignal der voranliegenden Strecke. Regelten nach dem zuvor Erörterten die Ein- und Ausfahrsignale den Zuglauf der Bahnhöfe, so bilden die Blocksignale noch das Korrelat für die Strecke, und damit ist jede Zugfahrt lückenlos von einem sichernden Signalsystem geleitet.

Abgesehen von einigen fremden Ländern war ein gewisser Übergang zu den Tageslichtsignalen in Deutschland bereits bei der Elektrisierung der Berliner Stadtbahn vollzogen. Der Weganzeigecharakter der Signale trat hier, bei der gleismäßig so einfachen Struktur der meisten Bahnhöfe, in den Hintergrund. Die Signale werden elektrisch durch die Züge selbst gesteuert, sie gleichen im Format weit eher den Vorsignalen als den Hauptsignalen und sind sozusagen eine Vereinigung von beiden, ja man könnte sagen auch noch mit Blocksignalen. Übrigens ist eine von den Fernbahnen abweichende Signalform auch deshalb gewählt worden, weil Stadt- und Fernbahn häufig parallel auf viergleisigem Bahnkörper verlaufen und Verwechselungen ausgeschlossen werden sollten. Hier zeigen bisher zwei waagerechte Lichter nebeneinander bei grün-grün an, daß zwei Streckenabschnitte in der Fahrtrichtung bereits vom vorauffahrenden Zug frei sind, bei grün-gelb ist es ein Streckenabschnitt, bei gelb-gelb ist der Zug noch nicht aus dem am Signal beginnenden Streckenabschnitt heraus. Bei den mehrfach festzustellenden Signaländerungen im Sinne einer noch strengeren Logik, z. B. dem Dreibegriffs-Vorsignal, wird man erwarten können, daß ein Halt ohne Rotlicht, das wir doch eben festzustellen hatten, nicht verbleiben wird, selbst wenn ein zusätzliches Rot bei Stadtbahnsignalen nur ein „Kurzhalt“ bedeuten sollte.

Es erübrigt sich in einer Darlegung der Sicherheitsprobleme, Vermutungen über Umfang und Tempo weiteren Bodengewinns der Lichttagsignale anzustellen, da sie die Grundgedanken nicht oder nicht wesentlich ändern, so sehr sie signalmäßig, gegebenenfalls unter Heranziehung des Zuges zur Signalsteuerung, bloßer Akzentuierung der Geschwindigkeit als Lenkziel der Signalgebung und einer Amalgamierung von Haupt- und Vorsignal zu neuen Systemen führen können. Es soll auch darauf verzichtet werden, die Rangiersignale zu erörtern, die natürlich ebenfalls z.T. der Verhütung von Zusammenstößen dienen, oder die Signale am Zuge, die die Beurteilung planmäßigen Verlaufs der Zugbewegung vom „Bodenpersonal“ sichern sollen. Namentlich das Zugschlußsignal genießt hier eine besondere Beachtung; eine Zugtrennung, die also am vorderen Trennungsteil eben dieses Signal vermissen lassen würde, könnte sich bei allen Zügen mit durchgehender Bremse allerdings nicht sozusagen „heimlich“ vollziehen, weil diese beim Zerreißen auch der Bremsluftleitung sofort mit ihrer Schnellwirkung in Tätigkeit träte.

Ehe wir das Signalwesen, das hier also in seiner in der Tat wichtigsten Bedeutung, nämlich der Sicherung der eigentlichen Züge vor Zusammenstößen, aufgefaßt wurde, verlassen, noch eine Schlußbetrachtung: Eine noch so vollständige reine Signalgebung würde in dem allerdings sehr seltenen Falle nicht ihren Zweck erfüllen, daß sie vom Lokomotivführer nicht befolgt würde, vor allem also, wenn das Haltsignal nicht die unbedingte rechtzeitige Beachtung fände. An einen Schutz dagegen wurde gelegentlich schon vor Jahrzehnten gedacht, wobei neben Unaufmerksamkeit z. T. auch an schlechte Sicht gedacht und eine Abhilfe keineswegs gleich in einer Zwangsbremsung, sondern nur in einer automatischen Signalwiederholung im Führerstand der Lokomotive erblickt wurde. Aus dem historischen Verlauf nur zwei Bemerkungen, nämlich die eine, daß sich bei Versuchen mechanisch auftreffende Kontakte nicht als genügend haltbar erwiesen, und zweitens die für die Weiterentwicklung gleichfalls folgenreiche Tatsache, daß sich in lebhafter Polemik die Lokomotivführer gegenüber der etwaigen Einführung solcher Einrichtungen unter Hinweis auf die kleine Unfallziffer der deutschen Bahnen, die ja gerade mit auf ihre Zuverlässigkeit zurückgehe, gekränkt zeigten. Sie wiesen darauf hin, daß vereinzelte Versager auch bei technischen Einrichtungen mechanischer oder elektrischer Art auftreten könnten, und daß dann die Gefahr um so größer werde, weil das Vorhandensein solcher Apparaturen, auf die man sich doch verlassen solle, den Lokomotivführer in der Streckenbeobachtung gleichgültiger gemacht haben würde.

Die häufigste Form der sogenannten „*elektrischen Zugbeeinflussung*“ – die induktive – nimmt auf diese Argumente Rücksicht, indem sie dem Lokomotivführer die Handhabung der Bremse, die ja das eigentliche Handwerkszeug für die Befolgung des Haltsignals ist, nicht unter den Händen wegnimmt, wenn er selbst die nötige Aufmerksamkeit und Zweckmäßigkeit entfaltet. Die an sich recht komplizierte Einrichtung ist derart, daß zwei Magnetfelder, eins als „Gleismagnet“ an der Strecke, das andere auf der Lokomotive ohne *körperliche* Berührung von Bauteilen, sich dann beeinflussen, wenn das Signal auf Halt steht. Der Gleismagnet liegt ohne Stromquelle, mit Kondensator in der Wicklung neben dem Vorsignal; bei Fahrtstellung wird der Kondensator kurzgeschlossen und der Gleismagnet damit wegen „Verstimmung“ gegen den wechselstromerregten Lokomotivmagneten (aus der kleinen Lichtdynamo) unwirksam. Bei

Halt bewirkt der Induktionsstrom die Ingangsetzung eines Apparates, der nach fünf Sekunden die Zwangsbremsung herbeiführt. Der Lokomotivführer kann dem zunächst entgehen, wenn er am Vorsignal die sogenannte Wachsamkeitstaste drückt und außerdem sofort die Bremsung ausführt. Versäumt er das erstere, so erfolgt Zwangsbremsung aus der Höchstgeschwindigkeit nach fünf Sekunden; bremst er so schwächlich, daß nach einer eingestellten Sekundenzahl (~ 20) die Geschwindigkeit nicht auf höchstens 90 km/h abgenommen hat, so erfolgt zwangsmäßig aus dieser zwar nicht höchsten, aber immer noch zu hohen Geschwindigkeit die Schnellbremsung. Sicherheitshalber wurde die Zwangsbremsung 150 m vor dem Hauptsignal oder am Hauptsignal noch einmal wiederholt, wenn noch über 65 km/h Geschwindigkeit vorhanden sind oder im zweiten Fall unbedingt. Die, wie gesagt recht verwickelte Einrichtung konnte, nachdem 1934 im BESSERschen Kommentar ihre Sicherheit als zu einer *bindenden* Vorschrift noch nicht ausreichend bezeichnet wurde, für Bahnen mit besonders dichter Zugfolge oder bei Zuggeschwindigkeiten von mehr als 120 km/h nach § 23 der B.O. vom Reichsverkehrsminister vorgeschrieben werden. Von dieser „Kannvorschrift“ war seinerzeit auch Gebrauch gemacht worden, und in den Fahrdienstvorschriften, Ausgabe 1944, sind sie als obligatorisch bezeichnet.

Nun gehen wir zur Betrachtung der „*Entgleisungsverhütung*“ über, die, wie schon bemerkt, in den Krümmungen bei weitem am wichtigsten ist; wir wollen uns deshalb im wesentlichen auch darauf beschränken. Um einen Körper auf gekrümmter Bahn zu führen, bedarf es nach einem Grundsatz der Mechanik einer von der Führung, hier der Schiene, ausgeübten Zentripetalkraft, die den Körper nach dem Krümmungsmittelpunkt zu drängen sucht, und deren Reaktion, die Zentrifugalkraft, nach außen gegen die Führung drückt. Nun haben ja die Eisenbahnräder sogenannte Spurkränze, je an der Innenseite des Gleises; und hätten diese rand- oder flanschartigen Teile der Radreifen eine senkrechte Anlagefläche, so würden sie zur Ausübung des zentripetalen Drucks ohne Entgleisungsgefahr in der Lage sein, es sei denn, daß dieser bei extrem hohen Geschwindigkeiten so stark würde, daß er die Außenschiene umkantet und damit doch noch zum Unfall führt. Ein solcher senkrecht abgeschnittener Radflansch würde aber mit seiner Außenkante stark verschleißend auf die Schiene wirken, und deshalb sind die Spurkränze kegelförmig mit äußerer Abrundung gestaltet. Damit bilden sie aber eine Art schiefer Ebene, die ein Aufklettern auf die Schiene gegen Reibung und Schwerkraft und damit die Entgleisung dann nicht ausschließen, wenn die Zentripetalkraft oder also der Anlaufdruck an die Schiene den Raddruck wesentlich überschreitet. *Unter* diesem Wert muß man also beträchtlich bleiben, und sicherheitshalber vertraut man deshalb dem Spurkranz nur einen gewissen Höchstbetrag an Führungsdruck an. Man braucht den Spurkranz unter Umständen gar nicht heranzuziehen, weil man tatsächlich (von der B.O. in den § 10 und 66 gefordert) die äußere Schiene höher legt, als die innere; das Fahrzeug legt sich dann schräg nach innen, und, wie man nicht ganz korrekt, aber anschaulich sagen kann, die nach innen abwärts gerichtete Schwerkraftkomponente auf dem schräg liegenden Gleise liefert die notwendige Zentripetalkraft. Diese Schräglage nimmt ja z. B. auch der eine Kurve fahrende Radfahrer oder das im Kreise laufende Pferd ein. Die Schräglage des Gleises ist nun aber ein ganz bestimmter Wert, während die Zentripetalkraft mit der Geschwindigkeit wechselt; sie wächst mit deren *Quadrat.* Soll nun die Schräglage sehr hohen Geschwindigkeiten gerecht werden, so müßte die Überhöhung sehr groß sein; die langsamfahrenden Züge würden dann mit erheblichem Druck gegen die Innenschiene abrutschen und sie stark abnutzen. Deshalb zieht man also doch bis zu einem gewissen Grade den Spurkranzdruck gegen die Außenschiene zur Bildung der Zentripetalkraft für die Höchstgeschwindigkeit mit heran. Es darf an dieser Stelle daran erinnert werden, daß bei der Bahnhofseinfahrt durch die Weichenkrümmung wegen der fehlenden Überhöhung also eine starke Geschwindigkeitsminderung nötig ist.

Diese Gedankengänge führen letzten Endes, ohne sie hier exakt analytisch wiederzugeben, dahin, daß die Eisenbahn-Bau- und Betriebsordnung in § 66 unter Voraussetzung nicht übermäßiger Überhöhung der Außenschiene einen bestimmten Zusammenhang zwischen Höchstgeschwindigkeit und Krümmungshalbmesser vorschreibt, und zwar in einer Formel zwischen ihnen, während die ältere Auflage eine Tabelle der zusammengehörigen Werte enthalten hatte.

Nun könnte man freilich sagen: Gut, aber wer zwingt den Lokomotivführer, diese Geschwindigkeit nicht zu überschreiten? Darauf wäre zu erwidern: Diese Geschwindigkeit ist in den *Fahrplan* hineingearbeitet, und zwar auch in den für die sogenannte „kürzeste Fahrzeit" im Verspätungsfall. Diese ist für einen verhältnismäßig leichten Zug berechnet; mit den tatsächlich meist schwereren Zügen ist sie ohnehin nur unter wesentlich erhöhter Lokomotivanstrengung zu verwirklichen. Ohne Verspätung ist nicht nur die Kurvengeschwindigkeit etwas geringer; ihre Überschreitung böte dem Lokomotivführer auch keinerlei Reiz.

Er würde unter Umständen ein sonst vermeidbares Halt am Signal wegen Vorzeitigkeit befürchten müssen, und durch zu hohe Geschwindigkeit und gegebenenfalls notwendiges Wiederanfahren seine Kohlenprämie gefährden.

So ist also zunächst in einer Art Grobanalyse Sicherung gegen Entgleisung getroffen. Aber das genügt noch nicht, wie leicht daraus zu erkennen ist, daß noch nicht auf die Bauarten der Fahrzeuge eingegangen ist, die keineswegs in ihrer Laufgüte und Laufsicherheit übereinstimmen. Nur hinsichtlich der Höhenlage des Fahrzeugschwerpunktes enthält die kurz zuvor erwähnte Formel schon eine gewisse Variante. Die bekannte Figur des in der Kurve etwas geneigten Eisenbahnfahrzeuges stellt nämlich streng genommen nur die in eine radiale dünne Querebene zusammengedrängte Fahrzeugmasse dar. Das wirkliche Fahrzeug mit seiner oft stattlichen Länge durchfährt dagegen eine Gleiskrümmung so, daß sich der fortschreitenden Bewegung in der Tangentenrichtung eine drehende Bewegung um die senkrechte Schwerpunktachse, genauer um eine Achse durch den sogenannten Reibungsmittelpunkt, überlagert. Diese Drehung ist nun nicht widerstandslos; die Räder gleiten dabei unter Reibung quer auf den Schienen, und das zur Überwindung des Reibungsmomentes notwendige Drehmoment kann nur von dem Spurkranz der vorderen führenden Achse in Gestalt eines seitlichen Anlaufdrucks ausgeübt werden. Fährt das Fahrzeug aus der Geraden in die Kurve erst ein, so muß zur Erzeugung der Drehgeschwindigkeit, die in der Geraden ja noch nicht vorhanden war, eine Winkelbeschleunigung aufgebracht werden, die wieder nur von einem ähnlichen Drehmoment hervorgerufen werden kann. Und soweit die Schräglage des Gleises noch nicht ausreicht, um die notwendige Zentripetalkraft zu stellen, muß auch hier noch der Spurkranzdruck mitwirken, und zwar im Gegensatz zu der idealisierten „dünnen Quermasse“ als Spurkranzdruck der Vorderachse. An dieser – bei Drehgestellen meist unter Mitwirkung der zweiten Achse – konzentriert sich nun also unter Umständen ein waagerechter Spurkranzdruck, dem als sichernde Vertikalkraft gegen Aufwärtsrutschen (Entgleisen) des kegelförmigen Spurkranzes aber nur der Raddruck der Vorderachse, nicht wie in der idealisierenden Betrachtung das halbe Gewicht des ganzen Fahrzeugs, gegenübersteht.

Die Massenverteilung im Verhältnis zum Radstand spielt nun eine wesentliche Rolle. Es leuchtet wohl auch dem heutigen Gefühl ein, daß zum Herumschwenken einer schweren Masse, zumal wenn vielleicht noch schwere Einzelteile gerade an den Enden liegen, deren Stützpunkte aber keinen großen Abstand haben, an diesen Stützpunkten viel größere Seitenkräfte – also Spurkranzdrücke – notwendig sind, als wenn die äußersten Achsen weit auseinanderliegen. Früher hat man aber noch nicht oder kaum daran gedacht, und die heutige Selbstverständlichkeit, daß man schwere Einzelmassen möglichst nicht über die Endachsen hinausragen lassen darf, wenigstens dann nicht, wenn man schnell fahren will, entstammt einer betrüblichen unfreiwilligen Lehrmethode, nämlich einer Reihe von Unfällen. Auf diesem Satz beruht es also z. B., daß die alten Güterzuglokomotiven mit kurzem Achsstand nur mit mäßigen Geschwindigkeiten verkehren durften und heute die Güterwagen, die für schnellere Güterzüge vorgesehen sind, mit verlängerten Achsständen gebaut werden.

Schwere und lange Fahrzeuge haben indes keineswegs nur zwei Achsen. Um ein solches Fahrzeug durch die Krümmung zu bringen, dürfen die Achsen nicht alle starr in einem Rahmen liegen, sondern müssen sich durch besondere Konstruktionen, wie einstellbare Einzelachsen oder Drehgestelle, auch durch Querverschiebbarkeit, geometrisch in die Gleiskrümmung einfügen lassen. Das gilt namentlich für die Lokomotiven aller Arten. Hier lag nun die *Dynamik* des Kurvenlaufs – die Geometrie allein konnte über die Entgleisungsgefahr nichts aussagen, nur das Klemmen verhüten – sehr kompliziert. Sie war bis vor nahezu 15 Jahren nur theoretisch möglich. Die scharfsinnigen Arbeiten namentlich von ÜBELACKER und HEUMANN zeigten das deutlich, und dabei war, um die mitwirkende geometrische Einstellung berechnen zu können, trotzdem in der Regel die Annahme *idealer* Kurvenlage (also eines genauen Kreisbogens) nötig, um nicht in hoffnungslose Komplikation zu geraten. Experimentelle Methoden gab es bis dahin nicht. Als sie aber, wesentlich unter Mitwirkung des *Lokomotivversuchsamts Berlin-Grunewald* möglich wurden, und zwar als oszillographische Aufzeichnungen einer mikrophonartig wirkenden Kohledruckmeßdose, da zeigte zwar die Meßapparatur nun auch sofort den Einfluß *nicht idealer* Gleislage auf den Spurkranzdruck mit an, vermochte aber nicht an die eigentliche Druckstelle, den Anlagepunkt des Rades an der Schiene, zu gelangen, weil das nur einer Meßdose von der Dicke Null möglich wäre. Ein papierdünnes Meßinstrument, das doch, wie wir wissen, augenblickliche Spitzendrücke bis zu 15 000 kg aushalten können müßte, ist natürlich unausführbar. Die Meßtechnik muß sich deshalb damit begnügen, die *Querkraft* der Achsen, insbesondere der führenden, *gegen den Fahrzeugrahmen* festzustellen; dafür kann man die Meßdosen immer mit geeigneten Hilfskonstruktionen herrichten. Bei den Massedrücken mißt dann dic Meßdose den Spurkranzdruck entsprechend dem Anteil der Achsmasse an dem gesamten Achsdruck zu niedrig. Soweit gerade für die schneller fahrenden Lokomotiven die führenden Achsen immer Laufachsen sind, wird dieser Fehler nicht über rund zehn Prozent betragen. Aber als Ausgleich dieser Schwäche gegenüber einer theoretischen Rechnung mißt eben die Meßdosen-Oszillographenmethode den Einfluß der Gleislage, Lagerspielräume und Rahmenelastizität, also der tatsächlichen Abweichungen vom Idealzustand mit, und noch ein weiteres: Man kann Meßdosen auch in die Federstützen einschalten und mißt nun auch die Schwankungen des Raddrucks. Das vermag wegen hoffnungsloser Komplikation bei apriorischer Unbekanntheit der Phasenverschiebung zwischen den horizontalen und vertikalen Druckschwankungen die spekulative Theorie nicht mehr zu leisten.

Einzuschalten wären hier noch zwei Bemerkungen. Der Umstand, daß man mit der mikrophonartig wirkenden Kohledruckmeßdose Drücke nicht nur in der Art einer physikalischen Hörsaaldemonstration als existent nachweisen, sondern auch nach ihrer Größe messen kann, beruht auf der Entwicklung „gealterter" Kohleplättchensäulen, deren elektrischer Widerstand dem Druck nahezu proportional (genauer nach Eichskala) ist. Und weiter äußern sich die Unregelmäßigkeiten (also z. B. die polygonale Gleislage statt eines genauen Kreisbogens) darin, daß meist nicht dauernd ein Anlaufdruck an der Außenschiene auftritt, noch weniger daß dieser konstant ist, sondern solange die sogenannte ausgeglichene Geschwindigkeit (der gerade passenden Schienenüberhöhung) nicht erheblich überschritten ist, die Oszillographenaufzeichnung abwechselnd aus hohen kurzfristigen Druckspitzen an der Außenschiene und aus niedrigen an der Innenschiene besteht. Das Fahrzeug pendelt also schnell zwischen starken Anläufen außen und schwachen innen. Das, was die idealisierte Theorie als Zentripetalkraft fordern muß, ist also die Differenz zwischen den *Mittelwerten* der schwankenden äußeren und inneren Anlaufdrücke.

Durch genügend schnellen Vorschub des photographischen Aufnahmepapiers im Oszillographen kann man also nicht nur diesen zackigen Verlauf des Anlaufdrucks feststellen, sondern auch durch gleichzeitige Anwendung horizontaler und vertikaler Meßdosen prüfen, ob besonders starke Horizontaldrücke mit geschwächten Vertikaldrücken (durch Aufwärtsschwingen der zugehörigen Radfeder) zeitlich zusammentreffen, denn das wäre bedenklich, weil das Aufklettern der Radreifen begünstigend. Rein statistisch wurde nun festgestellt, daß diese gefährliche Kombination kaum einmal auftritt, und eine Erklärung wäre auch darin zu erblicken, daß gerade bei starkem seitlichem Anlaufen die Zentrifugalkraft der abgefederten Hauptmasse des Fahrzeugs diese nach außen neigt, und den Raddruck erhöht, statt ihn zu verringern.

Es kann natürlich nicht davon die Rede sein, nachdem das Bedenkliche überhängender Massen für einen sicheren Fahrzeuglauf bekannt ist, hier alle möglichen Achsanordnungen hinsichtlich ihrer Laufgüte zu erörtern. Was gezeigt werden sollte, war, daß wir eine *Methode* besitzen, uns über die Achsanordnungen, einschließlich ihrer Einzelheiten, z. B. die Spannung der sehr wichtigen Rückstellfeder, die nach Durchfahren der Krümmung das seitenverschiebliche Drehgestell wieder in seine Mittellage zurückführt, klarzuwerden, und zwar auch in ihrer Beeinflussung durch die Gleislage. Dazu wurden die Versuchsfahrten mit den Oszillographenwagen auch z. T. absichtlich auf Strecken gelegt, deren Gleis-, insbesondere Krümmungslage als nicht besonders gut galt. In der Tat ist eine gute Gleislage besonders wichtig; in Gestalt der „*Oberbaumeßwagen*“ gibt es auch dafür besondere Prüfmethoden. Vor allem wissen wir also auch für den Neubau, namentlich von Lokomotiven, welche Achsanordnungen für größere Geschwindigkeiten in erster Linie in Betracht kommen, um trotzdem nur mäßige und also ungefährliche Anlaufdrücke zu erhalten.

Es wäre unrecht, nicht zu erwähnen, daß man, wenn auch in verschwommener Form, dahingehende Empfindungen schon früher gehegt hat. Der Geschwindigkeitsparagraph der B.O. (§ 66) sagt über die zulässige Höchstgeschwindigkeit der Züge, daß sie u. a. begrenzt sei durch die Höchstgeschwindigkeit, die man den im Zuge laufenden Fahrzeugen noch gestatten dürfe. Noch vorher, etwa 1890, war es bei den Personenwagen, die bei uns – vor Aufkommen der D-Züge und vierachsigen Abteilwagen – noch zwei- oder dreiachsig waren, üblich, nur den neueren (meist dreiachsigen) die ausdrückliche Anschrift „für Schnellzüge“ zu geben. Man wollte so verhindern, daß Schnellzüge aus gefühlsmäßig ungeeigneten Fahrzeugen gebildet würden. Auch die Lokomotiven trugen (und tragen) im Führerstand ein Metallschild mit der zugelassenen Höchstgeschwindigkeit. Heute besitzen wir also demgegenüber eine viel sicherere Kenntnis des Kräftespiels beim Fahrzeuglauf. Des Interesses halber sei erwähnt, daß sich bei der oben schon behandelten Fahrt durch scharfe Weichenkrümmungen ohne Überhöhung der Außenschiene auch mit der oszillographischen Methode sehr hohe Anlaufdrücke bei mehr als 45 km/h gezeigt haben, und also die Notwendigkeit der Einfahrt in die Abzweigung mit Geschwindigkeitsbeschränkung hier einen experimentellen Nachweis gefunden hat.

Neben der weit stärker hervortretenden Bedeutung des Anlaufdrucks für die Betriebssicherheit ist noch eine bei den üblichen Geschwindigkeiten noch nicht notwendige, also eigentlich nur hypothetische Sicherheitsbedingung zu nennen, nämlich diejenige gegen ein *Umkippen* der Fahrzeuge nach außen unter Einwirkung der Zentrifugal- oder Fliehkraft. Die Überhöhung der äußeren Schiene findet eine Zweckmäßigkeitsgrenze (bei uns 150 mm), der natürlich eine gewisse ausgleichende Geschwindigkeit zugehört. Wächst die Geschwindigkeit und mit ihr die Zentrifugalkraft, so kommt man bei Fortsetzung dieses Gedankenexperiments allerdings zu einem Punkt, wo das Drehmoment dieser Zentrifugalkraft, nämlich unter Multiplikation mit der Schwerpunktshöhe, größer wird als das entgegengesetzte, sichernde Moment des Fahrzeuggewichts multipliziert mit dem Hebelarm vom Schwerpunkt zur Außenschiene, sozusagen als der Kante, um die das Fahrzeug umkippen würde. Ich möchte auf die Einzelheiten nicht weiter eingehen, sondern nur erwähnen, daß diese Verhältnisse in einer sehr sorgfältigen und gründlichen Doppelarbeit von BAUMANN und JAEHN untersucht wurden und daß derzufolge die Sicherheit gegen Umkippen bei den üblichen Geschwindigkeiten ein großes Vielfaches ist, selbst bei Lokomotiven mit verhältnismäßig hoher Schwerpunktslage.

Die zuvor behandelte oszillographische Methode hat uns auch zur Untersuchung von Fragen befähigt, die gewisse Betriebsarten betreffen. Die eine war die der Sicherheit nachgeschobener Züge, die eigentlich nach jahrzehntelanger häufiger Betriebspraxis wohl mehr interessant, als sorgenvoll-nötig war. Auf starken Steigungen müssen Züge außer von der ziehenden Lokomotive noch durch eine hinten angesetzte Schiebelokomotive fortbewegt werden, weil für den großen Steigungswiderstand die Zugkraft nur einer Lokomotive nicht ausreicht. Die Frage, die hier aufgeworfen wurde, war, ob in einer Krümmung der einen Bogen bildende Zug eine gewisse Ausknickungsgefahr darböte, die sich letzten Endes darin äußern würde, daß etwa im hinteren Drittel – die vordere Partie des Zuges wird ja gezogen – die Anlaufdrücke der Spurkränze unzulässig groß würden. Die Messungen haben ergeben, daß das nicht der Fall ist, und es hätte ja andernfalls wohl auch im Laufe der Jahre einmal eine Entgleisung, etwa bei einem leichten Wagen, eintreten müssen. Die andere Frage war, ob man Züge ganz *ohne ziehende* Lokomotive, sondern nur geschoben, ohne Gefahr im *normalen* Betrieb, also mit größeren Geschwindigkeiten fahren könne; mit kleinen Geschwindigkeiten geschah das ja von je im Rangierbetrieb. Diese Betriebsform war nicht nur akademischer Art; sie war im Pariser Vorortverkehr, von rein gefühlsmäßiger Sicherheit ausgehend, schon im Gebrauch, und ging von der betrieblichen Annehmlichkeit aus, am Umkehrpunkt der Vorortzüge die Lokomotive nicht erst durch eine besondere Rangierbewegung an das andere Zugende umsetzen zu müssen. Wir haben mit dem Oszillographenwagen die Verhältnisse bis zu hohen Geschwindigkeiten herauf, in der Geraden (bis kurzfristig 140 km/h) und in der Krümmung in der besonders beweiskräftigen Form untersucht, daß wir den Versuchszug aus D-Zugwagen erst gezogen, dann geschoben auf Anlaufdrücke geprüft haben. Bei *gezogenen* Zügen bestand ja keine Gefahr, das wußte man von noch höheren Geschwindigkeiten her. Es zeigten sich nun praktisch dieselben Anlaufdrücke, auch noch bei dem Vergleichsversuch eines längeren gegen einen kürzeren Zug in stark steigender Krümmung. Gewiß mußte durch die letzten Wagen des schwereren Zuges eine größere Druckkraft hindurchgeleitet werden, als beim leichten Zuge, aber für den *einzelnen* Wagen blieben nur dieselben Anlaufdrücke übrig. Zu der schon ventilierten Nutzanwendung auf Pendelstrecken wie Frankfurt–Wiesbaden ist es nicht mehr gekommen. Bei Hamburg–Lübeck, wo die Doppelstockpersonenwagen der Lübeck-Büchener Bahn auch in der einen Fahrtrichtung geschoben verkehrten, handelte es sich nur um *einen* Doppelwagen; hier hatte man die Pariser Erfahrungen mit längeren Zügen als ausreichende Grundlage der Genehmigung angesehen, ohne die Versuche abzuwarten. Auch das Schieben eines sogenannten Steuerwagens durch den eigentlichen Triebwagen war nach § 66 der B.O. bereits ohne Bindung an die sonst sehr niedrige Schiebegeschwindigkeit von 25 km/h zugelassen.

Nach dieser Erörterung der Laufsicherheit der Fahrzeuge an sich und bei gewissen Betriebsarten verbleibt nun noch eine kurze Behandlung der Bremsen, und zwar auch hier natürlich nicht eine Erörterung aller wichtigeren Teilprobleme, – die ich in entwicklungsgeschichtlicher Form in einer früheren Abhandlung gegeben habe[1] – sondern die wesentliche Beschränkung auf zwei Fragen: den Zusammenhang zwischen Bremsweg und Signalstellung, und die vorschriftsmäßige Sorge für die notwendige Bremskapazität der Züge.

Die Haupteinführungszeit der durchgehenden Bremsen, wenn auch noch nicht von der heutigen Vollkommenheit, war in Nordamerika und Europa für Reisezüge etwa das Jahrzehnt 1875–1885. Die Güterzüge schlossen sich in Amerika allmählich an; in Europa hat die lebhaftere Arbeit an international zusammen-

[1] Das Problem der durchgehenden Eisenbahnbremsen in entwicklungsgeschichtlicher Darstellung. Abh. D. Akad. d. Wiss. 1948, math.-nat. Kl. Nr. 1.

wirkenden, durchgehenden Güterzugbremsen, die wegen der größeren Zuglängen gewisse Besonderheiten erforderten, erst im ersten Jahrzehnt unseres Jahrhunderts eingesetzt. Als 1904 die deutsche B.O. herauskam (gültig ab 1905), war es daher verständlich, daß in den einschlägigen §§ 35, 55, 66, die von den Bremsen an den Fahrzeugen, der Ausrüstung der Züge mit Bremsen und der Fahrgeschwindigkeit handeln, die Existenz der durchgehenden Bremse nicht mit der Unbedingtheit gefordert wurde, wie z.B. die der Einfahrsignale der Bahnhöfe und der Vorsignale für Hauptsignale. Ihre indirekte Forderung lag indes darin, daß ohne durchgehende Bremsen Geschwindigkeiten über 50 km/h (für Güterzüge zunächst sogar noch 65 km/h) nicht statthaft waren. Auch in der letzten Auflage von 1943, wo also längst die durchgehende Güterzugdruckluftbremse eingeführt war, ist diese Fassung verblieben; es heißt in § 66: „Die zulässige Geschwindigkeit ist a) für Züge ohne durchgehende Bremse 50 km/h, b) für Reisezüge mit durchgehender Bremse 135 km/h (auf Hauptbahnen)“. Eine Bezugnahme auf die Handbremsung ist allerdings für den Fall erforderlich, daß die durchgehende Bremse mit einem sozusagen *zentralen* Organ versagt, etwa indem die Luftpumpe schadhaft wird, dann will man den Zug nicht etwa ganz liegenlassen, sondern erlaubt ihm, nach § 66 (14) mit besonderer Vorsicht handgebremst weiterzufahren. Wird nur ein einzelner Bremsapparat schadhaft, fällt also ein Wagen aus, so bedeutet das nur eine Abnahme der gleich zu behandelnden Bremsprozente, also unter Umständen eine mäßige Verringerung der Höchstgeschwindigkeit. Insgesamt ist also festzustellen, daß das Gesetz keine ins einzelne gehende Vorschrift über die durchgehende Bremse macht – außer der Forderung der Betätigungsmöglichkeit durch den Lokomotivführer (normal), von jedem Raum für Fahrgäste und Zugbeamte, und ihrer selbsttätigen Wirksamkeit bei Zugbremsungen – sondern nur ihre Zusammenhänge mit der Fahrgeschwindigkeit vorschreibt.

Der für die Bremswirkung wichtigste, der Geschwindigkeit zugeordnete Wert ist nun der *Bremsweg*, von dem oben schon anläßlich des Abstandes zwischen Vorsignal und Hauptsignal die Rede war. Für ihn ist zunächst zu bemerken, daß er sich einer einigermaßen genauen theoretisch-rechnerischen Vorausbestimmung entzieht. Wohl kann man unschwer eine physikalische Arbeitsgleichung anschreiben, in der zunächst für die Horizontale auf der einen Seite die – zu vernichtende – kinetische Energie, auf der anderen die Widerstandsarbeit, vor allem der Bremsreibungskraft, daneben des sonstigen Bewegungswiderstandes, multipliziert mit dem Bremsweg steht; im Gefälle muß auch noch die Schwerkraftarbeit vernichtet werden, womit der Bremsweg für gleiche Ausgangsgeschwindigkeit wächst. Aber ihrer zahlenmäßigen Auswertung steht das verwickelte Verhalten des Reibungskoeffizienten entgegen, der von der Geschwindigkeit und vom Flächendruck abhängt. Dazu kommt, daß die Bremsreibung nicht gleich in voller Größe auftritt, sondern einer Reihe von Sekunden bedarf, bis die Bremszylinder voll mit Druckluft aufgefüllt sind. Man ist also für die Erkenntnis des Bremsweges auf Versuche angewiesen (meist für die Waagerechte als Norm). Die sorgfältig durchgebildeten Versuchseinrichtungen, vor allem in besonderen Meßwagen konzentriert, zeigen nun den Bremsweg elektrisch von dem Augenblick an, wo das Führerbremsventil auf der Lokomotive in die Schnellbremsstellung gelegt wird, bis zu dem Punkt, wo der Zug zum Halten kommt. Gegenüber diesem eigentlichen Bremsweg muß nun aber der Vorsignalabstand vom Hauptsignal etwas größer sein, denn wenn bei diesigem Wetter das Vorsignal erst im letzten Augenblick erkannt wird, muß man immerhin mit einigen wenigen Zuschlagsekunden rechnen, bis der Lokomotivführer sein Bremsventil in die Schnellbremsstellung verlegt hat. Dieser Signalabstand ist also kein Willkürakt, sondern von der beabsichtigten Höchstgeschwindigkeit und der Eigenart der Bremse, entweder schlechthin, wenn alle Achsen gebremst sind, oder der Berücksichtigung der Bremsprozente des Zuges, sofern nicht alle Fahrzeuge gebremst sind, abhängig. Die B.O., Ausgabe 1928, beschloß für 700 m Signalabstand ihre Hauptbahnbremstafel mit 110 km/h Höchstgeschwindigkeit. Mit weiterer Verfeinerung der Bremse konnte man hier vielleicht noch etwas gewinnen. Aber das Vorausgegangene läßt verstehen, daß es schließlich zu einer Art Zweikampf zwischen Signal- und Bremstechnikern kommen kann oder mußte. Der Signalmann will nicht gern die Vorsignale weiter hinausschieben, denn das kostet Geld, und er hat vielleicht Befürchtungen über die Gangbarkeit der wesentlich verlängerten Drahtzüge. Der Bremstechniker wiederum wird auf den bereits aufgewendeten Scharfsinn in der Bremsverfeinerung hinweisen: „ultra posse nemo obligatur.“ Sollen nennenswert höhere Geschwindigkeiten gefahren werden, müßte eben das Vorsignal verschoben werden. Das ist nun also kein bloßes „Theoretikum“, sondern der tatsächliche Verlauf z. B. in Deutschland, wo 1934 auf den wichtigeren Schnellzugstrecken die Vorsignale auf 1000 m hinausgeschoben wurden, wofür dann in der 1943er Ausgabe der B.O. – gangbar allerdings nur für die hochgezüchtete SS-Bremse, was aber nur besonders stark und schnellwirkende Bremse bedeutet – 135 km/h Höchstgeschwindigkeit zulässig wurden. In diesem Zusammenhang übrigens sind nicht einmal die reinen Zahlenwerte das Entscheidende, als vielmehr der Hinweis darauf, daß eine *enge funktionelle Beziehung zwischen dem Signal- und dem Bremswesen* besteht, gegeben nicht durch willkürliche Bestimmungen, sondern durch physikalische Gesetze.

Als Letztes ist nun noch eine wichtige Frage des Bremswesens zu erörtern, nämlich die Festsetzung der sogenannten Bremsprozente. Die Bremswegerörterungen bezogen sich ja doch auf die Höchstgeschwindigkeit der schnellsten Züge, die nur durch starke Abbremsung aller Achsen, einschließlich der Lokomotive, zu verwirklichen ist. Bei den wesentlich geringeren Höchstgeschwindigkeiten von Personen- oder gar Güterzügen – die zu vernichtende kinetische Energie wird mit dem *Quadrat* der Geschwindigkeit kleiner – kommt man aber dahin, daß man nicht nur keine SS-Bremse nötig hat, sondern überhaupt nicht mehr alle Achsen abzubremsen braucht, um gleichwohl noch den Bremsweg im Sinne des Signalabstandes innehalten zu können. Für die „Bremsprozente" gilt es nun, Vorschriften in einer Form zu geben, daß sich auch das Personal schnell orientieren kann, ohne die wissenschaftlichen Zusammenhänge zu kennen. Nach Verlassen des alten, kräftemäßig zu ungenauen – freilich sehr handlichen – Begriffs der Bremsprozente, 100 × Zahl der Bremsachsen durch gesamte Achszahl, ist als Grundwert der Bremsprozente der etwas schwierige Begriff des sogenannten „Bremsgewichtes" üblich geworden, der auf dem Klotzdruck des Wagens, als Hauptcharakteristikum der bremsenden Reibungskraft, aber auch gewissen Zutaten aus dem näheren Verhalten der Bremstype, nämlich der Zeitdauer der vollen Druckentwicklung im Bremszylinder und dem ersten Druckanstieg im Augenblick des Anspringens des Steuerventils aufgebaut ist. Seine zahlenmäßige Festlegung geht auf umfängliche Versuche und langwierige, z. T. internationale Interpolation durch erfahrene Bremsfachleute zurück. Als Anhalt kann man sagen, daß bei einem mit allen Achsen abgebremsten Personenwagen mit schnellwirkendem Steuerventil, aber nicht übergroßem Klotzdruck (85% des Wagengewichts) das Bremsgewicht mit dem Wagengewicht nahezu übereinstimmt. Bei Schnellzugwagen mit SS-Bremse ist das Bremsgewicht nicht unerheblich größer als das Wagengewicht, bei Güterwagen mit dem sich absichtlich langsam entwickelnden Bremszylinderdruck bleibt das Bremsgewicht hinter dem Wagengewicht fühlbar zurück. Diese Bremsgewichte sind nun mit Ölfarbe an jedem einzelnen Wagen vermerkt, und das zuständige Personal kann das Vorhandensein der jeweils vorgeschriebenen Bremsprozente einfach so feststellen, daß es alle Bremsgewichte addiert und durch das Gesamtgewicht des Zuges (angeschriebene Wagengewichte + Ladungsgewicht nach Wagenzettel oder Frachtbrief) dividiert.

Die B.O. enthielt bis zur vorletzten Ausgabe noch die substanzierten Tafeln der Bremsprozente für Hauptbahnen (700 m Bremsweg oder eigentlich Signalabstand) und für Nebenbahnen (400 m), sowie vorläufige Tafeln für 1000 und 1200 m Bremsweg. Die Zahlen sind geordnet einmal waagerecht nach der beabsichtigten Höchstgeschwindigkeit des betreffenden Zuges, andererseits senkrecht nach den Gefällen, mit denen die Bremsprozente also wachsen mußten. In jedem „Kästchen" stehen zwei Zahlenwerte, einer für die *s*chnellwirkenden (*S*) Bremsen der Reisezüge, der andere für die *l*angsamwirkenden (*L*) Bremsen der Güterzüge; Werte, die zugleich für die Handbremsung galten. Die Höchstgeschwindigkeit des betreffenden Zuges ist in den ausführlichen Dienstfahrplanbüchern ebenso angegeben, wie die zu fordernden Bremshundertstel (unter Berücksichtigung auch des Streckencharakters). Sie schwanken übrigens in sehr weiten Grenzen; so kommt z. B. der mit 50 km/h in dem leichten Gefälle 3 % fahrende Güterzug – bei 700 m Vorsignalabstand – mit 19 Bremshundertsteln aus, während der Schnellzug für 120 km/h 133 % erfordert (bei 1000 m für 135 km/h 132 %). Der das Protokoll über die einzelne Zugfahrt, den sogenannten Fahrbericht, führende Zugführer kann also durch Vergleich der so errechneten *vorhandenen* Zahl der Bremsprozente mit der in der Bremstafel *geforderten*, die mindestens erreicht sein muß, die ordnungsmäßige Beschaffenheit des Zuges vom Bremsstandpunkt feststellen. Diese also so wichtigen Bremstafeln, gleichsam der Verkettungspunkt von Bremswissenschaft und täglicher Betriebspraxis, sind natürlich trotz ihrer erwähnten Abwanderung in die Fahrdienstvorschriften, Ausgabe 1944, – um die B.O. als Rahmengesetz nicht zu sehr mit technischen Änderungsmöglichkeiten zu belasten – in Gestalt von drei Bremstafeln für 400, 700 und 1000 m Bremsweg verblieben. Die „Fahrdienstvorschriften" enthalten die Vorschriften für die Handhabung des Betriebsdienstes auf Haupt- und Nebenbahnen; sie beruhen auf der Eisenbahn-Bau- und Betriebsordnung, der Eisenbahn-Signalordnung und der Eisenbahn-Verkehrsordnung, und bieten dem Personal diejenige ausführliche Anweisung, die der knappe Gesetzestext naturgemäß nicht geben kann, und die auch durchaus unterschieden ist von einem wissenschaftlichen Kommentar der B.O., der zu motivieren und die Verbesserungen gegen das Bisherige darzulegen hat.

Damit haben wir unseren Gang durch die Sicherungsprobleme des Eisenbahnwesens im weiten Sinne, aber in knapper Darstellung der hauptsächlichen Komponenten beendet. Jeden Zug durch eine umfassende Signalgebung in den Bahnhöfen und auf der Strecke vor Zusammenstößen zu bewahren und vor Entgleisungen, gegebenenfalls auch einem Umkippen, durch zweckmäßige Zuordnung der jeweils höchsten Fahrgeschwindigkeit zur Gleislage und vor allem zu den Bauformen der Fahrzeuge zu behüten, sowie endlich durch gute Bremsen die Geschwindigkeit entsprechend zu beherrschen, den Zug sicher in der Hand zu haben, ist das Ziel. Zu der guten Ausführung der technischen Einrichtungen hat die Zuverlässigkeit eines gut ausgebildeten Personals zu treten; und wenn bei der Unvollkommenheit alles Irdischen auch nicht jeglicher Versager und damit meist Unfall sich vermeiden läßt, so zeigte doch die leider schon lange nicht mehr geführte vergleichende Unfallstatistik, ein wie sicheres Verkehrsmittel die Eisenbahn war, und daß gerade auch wir Deutschen durchaus Grund hatten, mit der Betriebssicherheit unserer Eisenbahnen zufrieden zu sein.

WALTER FRENZEL

DIE BEI DER GARNVERARBEITUNG AUFTRETENDEN FADEN-BEANSPRUCHUNGEN UND IHRE ERMITTLUNG

Bei der Herstellung von Garn auf der Feinspinnmaschine sind die Zugbeanspruchungen, denen der gesponnene Faden ausgesetzt ist, verschieden, je nachdem das fertige Garn auf den äußeren oder auf den inneren Durchmesser des mit zylindrischer oder konischer Windung aufgebauten Wickelkörpers aufgewunden wird.

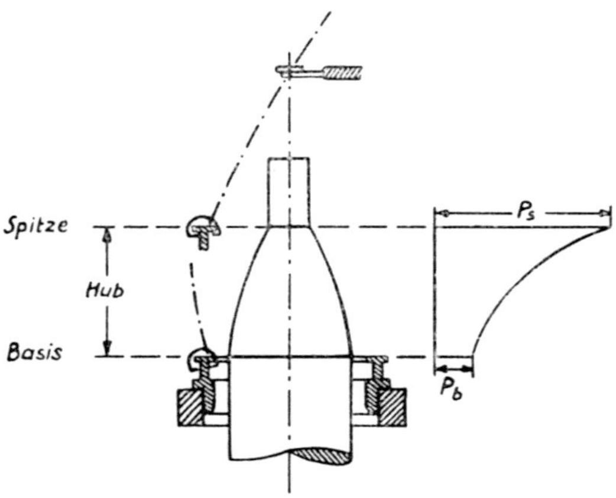

Abb. 1

Diese Schwankungen in der Spannung werden z. B. bei der Ringspinnmaschine dadurch hervorgerufen, daß der Faden bei jedem Ringbankspiel einmal auf den großen, einmal auf den kleinen Wickeldurchmesser und auf jeden zwischen diesen liegenden Durchmesser aufgewunden wird. Der Faden wird hierbei lagenweise aufgewickelt, indem sich die Ringbank langsam nach oben und rasch nach unten bewegt. Dabei sind die Spannungen dem Durchmesser umgekehrt proportional.

Bei der Ringspinnmaschine nimmt also die Spannung im Faden während der Aufwärtsbewegung der Ringbank, während der Bildung einer Fadenlage von der Basis bis zur Spitze des Windungskegels von P_b bis P_s zu (Abb. 1).

Außerdem treten im Verlauf einer vollen Spinnperiode vom Anspinnen bis zur Fertigstellung des Spinnkötzers beachtliche Unterschiede in der Spannung des gebildeten Fadens auf, wobei die höchsten Werte beim Anspinnen, also am Anfang des Spinnabzugs bei der Bildung des Ansatzes des Kötzers auf der nackten Spule auftreten.

Abb. 4. Universal-Garnprüfmaschine „Dr. Frenzel-Hahn" mit elektrischer Meßeinrichtung und Vorlaufgerät

Abb. 5. Elektrischer Meßkopf mit Gehänge für die Meßrolle zur Verkürzung der Prüfstreckenlänge

Dieser Fadenzug geht nach und nach zurück, bis der Wickelkörper fertiggestellt ist, und bleibt während des Spinnens des zylindrischen Teiles des Kötzers nahezu konstant. Gegen Ende der Spinnperiode, beim Abspinnen bis zur Fertigstellung des Garnkörpers tritt wieder eine kleine Steigerung in der Fadenspannung ein, weil hier die ausgleichende Wirkung des Fadenballons fehlt, sofern dieser Einfluß nicht durch auf- und abgehende Fadenführer ganz oder teilweise ausgeglichen wird.

In der Abbildung 2 sind diese Fadenspannungen P neben einem Spinnkops aufgetragen. Die mit P_d bezeichnete Kurve gibt den Verlauf der Spannungen im Faden beim Winden auf den kleinen Durchmesser an, die Kurve P_D die Fadenspannungen beim Aufwinden auf den großen Kopsdurchmesser.

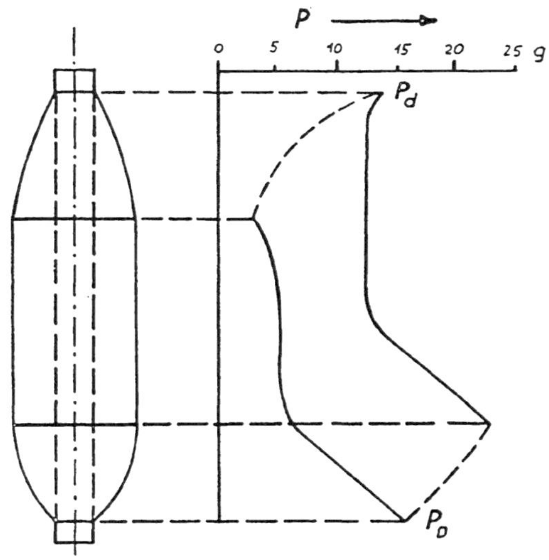

Abb. 2

Da der Faden zum Teil mit hoher, zum Teil mit geringerer Spannung aufgewunden ist, so werden auch seine Dehnungs-, Elastizitäts- und Festigkeitseigenschaften über den gesamten Verlauf eines Spinnkötzers nicht gleichmäßig sein können.

Während einerseits die Kenntnis über die Art und die Ursachen hoher Fadenbeanspruchungen beim Spinnvorgang und über häufiger auftretende Fadenbrüche für die Produktion und deren Güte Bedeutung hat, ist es andererseits für die Garnverarbeitung von Wert zu wissen, welche Eigenschaften die Garne haben und welche Schwankungen ein Garn besonders in der Dehnung, Elastizität und Festigkeit im Verlaufe des gesamten Spinnabzuges aufweisen kann.

Die Verarbeitungsforschung untersucht nicht nur, welchen Beanspruchungen das Garn bei der Verarbeitung beim Zwirnen, Spulen, Weben und Wirken ausgesetzt ist, sie prüft auch das Garn selbst und bestimmt diejenige Fadenspannung, bei welcher die Elastizitätsgrenze liegt. Denn bei der Verarbeitung sollte das Garn nicht über diesen Wert hinaus beansprucht werden, weil es sonst bleibende Dehnungen und Formveränderungen erleidet.

Bei der Ermittlung der Fadenbeanspruchungen ist auch zu beachten, daß einerseits die Fadenzüge beim Spinnen nicht im gleichen Verhältnis wie die Drehzahlen der Spindeln zunehmen, sondern rascher, so daß damit auch die Fadenbruchgefahr schneller zunimmt, und daß andererseits dadurch wieder die Eigenschaften der Dehnung und Elastizität der fertigen Garne in höherem Maße schwanken, so daß ein ungleichmäßiges Garn entsteht.

Die unterschiedlichen Spannungen, welche bei der Aufwindung des gesponnenen Fadens auf der Ringspinn- und -zwirnmaschine zwischen Lieferzylinder und Spule auftreten, sind eingehend berechnet worden. Die zwischen Abliefer-zylinderpaar und Fadenführeröse auftretenden Spannungen lassen sich mit geeigneten Fadenzugmeßgeräten ermitteln. Um auch diejenigen Spannungen festzustellen, welche zwischen Läufer und Spule auftreten, bedarf es aber einer besonderen Meßspindel.

Mit diesen mehr oder weniger umständlichen Messungen konnten die errechneten Spannungsunterschiede im Faden experimentell bestätigt werden; die Registrierung des Spannungsverlaufs über einen vollständigen Spinnabzug ist jedoch schwieriger.

Da der gesponnene Faden abwechselnd mit hoher und geringer Spannung auf die auf der Spindel sitzende Spule aufgewickelt und, in dieser Verfassung festgelegt, fixiert wird, so müssen sich die Spannungsunterschiede dem Faden selbst mitteilen und somit auch nachweisen lassen.

Dasjenige Fadenstück, welches beim Ansatz auf den kleinen Durchmesser mit hoher Spannung aufgewickelt wird, muß einen Teil seiner Dehnung einbüßen, während das auf den großen Durchmesser aufgewundene Fadenstück mit geringerer Spannung aufgewickelt wird und daher weniger an Dehnung verliert.

Auf dem Festigkeitsprüfer würde also das stark vorgedehnte Fadenstück bei einer bestimmten Belastung einen um diese Vordehnung geringeren Dehnungswert ergeben als der weniger vorgedehnte Faden. Derartige Untersuchungen mit einzelnen unmittelbar aufeinanderfolgenden Fadenstücken mit bestimmter kurzer Einspannlänge sind umständlich und ungenau auch deshalb, weil die auf diese Weise geprüfte Garnlänge im Verhältnis zur gesamten Länge eines Spinnkötzers zu gering ist; sie lassen auch eine fortlaufende Aufzeichnung nicht zu.

Bei der Garnuntersuchung mit Hilfe des Reißapparates wird das Material im allgemeinen mehr nach der Bruchfestigkeit als nach der Dehnung beurteilt. Der Dehnung kommt aber die gleiche Bedeutung zu wie der Festigkeit. Ebenso notwendig ist es, daß die Untersuchung nicht nur im Bruchbereich des Fadens vorgenommen wird, sondern auch das Gebiet unterhalb des Bruchbereichs, also den Anwendungsbereich erschließt. Diese Forderung, welche den wirklichen Anforderungen des Garnes bei der Verarbeitung entspricht, wird mit der Prü-

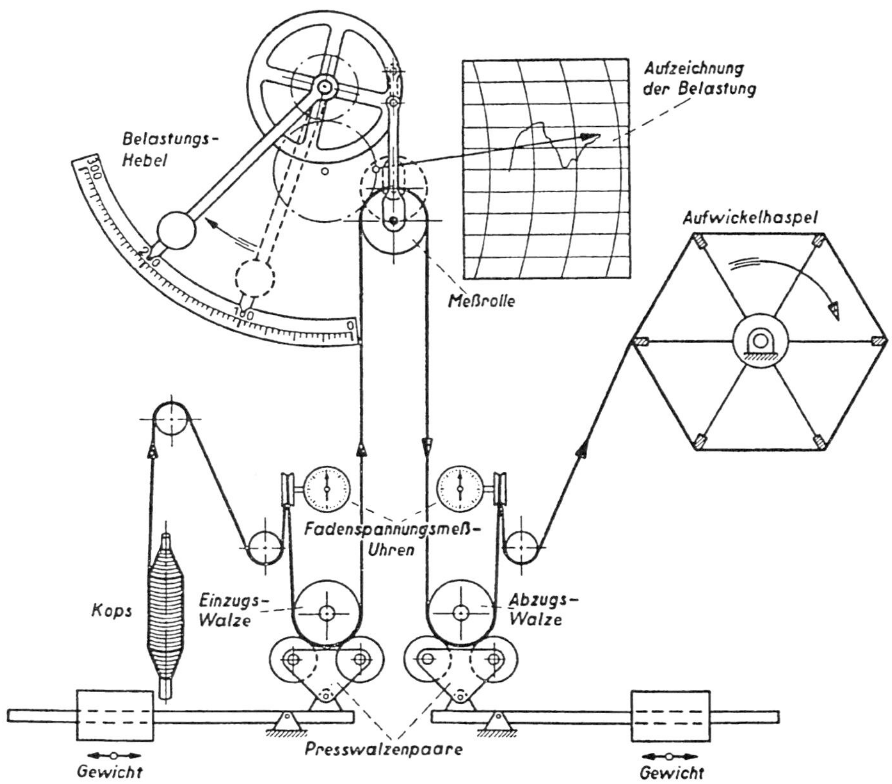

Abb. 3

fung am laufenden Faden mit der in Abb. 3 dargestellten Garnprüfmaschine erfüllt.

Hier wird zwischen Ein- und Abzugswalze eine bestimmte, während der Prüfung konstant bleibende Dehnung eingestellt. Diese Dehnung von z. B. $4^1/_2\%$ ruft im Faden eine Spannung hervor, welche durch die Meßrolle am Belastungshebel angezeigt wird; ihr Verlauf wird gleichzeitig auf Diagrammpapier aufgeschrieben. Da die Maschine mit Fadengeschwindigkeiten von 10–50 m/min arbeitet, können in kurzer Zeit große Garnlängen, also auch die gesamte Fadenlänge eines Spinnabzuges durchgeprüft werden. Der Apparat ist durch den von

H. STEIN vorgeschlagenen Einbau einer trägheitslosen, magnetelektrisch arbeitenden Meßlehre für den Fadenzug weiter vervollkommnet worden. An Stelle der Meßrolle ist ein federnder Meßstab mit Meßrolle eingesetzt, dessen Durchbiegung elektrisch gemessen wird (Abb. 4 und 5). STEIN und auch O. HEIMERAN haben durch eine Reihe von systematischen Untersuchungen gezeigt, wie sich mit diesem Forschungsgerät textiltechnologische Vorgänge aufklären lassen.

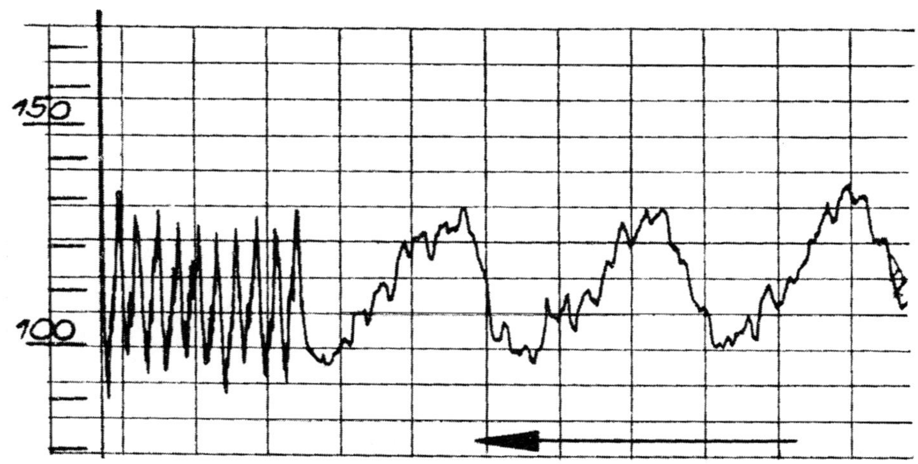

Abb. 6

Das Gerät und seine Arbeitsweise ist in den am Schluß angeführten Aufsätzen, insbesondere in den unter 2, 4 und 9 genannten Veröffentlichungen näher beschrieben.

An einigen Beispielen soll nun gezeigt werden, wie die bei der Verarbeitung im Garn erzeugten Zugbeanspruchungen nachgewiesen und damit die Arbeitsweise der Textilmaschine, besonders der Spinnmaschine im fertigen Garn studiert und nachgeprüft werden kann.

Abb. 6 zeigt den Verlauf der Spannung in einem Gespinst von der Ringspinnmaschine bei einer konstant eingestellten Dehnung von 5%, und zwar von Mischgarn aus 33% Zellwolle und 67% Baumwolle der englischen Nummer 24. Die periodisch auftretenden Spiele der auf und ab gehenden Ringbank sind sehr deutlich zu sehen. Die höchsten Belastungen (Wellenberge) rühren von denjenigen Garnstellen her, welche mit größerer Spannung auf den kleinen Durchmesser des Kötzers aufgewickelt wurden, die niedrigen (Wellentäler) von den Garnstellen, die auf den großen Kötzerdurchmesser mit geringerer Spannung aufgewunden wurden. Diese letztgenannten Fadenstellen sind also dehnbarer als diejenigen vom kleinen Kötzerdurchmesser. Das Kurvenbild, in dem auf der Ordinate die Belastungen in Gramm angezeigt sind, zeigt, daß die Schwankungen, die etwa 27% von der mittleren Fadenspannung betragen, nicht unerheblich sein können.

In der Abb. 7 ist der Verlauf der Spannung von einem auf dem Selfaktor gesponnenen Streichgarn der metrischen Nummer 9 ebenfalls bei einer eingestell-

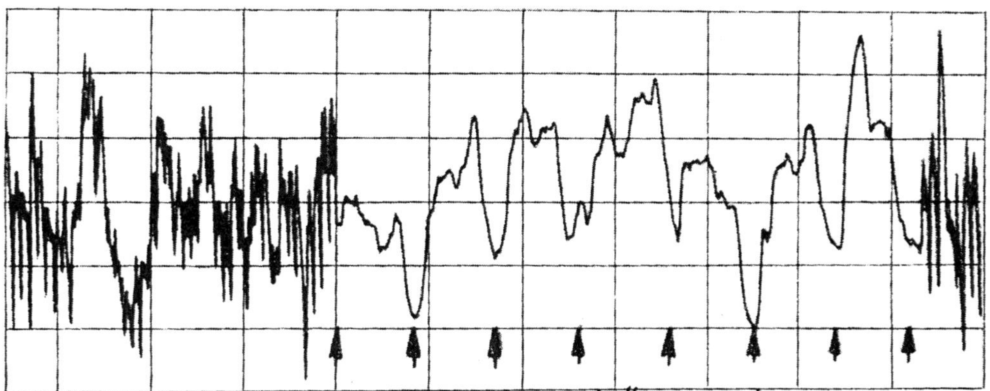

Abb. 7

ten Dehnung von 5% dargestellt. Das Garn bestand aus 45% Schafwolle, 20% Reißwolle, 20% Zellwolle und 15% Faserabgängen der Spinnerei. Auch hier zeigen sich periodisch auftretende höchste und niedrigste, also weniger dehnbare und mehr dehnbare Fadenstellen, die mit der Arbeitsweise der Auf- und Gegenwinder und der Einstellung der Quadrantenkette am Selfaktor zusammenhängen.

Wie die Abb. 8 zeigt, wirken sich auch im Flachsgarn trotz seiner geringen Dehnungsfähigkeit die während des Spinnens auf den Faden wirkenden Zugspannungen aus. In dieser Abbildung ist der Verlauf der Belastung eines auf der Naß-Ringspinnmaschine erzeugten Garnes aus Langflachs der englischen Nummer 25 bei einer eingestellten Dehnung von 0,75% im Diagramm, wie es die Garnprüfmaschine aufschreibt, dargestellt. Die höchsten Belastungen rühren wieder von Garnstellen der Kötzerspitze her; die tiefsten von solchen, die an der Basis des Windungskegels aufgenommen wurden.

Daß auch bei zylindrischer Wicklung auf der Flügelspinnmaschine erhebliche Spannungsunterschiede innerhalb eines Spulenbankauf- und -niederganges auftreten, läßt das in Abb. 9 wiedergegebene Diagramm erkennen, das ein Bild des Verlaufs der Fadenspannungen zeigt, welche ein auf der Flügelspinnmaschine naß gesponnenes Werggarn der englischen Nummer 30 erfährt. Die höchsten Belastungen rühren von Fadenstellen her, welche an der oberen Scheibe der Spule aufgewickelt werden, die dazwischen liegenden oberen Spitzen, welche etwas niedriger liegen, von denjenigen Stellen des Fadens, die an der unteren Scheibe auf die Spule aufgewunden werden.

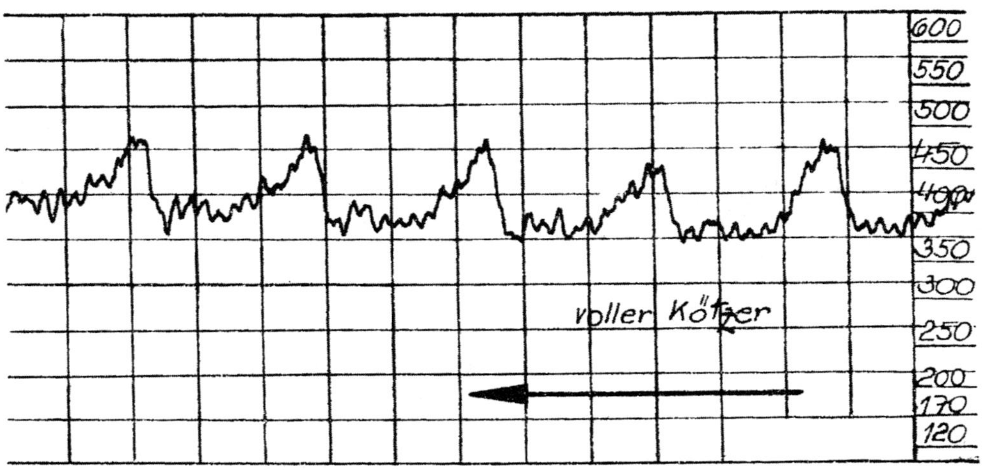

Abb. 8

Bei ordnungsgemäß hergestellter Kunstseide ergibt sich bei der Prüfung am laufenden Faden ein fast geradlinig ausfallendes Diagramm. Falls aber beim Spinnen durch irgendwelche Ursachen Spannungsänderungen oder Verformungen auftreten, so lassen sie sich durch diese Prüfung nachweisen. So zeigt die Abb. 10 den Diagrammverlauf einer Kunstseide bei einer eingestellten Dehnung von 12%, welche fehlerhafte Titerschwankungen aufweist. Diese Fehler sind im unverarbeiteten Faden meist nicht zu erkennen; sie zeigen sich erst im Gewebe oder Gewirke, zuweilen auch erst nach dem Färben. Die Abb. 11 dagegen zeigt den Verlauf einer Kunstseide „Glanzstoff TS" 180/36 den. mit absichtlich erzeugten Titerschwankungen bei einer eingestellten Dehnung von 7%.

Bei Kunstseide, welche in der Wirkerei von konischen Kreuzspulen verarbeitet wird, treten zuweilen fehlerhafte Querstreifen oder andere Unregelmäßigkeiten dann auf, wenn die Spulen ungleichmäßig befeuchtet wurden. Das Diagramm einer solchen Kunstseide, Abb. 12, zeigt bei einer eingestellten Dehnung von 12%, daß die feuchteren Fadenstellen beim Verwirken mehr gedehnt worden sind als die trockenen. Es treten in regelmäßigen Abständen erhebliche Schwankungen in der Belastungsaufnahme ein.

Der ordnungsgemäß gesponnene und vorbereitete Kunstseidefaden nimmt dagegen einen nahezu geradlinigen Verlauf, wie die gleichzeitig aufgenommene Diagrammlinie zeigt.

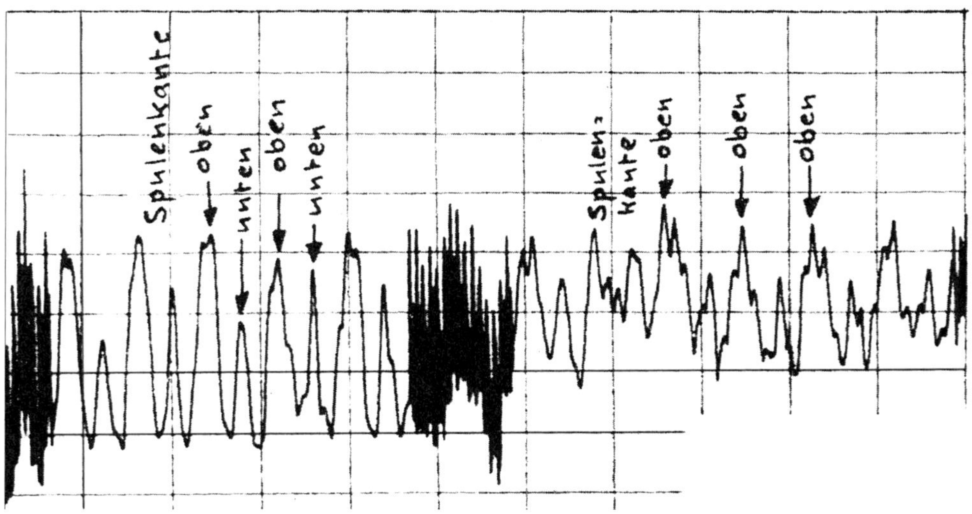

Abb. 9

Aus den Untersuchungen von Garnen aus Baumwolle, Flachs, Schafwolle, Zellwolle, Kunstseide usw. ist zu erkennen, daß der Faden bei der Herstellung und bei der Verarbeitung den verschiedenartigen und wechselnden Zugbeanspruchungen ausgesetzt ist. Die eine Maschinenkonstruktion beansprucht den Faden mehr, die andere weniger. Hierbei treten in dem im spinnfeuchten Zustande mehr oder weniger bildsamen Fadenmaterial Verformungen und Dehnungsveränderungen auf. Wird der Faden sofort nach diesen Beanspruchungen aufgewickelt, so werden diese Verformungen festgelegt, fixiert. Wird nun ein solcher beim Spinnen, Zwirnen, Spulen, Nähen, Weben oder Wirken beanspruchter Faden nach dem Trocknen durch die Garnprüfmaschine, welche die Untersuchung am laufenden Faden einer konstant eingestellten Dehnung vornimmt, untersucht, so zeigt sich je nach der Art des Spinnstoffes mehr oder weniger deutlich, welchen verschieden großen Beanspruchungen der Faden bei der

Verarbeitung ausgesetzt war. Auf diese Weise können wir einigermaßen beurteilen, ob eine Maschine das Garnmaterial in schonender Weise verarbeitet oder ob es zu stark strapaziert wird auf Kosten der Güte des Erzeugnisses. Derartige

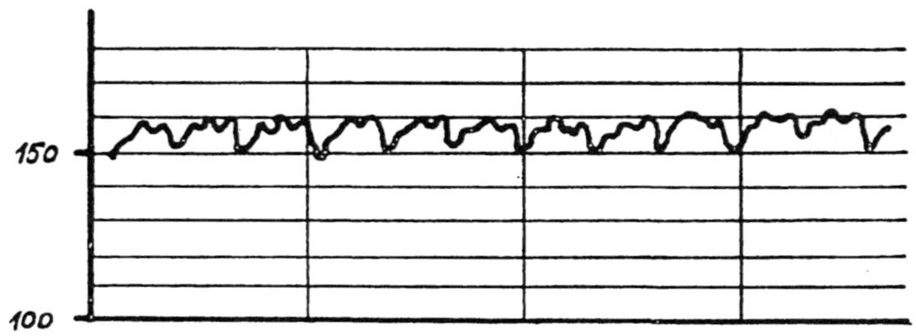

Abb. 10

Untersuchungen sind auch von H. STEIN und vom Verfasser durchgeführt worden; sie haben wertvolle Aufschlüsse ergeben.

Diese Untersuchungen und Überlegungen haben zu folgendem, vom Verfasser vorgeschlagenen Verfahren zur Untersuchung von Garnverarbeitungs-

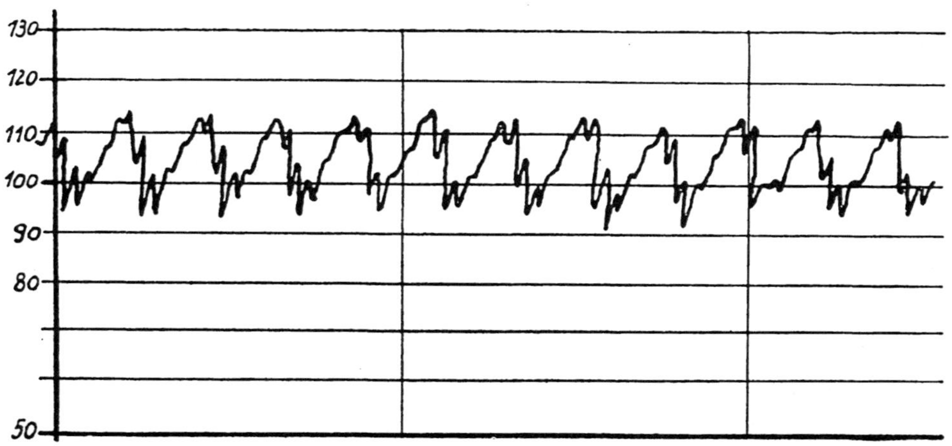

Abb. 11

maschinen geführt mit dem Zweck, die mehr oder weniger fadenschonende Arbeitsweise festzustellen und den Ursachen von übermäßig großen Fadenschwankungen nachgehen zu können.

Das Verfahren wird in der Weise ausgeführt, daß ein geeigneter Testfaden von beliebig großer Länge, z. B. eine geeignete Kunstseide von durchlaufend gleichmäßiger Beschaffenheit herangezogen wird, ein Testfadenmaterial, das, in geeigneter Weise präpariert, auf Verformungen und Zugbeanspruchungen stark reagiert. Dieser Testfaden zeigt bei der Prüfung am laufenden Faden ein geradliniges Diagramm.

Der Testfaden wird nun, in bestimmter Weise präpariert oder angefeuchtet, durch die Spinn-, Spul-, Zwirnmaschine usw. verarbeitet, anschließend auf einen Kötzer, eine Spule usw. aufgewickelt, was ja mit zum Verarbeitungsvorgang ge-

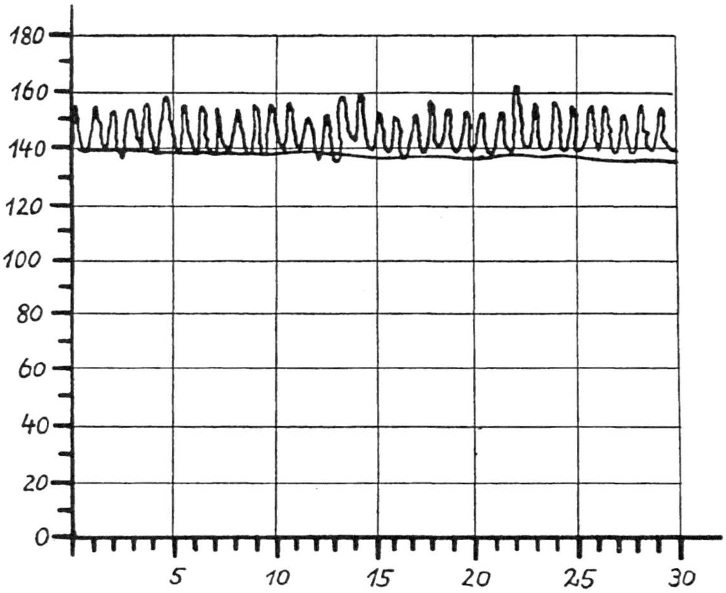

Abb. 12

hört, und getrocknet, so daß alle Verformungen, welche von den Beanspruchungen in der Maschine herrühren, fixiert werden. Nun wird der so vorbereitete und verarbeitete Testfaden gewissermaßen „entwickelt" dadurch, daß man ihn bei einer geeigneten konstant eingestellten Dehnung durch die Garnprüfmaschine laufen läßt. Hier wird ein Diagramm von dem Verlauf des Fadens aufgezeichnet, welches nicht mehr, wie der unverarbeitete Testfaden, geradlinig verläuft, sondern bei hohen Fadenbeanspruchungen große Belastungen, bei geringeren kleinere Belastungen zeigt. Dieses Diagramm ist ein getreues Bild von den Beanspruchungen, die das Garn bei der Verarbeitung erfährt; es kann zur Beurteilung der Arbeitsweise der Maschine herangezogen werden. Der Vergleich mit dem unter gleichen klimatischen und sonstigen Zulaufsbedingungen hergestellten geradlinigen Diagramm von dem unverarbeiteten Testfaden gestattet es außerdem, die Beanspruchung durch die Verarbeitungsmaschine zahlenmäßig festzustellen.

Der Testfaden soll eine Feinheit haben, die der mittleren Garnnummer entspricht, für welche die zu untersuchende Verarbeitungsmaschine eingerichtet ist. Je nach der Art der Maschine soll der Testfaden mehr oder weniger oder auch keine Drehung haben. Während er z. B. bei Spul- und Kopsmaschinen keine oder normale Drehung haben kann, ist zu berücksichtigen, daß der Testfaden bei Spinn- und Zwirnmaschinen die Spinn- und Zwirndrehung aufzunehmen hat. Bei Spinnmaschinen wird der Faden im allgemeinen in das Lieferzylinderpaar eingeführt. Es kann aber, falls ein geeigneter Testfaden zur Verfügung steht, auch das Streckwerk oder Teile davon für sich vom Testfaden passiert werden. Ebenso können Band- und Fadenzuführungsorgane, Fadenführer, Fadenbremsen, Ringspinnläufer u. a. auf Fadenbeanspruchungen untersucht werden.

Der Untersucher wird also ein Sortiment geeigneter Testfäden in Bereitschaft halten. Er ist damit in der Lage, die Arbeitsweise einer Textilmaschine auch in jedem abgelegenen Betriebe mit dem Testfaden in sehr einfacher Weise aufzunehmen und im Untersuchungslaboratorium an der Garnprüfmaschine zu entwickeln und aufzuklären.

Der Untersucher wird aber nicht nur

1. den unverarbeiteten und
2. den verarbeiteten Testfaden auf der Garnprüfmaschine untersuchen, sondern zum Vergleich auch
3. das tatsächlich verarbeitete Garn, um auf diese Weise auch die besonderen Verarbeitungseigenschaften des Fadenmaterials beurteilen zu können.

Zusammenfassung

Bei der Herstellung und bei der Verarbeitung werden die Garne verschiedenartigen und wechselnden Beanspruchungen ausgesetzt. An einigen Beispielen wird gezeigt, welchen Einfluß diese Zugbeanspruchungen auf die Dehnungseigenschaften der Garne aus Baumwolle, Flachs, Zellwolle, Kunstseide usw. haben und wie diese Veränderungen durch die Prüfung am laufenden Faden auf der Garnprüfmaschine (System FRENZEL-HAHN) nachgewiesen und aufgezeichnet werden können.

Im Anschluß hieran gibt der Verfasser ein neues Verfahren an zur Untersuchung der Arbeitsweise von Maschinen, welche Garne und anderes faden-

oder bandförmiges Material verarbeiten mit dem Zweck, festzustellen, ob der Faden genügend geschont wird oder übermäßig großen Beanspruchungen ausgesetzt ist. Bei diesem Verfahren wird ein geeigneter Testfaden von beliebig großer Länge und gleichmäßiger Beschaffenheit herangezogen, der, in geeigneter Weise präpariert, auf Verformung stark reagiert. Der Testfaden wird durch die Textilmaschine verarbeitet, anschließend aufgewickelt, wodurch die Verformungen und Verdehnungen im Testfaden fixiert werden. Dieses Fadenmaterial ergibt auf der genannten Garnprüfmaschine bei konstant eingestellter Dehnung ein Diagramm, welches die Beanspruchungen durch die Verarbeitung anzeigt. Ferner wird auch der unverarbeitete Testfaden durchgeprüft, der ein geradliniges Diagramm ergibt, sowie das tatsächlich verarbeitete Garnmaterial, um einerseits den Verarbeitungswert der Maschine zahlenmäßig auszudrücken und andererseits die Verarbeitungseigenschaften des verarbeiteten Garnmaterials beurteilen zu können.

LITERATUR

FRENZEL, W., Der Einfluß der Spinnspannungen auf die Eigenschaften des Garns. Spinner und Weber, 1934, Heft 20.

WAGNER, E., Die Prüfung der Gleichmäßigkeit am laufenden Faden, 1936. Deutsche Textil-Wirtschaft, Heft 19/20.

– Nachweis von Garnfehlern mit der Universalgarnprüfmaschine Dr. Frenzel-Hahn. Klepzigs Textil-Zeitschr. 1936, S. 607.

FRENZEL, W., Die Prüfung am laufenden Faden. Melliand-Textilberichte 1938, Nr. 3.

LANGER, K., und E. SCHEIDING, Fehler in Wirk- und Strickwaren. Melliand-Textilberichte (Sonderdruck) 1938.

OERTEL, F., Garnprüfung an einzelnen Längen oder am laufenden Faden? Melliand-Textilberichte 1939, S. 110.

KOCH, P.-A., Kunstseiden mit absichtlichen Titerschwankungen. Klepzigs Textil-Zeitschr. 1939, Heft 9.

HEIMERAN, O., Über die Dehnungsänderung von Zellwoll- und Baumwollfäden in der Weberei. Melliand-Textilberichte 1947, Heft 3 u. f.

– Die Beurteilung von Handarbeitsgarnen durch meßtechnische Methoden. Textilpraxis, Nov. 1948, Nr. 11, S. 335.

STEIN, H., Dehnungsprüfungen am laufenden Faden. Textilpraxis 1947, Heft 9; 1948, Heft 6; 1949, Heft 10, 11.

OERTEL, F., und E. A. WINZENBURGER, Über den Zusammenhang zwischen Spindeldrehzahlen, Fadenzügen, Fadenbrüchen und ihren Ausgleich bei Ringspinnmaschinen. Textilpraxis 1949, Heft 9 u. f.